Hans Wolfgang Kölmel

Die homonymen Hemianopsien

Klinik und Pathophysiologie zentraler Sehstörungen

Mit 40 Abbildungen

Springer-Verlag
Berlin Heidelberg New York
London Paris Tokyo

Professor Dr. HANS WOLFGANG KÖLMEL
Oberarzt der Neurologischen Abteilung,
Freie Universität Berlin,
Universitätsklinikum Rudolf Virchow,
Standort Charlottenburg,
Spandauer Damm 130
D-1000 Berlin 19

ISBN-13: 978-3-540-18974-9   e-ISBN-13: 978-3-642-73443-4
DOI: 10.1007/978-3-642-73443-4

Die Wiedergabe von Gebrauchsnamen, Handelsnamen, Warenbezeichnungen usw. in diesem Werk berechtigt auch ohne besondere Kennzeichnung nicht zu der Annahme, daß solche Namen im Sinne der Warenzeichen- und Markenschutz-Gesetzgebung als frei zu betrachten wären und daher von jedermann benutzt werden dürften.

Produkthaftung: Für Angaben über Dosierungsanweisungen und Applikationsformen kann vom Verlag keine Gewähr übernommen werden. Derartige Angaben müssen vom jeweiligen Anwender im Einzelfall anhand anderer Literaturstellen auf ihre Richtigkeit überprüft werden.

Datenkonvertierung, Druck- und Bindearbeiten: Appl, Wemding
2125/3130-543210

Vorwort

Unter dem Titel „Die homonyme Hemianopsie" erschien vor 70 Jahren ein umfangreiches Werk, in dem die Ärzte Wilbrand und Saenger alles damals Bekannte zu Klinik und Pathophysiologie zentraler Sehstörungen zusammengetragen hatten. Aus der gleichen Zeit stammen die Arbeiten von Poppelreuter und von Gelb und Goldstein, die die Kenntnisse über die zentralen Sehstörungen aus ihrer teils psychophysischen, teils neuropsychologischen Sicht erweiterten. Lange Zeit war man darauf angewiesen, entweder durch äußerlich sichtbare Verletzungen oder durch die Autopsie, das neuroanatomische und neuropathologische Korrelat zu seinen klinischen Befunden herzustellen. Das enzyklopädische Werk von Polyak aus dem Jahre 1957 vermittelt einen Eindruck davon. Mit der Einführung von Computer-, Kernspin- und Positronenemissionstomographie hat sich die Situation entscheidend verändert. In dem vorliegenden Buch versuchte ich – an die Tradition anknüpfend –, die anatomischen und physiologischen Befunde zur Sehbahn und die klinischen Kenntnisse über die Störungen in ihrem suprachiasmatischen Verlauf zusammenzufassen, eigene Erfahrungen hinzuzufügen und mit den Befunden der bildgebenden Verfahren zu verbinden.

Das Buch wendet sich vor allem an in Klinik oder Praxis tätige Ärzte, sieht seinen Anspruch aber auch dann erfüllt, wenn wissenschaftliche Fragestellungen daraus erwachsen sollten. In manchen Teilen, speziell jenen der Neuropsychologie, möchte es Wissen und Anregung vermitteln, kann aber, da die Zahl der Veröffentlichungen kaum übersehbar geworden ist, nicht mehr als in das Gebiet einführen.

Freilich ist das Buch nicht ohne Mithilfe zahlreicher Personen entstanden. Neben den Mitarbeitern unserer Abteilung möchte ich besonders die Ärzte Heinrich Fischer, Waltraud Garten, Manfred Hummel, Heinrich Körtke, Hans Jürgen Nabel und Michael Seyda nennen. Ihnen möchte ich vielmals danken. Für das großzügige Überlassen von Befunden gilt mein Dank Herrn Prof. Josef Wollensak von der ophthalmologischen und Herrn Prof. Roland Felix von der radiologischen Abteilung unseres Klinikums. Einweisung in die Computerbedienung erhielt ich von meinem Sohn Philipp. Einige Graphiken wurden mit seiner Hilfe, der Großteil von Herrn Peter Lagerstein aus unserem Klinikum erstellt. Die sorgfältige sprachliche Durchsicht übernahm Herr Reimar Klein. Danken möchte ich auch dem Springer-Verlag, Herrn Hans-Peter Dörr für das gewissenhafte Copy-editing und Herrn Dr. Thomas Thiekötter, der das Erscheinen des Buches möglich machte.

Berlin im Januar 1988   HANS WOLFGANG KÖLMEL

Inhaltsverzeichnis

1 Sehbahn

1.1 Anatomischer Aufbau

Bis zur Mitte des 19. Jahrhunderts waren Daten zur Anatomie der Sehbahn schon zahlreich gesammelt, einheitliche Vorstellungen über ihre funktionellen Zusammenhänge aber noch nicht entwickelt worden. Gennari (geb. 1750) und Vicq d'Azyr (1748–1794) hatten die anatomische Auffälligkeit der Sehrinde beschrieben (Goldblatt 1986), und Gratiolet (1815–1865) entdeckte die schon von Gall (1758–1828) vermutete Verbindung zwischen Chiasma opticum und okzipitalem Kortex. Die Forscher taten sich allerdings schwer, den rechten Zusammenhang dieser Regionen mit dem visuellen System herzustellen. Zuerst war es vor allem die partielle Sehnervkreuzung im Chiasma, die zu Verständnisschwierigkeiten führte (Hirschberg 1876). Dann hielt man das Corpus geniculatum laterale (CGL) für die Endstation der Sehbahn mit anschließender Verbindung zum gesamten Gehirn. Gratiolet und später selbst noch Munk (1881) hatten in ihren Aufzeichnungen das CGL, dessen Existenz zu dieser Zeit eigentlich schon gut bekannt war, als wichtige Relaisstation der Sehbahn außer acht gelassen.

Dem Italiener Panizza (1785–1867) wird zugeschrieben, erstmals eine Verbindung zwischen Hirnschädigung und Blindheit hergestellt zu haben. Er hatte 2 Patienten untersucht, welche nach Hirninfarkten blind geworden waren, die Sehstörung dann aber auf eine parietale Läsion zurückgeführt. Möglicherweise war es Hitzig (1874), der schließlich die Sehrinde zum Okzipitallappen verlegte. Viele Fragen, wie etwa die nach der Makularepräsentation (v. Monakow 1883/1885), blieben aber noch offen. Ein von Ferrier 1881 publizierter Vortrag verdeutlicht, wie weiterhin auch noch im ausgehenden 19. Jahrhundert um die Tatsachen der Neuroanatomie gerungen wurde.

Mit der Empfehlung der Kampimetrie durch von Graefe (1856) und wenig später der Perimetrie an einem um eine Achse schwenkbaren Halbkreisbogen durch den Ophthalmologen Förster (1867) waren die optimalen Untersuchungbedingungen für die Gesichtsfelder und damit auch eine natürliche Basis für die weitere klinisch orientierte Erforschung der Sehbahn geschaffen. Bald folgten die ersten ausschlaggebenden, schon erstaunlich genauen Beschreibungen, die wohl am engsten mit dem Namen Henschen verbunden sind. Henschen (1890/1892, 1896) ordnete die Gesichtsfeldausfälle der jeweiligen Hirnläsion zu und konnte mit seinen Befunden den Grundstein zum Verständnis der Retinotopie der Area 17 legen. Es folgten die Untersuchungen an den zahlreichen Hirnverletzten der großen Kriege, die eine weitere anatomische Präzisierung der Sehbahn ermöglichten. Hervorzuheben sind die Arbeiten von Wilbrand (1890, 1907), Inouye (1909), Uhthoff (1915), Holmes u. Lister (1916), Holmes (1918a, b) und von Brouwer u. Zeeman (1925). Polyak (1932, 1957) hat schließlich den Faserverlauf vom CGL zum visuellen Kortex beschrieben und eine ausführliche Übersicht über die bis dahin vorliegenden anatomischen Kenntnisse des visuellen Systems gegeben.

Schon früh richtete sich die Aufmerksamkeit auch auf die visuellen Teilfunktionen (Farb-, Form-, Bewegungswahrnehmung) und auf das visuelle Erkennen: auf ihre Störungen und ihre mögliche hirntopische Zuordnung (Wilbrand 1892; Poppelreuter 1917; Goldstein u. Gelb 1918).

1.1.1 Retina und Nervus opticus

Die Retina hat sich aus dem Dienzephalon entwickelt. Sie enthält das Geflecht des ersten der drei visuellen Neurone. Die Photorezeptoren, die sich in die zentral dicht gepackt liegenden Zapfen und die zentral wie peripher etwa gleichermaßen verteilten Stäbchen trennen lassen, finden wir in einer äußeren Schicht. Bipolare Nervenzellen leiten die Impulse zu den großen Ganglionzellen, die die innere Schicht der Retina bilden. Nach funktionellen Gesichtspunkten lassen sich die X-Zellen, deren Axone ausschließlich zum CGL führen und die für das Erkennen von Konturen und Mustern zuständig sind, von den Y- und W-Zellen abgrenzen, deren Axone zum CGL aber auch zum Mittelhirn leiten und die besonders auf Bewegungsreize reagieren (Sur u. Sherman 1982).

Alle Axone bündeln sich im Bereich der Papille und durchdringen als N. opticus die Sklera. Dieser Nerv verläßt die Orbitahöhle über einen eigenen Kanal, der durch den kleinen Keilbeinflügel führt. So gelangt er in die mittlere Schädelgrube und unmittelbar in die Cisterna optochiasmatica des Subarachnoidalraumes. Lateral von ihm liegen dort der Processus clinoideus anterior und die A. carotis interna, über ihm die A. cerebri anterior und Teile des N. olfactorius. Zwischen Schädelbasis und Dienzephalon durch die Zisterne ziehend erreicht er das Chiasma opticum.

1.1.2 Chiasma und Tractus opticus

Das Chiasma opticum liegt in der Cisterna optochiasmatica vor dem Infundibulum. Hier erfolgt die Aufteilung der Neurone: die Axone der nasalen Retinahälfte wechseln zur kontralateralen Seite, jene der temporalen Retinahälfte bleiben auf der ipsilateralen Seite. Der mediale Teil der kreuzenden Fasern zieht zuerst etwas in die Richtung des kontralateralen N. opticus, biegt dann um und gelangt zum Traktus; der laterale Teil der kreuzenden Fasern zieht zuerst in den homolateralen Traktus, biegt hier um und gelangt zum kontralateralen Traktus. Diese anatomischen Besonderheiten, die von Wilbrand (1926) und von Brouwer und Zeeman (1925, 1926) ausführlich beschrieben wurden, machen verständlich, warum es nach Läsionen zu irregulären, inkongruenten, homonymen wie heteronymen Gesichtsfeldausfällen kommt (Traquair 1927). Die Trennlinie zwischen den beiden Retinahälften verläuft vertikal durch die Macula lutea, ist aber nicht ganz scharf. Überlappungen, speziell im Bereich der Fovea, bestehen. Hier laufen Axone sowohl zum homolateralen wie zum kontralateralen CGL, ein Befund der für die foveale Aussparung auch nach Ausfall des gesamten primären Sehzentrums einer Hirnhälfte verantwortlich gemacht wird (Bunt u. Minckler 1977; Perenin u. Vadot 1981).

Nach dem Chiasma nervi optici vereinigen sich die jeweiligen Axonportionen zum Tractus opticus. Die einzelnen Axone sind auch hier nicht diffus über den Querschnitt des Traktus verteilt, sondern retinotop gruppiert. Homologe Fasern der entsprechenden Gesichtsfeldhälften lagern sich bis zum Eintritt in das CGL immer mehr an, ohne sich allerdings zu vermischen. Der Traktus zieht um den Pedunculus cerebri herum, überquert die A. communicans posterior und tritt mit der nächsten Schaltstelle, dem CGL, in das Mesenzephalon ein. Ein kleiner Teil seiner Axone nimmt einen anderen Weg, zieht medial vom Hauptstamm zum Brachium colliculi superiores und schaltet im Colliculus superior um. Überwiegend von hier aus werden die Bewegungen der inneren und äußeren Augenmuskeln gesteuert.

1.1.3 Ganglion geniculatum laterale

Das CGL liegt als ein kleiner, eiförmiger Körper an der hinteren Lateralseite des Pulvinar thalami. Es besteht aus sechs etwa parallel verlaufenden Nervenzellschichten, die Endstation des zweiten und Beginn zugleich des dritten Neurons der Sehbahn sind. Die Axone des ipsilateralen Auges enden in der 2., 3. und 5., jene des kontralateralen in der 1., 4. und 6. Schicht (Pfeifer 1924; Henschen 1926). Eine unmittelbare Anlagerung korrespondierender Netzhautpunkte, wie sie uns in der Area striata begegnet, hat also noch nicht stattgefunden. Dennoch liegen die einzelnen Netzhautpunkte schon in einer Säule (Projektionskolumne) übereinander geordnet (Malpeli u. Baker 1975). Der obere Quadrant des Gesichtsfeldes ist auf der anterolateralen Seite, der untere Quadrant auf der anteromedialen Seite des CGL repräsentiert. Die foveal/makularen Fasern ziehen zum hinteren Pol des CGL. Der horizontale Meridian lagert ebenfalls etwa horizontal.

1.1.4 Radiatio optica

Die Axone des dritten Neurons verlassen das CGL zuerst in einem kompakten Bündel als Pedunculus opticus und durchziehen in unmittelbarer Nachbarschaft von kruralen Fasern das hintere, retrolentikuläre Segment der Capsula interna. Dann fächern sie sich in einem breiten Band zur Sehstrahlung auf, in der anatomisch wie funktionell drei Bereiche unterschieden werden können (Polyak 1932).

Der erste, der den oberen Gesichtsfeldquadranten repräsentiert, zieht in einem weiten, zuerst nach kranial gerichteten Bogen - Meyer-Schleife - bis an die Spitze des Unterhorns im Temporallappen (Cushing 1921), wobei die Teile des äußeren Gesichtsfeldes, des temporalen Halbmondes, am weitesten vorn liegen (Abb. 1). An der lateralen Seite des Unterhorns, in unmittelbarer Nähe zum Gyrus parahippocampalis, gelangen diese Fasern dann zur unteren Kalkarinalippe. Der zweite Axonbereich, der seinen Ursprung im medialen Teil des CGL hat und der den unteren extramakularen Gesichtsfeldquadranten repräsentiert, biegt direkt nach dorsal um und erreicht über den Außenrand des Cornu posterior die obere Kalkarinalippe. Die makularen Projektionsfasern schließlich verlaufen zwischen denen für den oberen und den unteren Quadranten. Spalding (1952a, b) fand, daß sie im temporalen Verlauf auffällig weit lateral liegen. Schußverletzungen in diesem Bereich können deshalb zu paramakularen Skotomen führen. Im ersten Abschnitt der Sehstrahlung ist der Faserverlauf relativ individuell. Auch liegen korrespondierende Netzhautpunkte noch unterschiedlich weit auseinander (van Buren u. Baldwin 1958; Babb u. Mitarb. 1982). Erst im letzten Drittel lagern sich die entsprechenden Punkte dichter aneinander, und auch die anatomische Variationsbreite wird geringer.

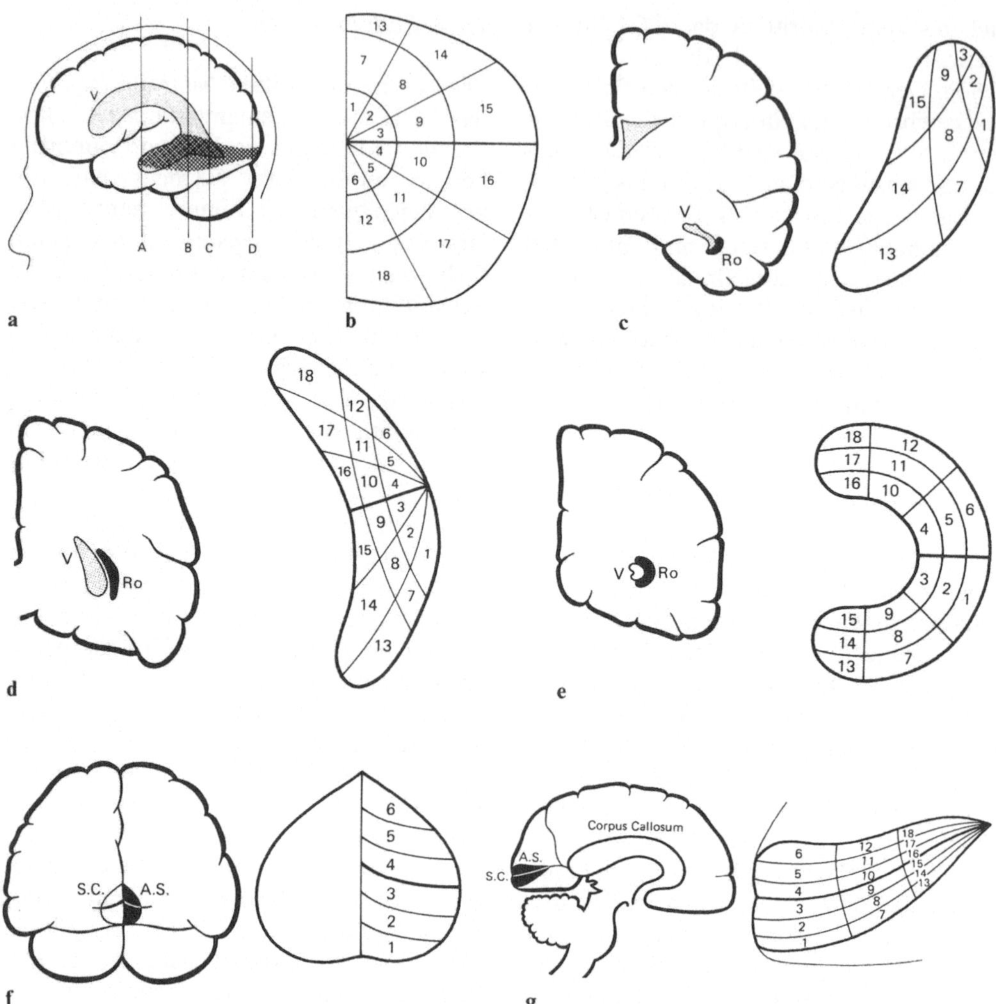

Abb. 1a–g. Radiatio optica in ihrem supragenikulären Verlauf (nach Spalding 1952a und Harrington 1981). **a** Darstellung von 4 Frontalschnitten (*A, B, C* und *D*) im Bereich der linken Sehstrahlung. **b** Rechte Gesichtsfeldhälfte. Aufteilung in 18 Abschnitte. **c–f** Schnitte *A–C* und Projektion entsprechender Gesichtsfeldbereiche (*V* Seitenventrikel, *Ro* Radiatio optica; *AS* Area striata, *SC* Sulcus calcarinus). **g** Sagittalschnitt mit Darstellung der linken Area striata und Projektion der entsprechenden Gesichtsfeldbereiche

1.1.5 Sehrinde

Die kortikale Endstation der Sehbahn liegt im hinteren, medialen Teil des Lobus occipitalis. An Schnitten ist schon mit bloßem Auge die auffällige Schichtung zu erkennen, die ihr die von Vicq d'Azyr geschaffene Bezeichnung Area striata eingebracht hat. Die vom CGL kommenden Fasern der dritten Neurone enden nach Befunden an Katzen vereinzelt in der sechsten, größtenteils aber in der vierten von insgesamt sechs Schichten (Ferster u. Levay 1979).

Die Area striata hat eine elliptische Form, mit einem abgerundeten, den Okzipitalpol erreichenden hinteren, und einem zugespitzten, bis an das Corpus callosum heranreichenden vorderen Ende. Ihre Längsachse verläuft am Boden des Sulcus calcarinus entlang. Damit ergibt sich die Teilung in eine obere Hälfte, die obere Kalkarinalippe, und in eine untere Hälfte, die untere Kalkarinalippe. Die obere Gesichtsfeldhälfte projiziert sich auf die untere, die untere Gesichtsfeldhälfte auf die obere Kalkarinalippe. Der zentrale Gesichtsfeldbereich ist im hinteren, polnahen Teil, der periphere im vorderen, dem Corpus callosum nahen Teil repräsentiert. Wesentliche Teile des visuellen Kortex, speziell aber die Repräsentation des horizontalen Meridians liegen in der Tiefe des Sulcus calcarinus (Holmes 1945).

1.1.6 Visuelle Felder

Eine anatomische Gliederung des menschlichen Gehirns nach zytoarchitektonischen Gesichtspunkten wurde schon von Vicq d'Azyr in Angriff genommen. Auch am okzipitalen Kortex ließen sich mit dieser histologischen Methode mehrere Felder abgrenzen, wobei sich die von Brodmann (1909) vorgeschlagene Bezeichnung in Area 17, 18 und 19 durchgesetzt hat (Abb. 2). Zu diesen visuellen Feldern können noch Teile der Area 7 im Parietalhirn und die Areae 20, 36 und 37 im Temporalhirn hinzugerechnet werden. Retinotopisch gegliederte Felder ließen sich auch beim Menschen in noch weiter vom Okzipitalhirn entfernt liegenden Kortexanteilen nachweisen (Wilson u. Mitarb. 1983).

Das größte Feld, die Area 17, entspricht der Area striata. Den wesentlichen Teil seiner Afferenzen erhält es aus dem CGL. Der foveale Bereich der Netzhaut mit sei-

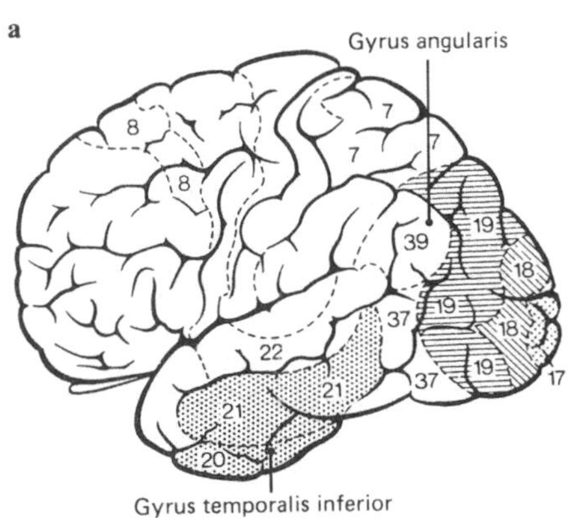

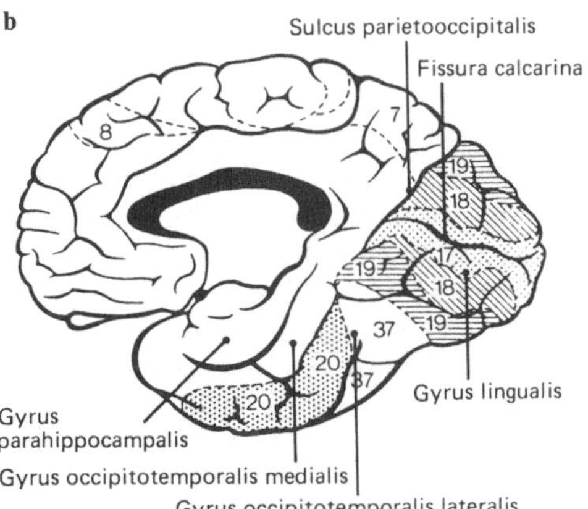

Abb. 2a, b. Visuelle Felder in der Einteilung nach Brodmann (nach Creutzfeldt 1983)

ner hohen Neuronendichte nimmt einen großen Teil der Area 17 ein, da hier die einzelnen Neurone nicht ähnlich konzentriert, sondern jeweils in ungefähr gleichem Abstand voneinander liegen. Reizversuche am visuellen Kortex von Menschen, die erst im Laufe ihres Lebens erblindet waren und bei denen ein physiologisch entwickeltes Gehirn angenommen werden konnte, bestätigten diese funktionelle Anatomie (Brindley u. Lewin 1968; Brindley u. Mitarb. 1972; Cowey u. Rolls 1974). Der auffällige retino-kortikale Vergrößerungsfaktor weist auf die Bedeutung des zentralen Sehens und der Sehschärfe sowie auf die funktionelle Unterordnung der Gesichtsfeldperipherie hin.

Die Area 18 wurde als prästriäres von der Area 19 als peristriärem Feld terminologisch abgegrenzt. Heute haben sich für beide Bereiche entsprechend ihrer Lage die Begriffe des prästriären Gürtels oder der zirkumstriären Felder eingebürgert. Sie erhalten ihre wesentlichen Impulse von der Area 17, über Kommissurenfasern aber auch von zahlreichen anderen Zentren der homolateralen wie kontralateralen Hirnhälfte. Die Area 18 grenzt an die Area 17 im Bereich des vertikalen Gesichtsfeldmeridians und ist spiegelbildlich aufgebaut. Durch Kommissurenfasern erhält sie, besonders im Grenzbereich zur Area 17, Zuflüsse vom homologen kontralateralen Feld, was die erste Voraussetzung bildet für die Integration visueller Stimuli aus den beiden Halbfeldern, z.B. für die Stereoskopie. Weitere Zuleitungen kommen von den Colliculi superiores und von frontalen Rindenfeldern. In der Area 19 ist eine retinotope Gliederung ähnlich der Area 17 oder 18 nicht ohne weiteres zu erkennen. Sie ist kein homogenes Feld mehr. Allerdings ergeben sich nach funktionellen Gesichtspunkten innerhalb der histologisch definierten Area 19 mehrere kleinere Felder, bei denen dann wieder Retinotopie nachgewiesen werden konnte (Zeki

1969, 1978a, b). Von Area 18 und 19 führt ein kräftiges Bündel von Assoziationsfasern, der Fasciculus longitudinalis inferior, zum Temporallappen und zum limbischen System.

Den beiden wesentlichen Feldern des visuellen Assoziationskortexes benachbart liegen parietal die Area 7 und temporal die Areae 20, 21, 36 und 37, in denen die in den vorgeschalteten Feldern analysierten visuellen Stimuli integriert werden. In der Area 7, die mit frontalen Assoziationsfeldern, speziell mit Area 8, verbunden ist (Jones 1969; Pandya u. Kuypers 1969), werden visuelle Aufmerksamkeit und entsprechend Blickbewegungen gesteuert. Wenn ihre Funktionen gestört sind, kann es zu einem visuellen (Hemi-) Neglect kommen.

Die Areae 20, 36 und 37 entsprechen Anteilen der Gyri temporalis medialis, temporalis inferior und occipito-temporalis medialis. Die Area 37 wird gelegentlich noch zum prästriären visuellen Gürtel gezählt, weil in ihr nach tierexperimentellen Befunden zahlreich retinotop gegliederte farb- und bewegungsspezifische Neurone gefunden wurden (Zeki 1978a, b). Befunde an Katzen, nach denen aufgrund ihrer unmittelbaren anatomischen wie funktionellen Beziehung auch Teile der Area 21 noch zur Area 19 und damit zum prästriären Gürtel gerechnet werden (Tusa u. Palmer 1980), kann man wohl schon aufgrund der erheblichen anatomischen Unterschiede nicht ohne weiteres auf das menschliche Gehirn übertragen. Störungen in diesen Feldern beeinträchtigen das visuelle Gedächtnis, v.a. auch das für solch komplizierte Strukturen wie Gesichter.

1.2 Funktioneller Aufbau des visuellen Kortex

Die Erforschung des Kortex nach seinen visuellen Funktionen führte Ende des 19. Jahrhunderts zu den ersten wichtigen Erkenntnissen. Munk (1881) beschrieb, daß Hunde, denen er einen Großteil beider Okzipitallappen entfernt hatte, noch in der Lage waren, Objekte wahrzunehmen, ihnen z. B. auszuweichen. Doch erkannten sie nicht mehr ihre Bedeutung. Diese als Objektagnosie bezeichnete Störung stimulierte im besonderen Maße die Suche nach ähnlichen funktionalen Zusammenhängen beim Menschen. Den nach histologischen Kriterien aufgestellten Hirnatlanten wollte man entsprechende neurologische und neuropsychologische Funktionen zuordnen, so wie es schon Gall (1758–1828) zum Ärger mancher seiner Zeitgenossen versucht hatte. Am zuverlässigsten konnten solche Zuordnungen über die Stimulation des Gehirns eines wachen Patienten erfolgen. Die ersten Versuche mit elektrischen Reizen verfolgten zunächst das Ziel, den epileptischen Herd des Patienten auszumachen. Nach Untersuchungen am visuellen Kortex durch Löwenstein und Borchardt (1918) und durch Krause (1924) folgte die systematische Erforschung der Hirnrinde durch Foerster und Penfield (1930). An dem operativ freigelegten Kortex wurde elektrisch gereizt und die Sensationen des Patienten oder sein Verhalten notiert. In jedem Falle litten diese Patienten an einer Epilepsie, oder Hirnrinde und Hirnparenchym waren durch ein Trauma oder einen Tumor so verändert, daß die Reizantwort keineswegs physiologischen Verhältnissen entsprechen mußte. Neuere Befunde zur funktionellen Topographie ergaben sich durch die Reizversuche an spät Erblindeten (Brindley u. Lewin, 1968; Brindley u. Mitarb. 1972; Cowey u. Rolls 1974; Dobelle u. Mitarb. 1979). Eine Topographie der Reizantworten war ebenso möglich, wie der an Primaten schon vorliegende (Daniel u. Whitteridge 1961), beim Menschen aber noch ausstehende Nachweis einer retinotopen Gliederung mit maximaler Repräsentation der Makula innerhalb des visuellen Kortex. Reizversuche über Tiefenelektroden sowie Ableitungen der Potentiale über solche Elektroden nach visueller Reizung haben kortikale Felder mit retinotoper Gliederung auch im Gyrus parahippocampalis und im Hippocampus (Wilson u. Mitarb. 1983) aufgedeckt. Weitere Aufschlüsse über die Organisation des menschlichen Kortex wird die Zuordnung von Funktionsausfall und Schädigungsort, wie er sich in den verbesserten bildgebenden Verfahren darstellt, ermöglichen.

Die Stimulation des menschlichen Kortex mit elektrischen Reizen hat nicht zu durchweg übereinstimmenden Ergebnissen geführt. Einiges Wenige gilt aber als gesichert. Area 17 und 18 sind mit einer Punkt-zu-Punkt-Abbildung retinotopisch gegliedert. Einzelne retinotope visuelle Felder lassen sich bis zum Gyrus parahippocampalis und Hippocampus verfolgen. Reizung der Makula-Repräsentation erzeugt stehende Photopsien, der Patient sieht dann entweder Punkte oder auch Striche (Brindley u. Lewin 1968; Brindley u. Mitarb. 1972; Brindley 1982). Wird außerhalb des Makulabereiches gereizt, so können sich die erzeugten Photopsien bewegen, meist zentripedal. Reize innerhalb der Area 17 wie auch von Teilen der Area 18 rufen unbunte Photopsien hervor. Je weiter extramakular die Reizpunkte liegen, desto eher können die Photopsien farbig werden, ein Befund, der jedenfalls nicht der Verteilung von Stäbchen und Zapfen in der Retina entspricht. Unabhängig vom Reizort gehen bei genügender Reizintensität farblose, stehende in farbige, bewegte sowie einfache Photopsien in komplexe visuelle Halluzinationen über. Reize innerhalb der Area 19 führen schnell zu halbseitigen, kontralateral, gelegentlich auch im gesamten Gesichtsfeld auftretenden komplexen Halluzinationen. Werden am Temporalhirn Reize gesetzt, so werden komplexe Halluzinationen im gesamten Gesichtsfeld wahrgenommen. Das temporale Rindenfeld, von dem sich solche Halluzinationen auslösen lassen, ist auf der nichtdominanten Seite größer als auf der dominanten (Penfield u. Perot 1963).

Ein Großteil der uns bisher vorliegenden Kenntnisse über den Aufbau des visuellen Kortex wurden durch Reizversuche an Tieren gewonnen. Nach deren Ergebnissen beginnt sich eine Aufteilung der visuellen Felder unter funktionellen Gesichtspunkten durchzusetzen, auch wenn sie bisher noch nicht einheitlich gebraucht wird. Das Feld „Visuell 1" (V1) entspricht der Area 17 nach Brodmann, V2 der Area 18 (Creutzfeldt 1983). Innerhalb der Area 19 liegen V3 mit Unterfeldern und Teile von V4. Weiter temporal findet man V5 und V6.

Aufgrund von Reizversuchen an Katzen und Primaten (Hubel u. Wiesel 1963, 1965, 1972; Zeki 1969, 1973, 1978 a, b; van Essen u. Zeki 1978) konnten im visuellen Kortex einzelne Zellsysteme unterschieden werden, die auf die Analyse ganz bestimmter Umweltmerkmale ausgerichtet sind. Die einfachen (S-) Zellen reagieren spezifisch auf streifenförmige Lichtkontraste, die über die Retina bewegt oder besser stationär gegeben werden. Ihre retinogenikuläre Erregungsleitung verläuft überwiegend über X-Fasern. Speziell auf bewegte Kontraste reagieren die komplexen (C-) Zellen, deren retino-genikuläre Bahn überwiegend über Y-Fasern läuft. Noch verschiedene andere Zellsysteme sind gefunden worden. So gibt es in der Area 17 auch zahlreich farbspezifische Neurone, Zellen, die speziell auf einen retinalen Farbreiz reagieren (Gauras 1972; Dow u. Gouras 1973; Hubel u. Wiesel 1968; Schein u. Mitarb. 1982).

Vertikal zur Kortexoberfläche sind Neuronensäulen geschichtet, die jeweils auf nur einen, in bestimmter Richtung liegenden Lichtstreifen optimal reagieren. Jede dieser Orientierungskolumnen spricht auf retinale Reize nur eines Auges an. Die entsprechende Kolumne des anderen Auges liegt unmittelbar benachbart. Jedes nachfolgende Kolumnenpaar reagiert auf einen Reiz optimal, der seine Richtung um etwa 20 Grad geändert hat. Eine bestimmte Anzahl von Kolumnen wird funktionell zu sog. Hyperkolumnen oder auch okulären Dominanzsäulen zusammengefaßt. Hier erfolgt eine erste Entzifferung von Formen, Konturen und Tiefe. Vor allem in V2 wird Stereoskopie vermittelt (Hubel u. Wiesel 1970), innerhalb V3 fanden sich Felder, die speziell auf Bewegungsreize reagierten (Zeki 1978 a, b). Eine auffällige Häufung von farbspezifischen Neuronen soll es in V4 geben (Zeki 1973), so daß dort ein wichtiges Farbzentrum vermutet wird.

1.3 Sekundäres visuelles System

Aussparung oder Erholung von wichtigen motorischen und somatosensorischen Funktionen werden nach zerebralen Schädigungen, besonders wenn diese im frühen Lebensalter vorgefallen sind, oft beobachtet. Im Gegensatz dazu sprechen viele Studien von definitiven Ausfällen, wenn es sich um zentrale Sehstörungen handelt (Goodall 1957; Teuber u. Mitarb. 1960). Verschiedene Untersuchungsbefunde weisen jedoch darauf hin, daß auch nach Zerstörung des visuellen Kortex eine Restfunktion im blinden Halbfeld erhalten bleiben kann. Unter bestimmten Bedingungen, speziell nach Dunkeladaptation (Williams u. Gassel 1962), sind Patienten in der Lage, in ihrem hemianopen Feld größere Objekte zu entdecken und zu lokalisieren. Diese Residualperzeption ließ sich durch die Ergebnisse zahlreicher Studien (Pöppel u. Mitarb. 1973; Weiskrantz u. Mitarb. 1974; Perenin u. Jeannerod 1978) bestätigen.

Die Suche nach einem möglichen anatomischen Substrat dieser Beobachtungen ist freilich nicht abgeschlossen. Komplette Zerstörung des striären Kortex bei Primaten hat, wie schon die Untersuchungen von Munk (1881) zeigten, keine völlige Erblindung zur Folge. Die Tiere können sich schnell wieder im Raum orientieren und entwickeln selbst für statische Objekte visuelle Wahrnehmung (Humphrey u. Weiskrantz 1967; Humphrey 1974). Die entsprechenden Impulse konnten nicht vom CGL kommen, da diese Schaltstation nach Ablatio des striären Kortex komplett degeneriert. Es wurde deshalb vermutet, daß sich nach Zerstörung des striären ein zweites, bis dahin zwar nicht supprimiertes, aber doch im Hintergrund stehendes, phylogenetisch älteres visuelles System rekrutiere (Trevarthen 1968; Schneider 1969). Eine führende Rolle innerhalb dieses extrastriären Systems wird den Colliculi superiores und dem Pulvinar thalami zugeschrieben, deren Neurone tatsächlich retinotope Organisation und rezeptive Feldeigenschaften erkennen lassen. Erst nach Abtragung des striären Kortex und anschließender Zerstörung beider Colliculi superiores trat endlich komplette und andauernde Blindheit ein (Mohler u. Wurtz 1977).

1.4 Gefäßversorgung

Wenn im folgenden die Gefäßversorgung der Sehbahn beschrieben wird (Abb. 3), so sollte dabei stets berücksichtigt werden, daß dem Willen zur Präzision durch die Variationsbreite der Natur Grenzen gesetzt sind. Es versteht sich von selbst, daß die Versorgungsgebiete keineswegs streng auf bestimmte Gefäße begrenzt sind, und sich selbst im Laufe des Lebens erheblich verändern können. Alle Teile der Sehbahn werden von mindestens zwei verschiedenen, größeren Gefäßen versorgt. Bei Ausfall nur eines Gefäßes bleibt der Schaden begrenzt. Oft ist er auch reversibel, da die Versorgung des betroffenen Gebietes von der anderen Arterie ausreichend übernommen werden kann.

Die A. ophthalmica, der erste größere intrakranielle Ast der A. cerebri media, gelangt mit dem Sehnerv durch den Canalis opticus und über die mediale Wand der Orbita zum inneren Augenwinkel. Sie gibt intraorbital die A. centralis retinae ab, die hauptsächlich für die Versorgung des Sehnerven und der Netzhaut verantwortlich ist. Der intrakanikuläre Abschnitt des N. opticus wird von der A. ophthalmica, aber noch mehr von pialen Gefäßen aus der A. carotis interna versorgt (Francois u. Neetens 1954).

Das Chiasma N. optici und der chiasmanahe Teil des Nervus wie des Tractus opticus werden über die A. cerebri anterior, die A. communicans anterior und die A. choroidea anterior mit Blut versorgt. Die Gefäße bilden untereinander zahlreiche Anastomosen, so daß eine primär ischämische Läsion dieses Abschnittes der Sehbahn kaum möglich wird. Die hinteren zwei Dittel des Tractus opticus werden überwiegend von der A. choroidea anterior versorgt (Abbie 1933; Carpenter u. Mitarb. 1954). Dieses für die Sehbahn wichtige Gefäß entspringt aus der A. carotis interna, zwischen der Abgangsstelle der A. communicans posterior und der Bifurkation, und zieht an der Unterseite des Tractus opticus zum vorderen Pol des CGL. Einige Äste gelangen zum Plexus choroideus, wo sie mit solchen der A. choroidea posterior anastomosieren.

Das CGL wird in seinem anterioren und lateralen Teil von der A. choroidea anterior, in seinem medialen und posterioren

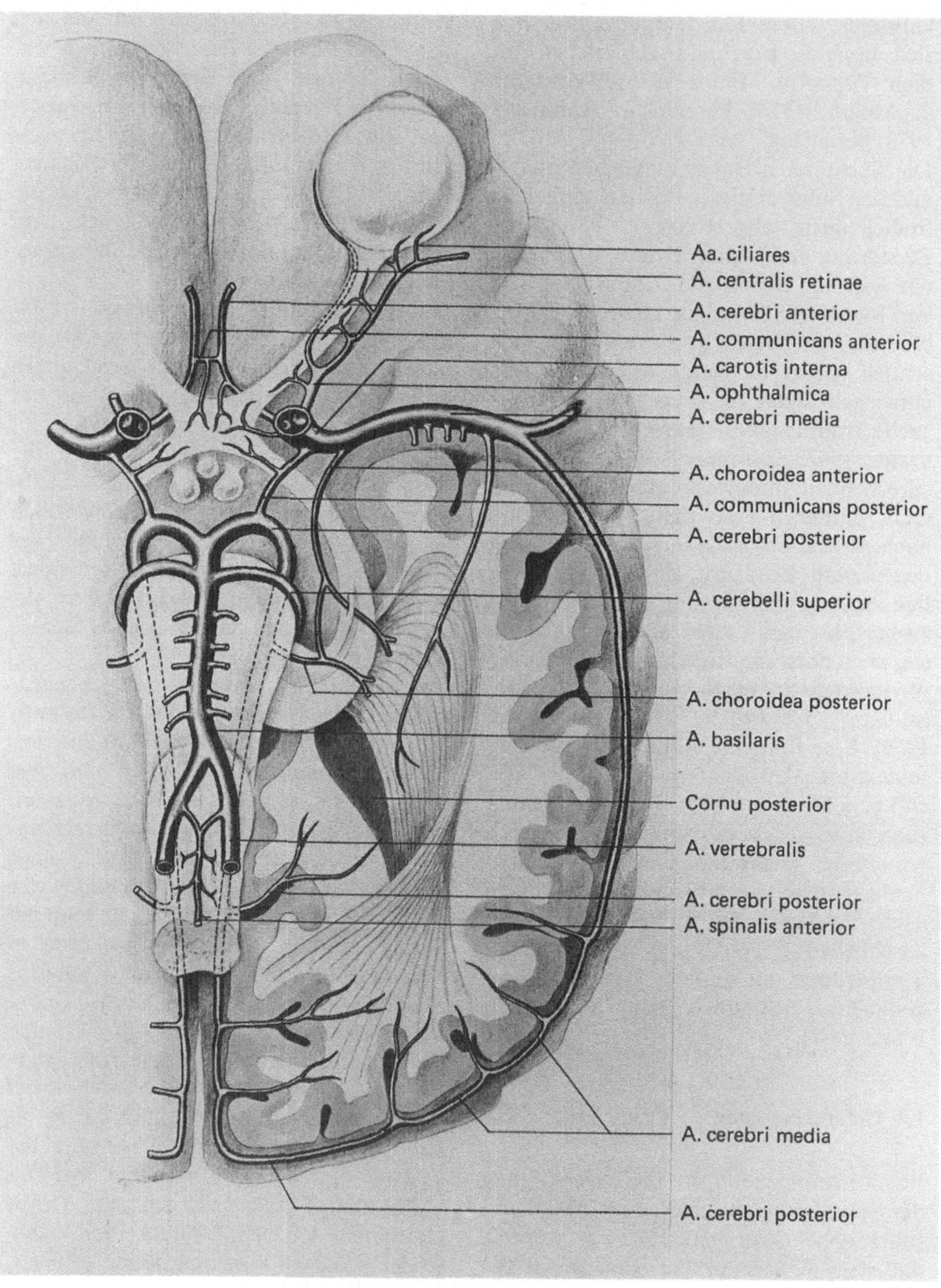

Abb. 3. Schema der Gefäßversorgung der Sehbahn

Teil von der A.choroidea posterior versorgt (Fujino 1965). Die Dichte der Gefäßversorgung ist im Bereich der Makularepräsentation hoch, so daß hier die Funktion vor Ischämien besonders gesichert erscheint (Malpeli u. Baker 1975).

Die Blutversorgung der Sehstrahlung wird im wesentlichen von drei Arterien übernommen, der A.choroidea anterior, cerebri media und cerebri posterior (Abbie 1933). Die A.choroidea anterior versorgt den vordersten Abschnitt der Sehstrahlung bis zum lateralen Aspekt des Cornu posterior ventriculi lateralis. Penetrierende zentrale Äste der A.cerebri media übernehmen die Versorgung des mittleren Teils der Sehstrahlung bis etwa zum Ende des Cornu posterior. Der hintere Teil der Sehstrahlung gehört zum Versorgungsgebiet der A.cerebri posterior mit perforierenden und kortikalen Ästen. Die Übergänge zwischen den drei Gefäßterritorien sind fließend und variieren individuell erheblich (Kleihues u. Hizawa 1966; Kleihues 1966a, b).

Auch an der Blutversorgung der Sehrinde sind mehrere Arterien mit einer erheblichen Variabilität beteiligt: große Äste aus der A.cerebri posterior – A.calcarina, A.parieto-occipitalis, A.temporalis posterior – und kortikale Endäste der A.cerebri media. Auch die A.pericallosa, Endast der A.cerebri anterior, kann Anschluß an die vaskuläre Versorgung des im Interhemisphärenspalt gelegenen anterioren Teils der Sehrinde gewinnen, dort wo die Fissura calcarina an den Sulcus parieto-occipitalis heranreicht.

Der Hauptanteil der Blutversorgung obliegt der A.cerebri posterior. Sie erhält ihren Zustrom vornehmlich aus der unpaaren A.basilaris. Allerdings kann nach autoptischen Befunden in bis zu 25% der Fälle der fetale Kreislauf mit Speisung der A.cerebri posterior über die A.cerebri media und A.communicans posterior beobachtet werden (Alpers u. Mitarb. 1959;

Krayenbühl u. Yasargil 1957). Die Area striata wird überwiegend von der A.calcarina mit Blut versorgt. Diese entsteht aus der A.cerebri posterior im rostralen Drittel des Sulcus calcarinus, liegt dort lateral von der A.parieto-occipitalis (Nadjmi u. Ratzka 1981) und zieht in mehreren Windungen tief in die Fissura calcarina hinein (Margolis u. Mitarb. 1971). Smith u. Richardson (1966) konnten einen großen Variationsreichtum des Endabschnittes dieser Arterie feststellen. Die A.parieto-occipitalis verläuft mit ihrem Hauptast zum dorsal vom Balken gelegenen Teil des Gyrus cinguli. Größere Äste ziehen von dort zur kortikalen Medialfläche und in die Fissura parieto-occipitalis (Nadjmi u. Radtzka 1981). Ein kleiner Teil der rostralen Sehrinde kann von ihr mitversorgt werden. Die A.temporalis posterior entspringt im Segmentum cisternae ambientis der A.cerebri posterior. Sie zieht an der Hirnbasis zwischen Gyrus parahippocampalis und Gyrus lingualis nach posterior und lateral. Ihr Hauptversorgungsgebiet sind Teile des prästriären Kortex, sie erreicht aber auch den unteren Okzipitalpol und anastomosiert dort mit kortikalen Endästen der A.calcarina (Zeal u. Rhoton 1978). Auch die A.cerebri media hat einen wichtigen Anteil an der Versorgung des okzipitalen Kortex. Da die terminalen Äste über die parietale Hirnkonvexität den oberen Okzipitalpol erreichen, ist speziell die Makularegion gegen Minderperfusion mehrfach abgesichert.

2 Sehschärfe und Perimetrie

Kaum eine Sinnesfunktion läßt sich in ihren verschiedenen Aspekten qualitativ wie quantitativ derart gut bestimmen wie das Sehen. Keine der zur Verfügung stehenden Untersuchungsmöglichkeiten reicht allerdings hin, die Vielfalt der visuellen Funktionen insgesamt zu erfassen, immer ergeben sich daraus nur Teilaspekte. Es muß also eine Auswahl getroffen werden, die sich jeweils nach dem vermuteten Befund ebenso wie nach dem Konzentrationsvermögen des Patienten richtet. So sind manche Untersuchungen anspruchslos und lassen sich schon am Krankenbett durchführen, andere, speziell die quantitativen, bedürfen umfangreicherer Apparaturen, konstanter Beleuchtungsbedingungen und vor allem der guten Mitarbeit des Patienten. Im Vordergrund der Untersuchungen steht die Bestimmung der Sehschärfe vom Bereich der Fovea bis hin zur Retinaperipherie. Mit weiteren Untersuchungen werden Farb- und Bewegungssehen, Wahrnehmen von Formen, Fusion von unterbrochenen Lichtreizen oder die Konstanz der visuellen Wahrnehmung geprüft. Alle Untersuchungen sollten so zügig wie möglich durchgeführt, kurze Pausen nur dann eingelegt werden, wenn es die Erholung des Patienten erfordert.

2.1 Sehschärfe

Unter der Sehschärfe wird das optische Auflösungsvermögen, der kleinste Abstand zweier, noch als getrennt wahrnehmbarer Punkte, das Minimum separabile, verstanden. Photopische Bedingungen vorausgesetzt, erreicht sie in der Gegend des Fixierpunktes etwa eine Bogenminute, was der Breite eines Zapfens gleichkommt. Entsprechend der retinalen Zapfenverteilung läßt die Sehschärfe mit der Entfernung vom Fixierpunkt expotential nach. Fünf Grad vom Fixierpunkt entfernt hat sie bereits um 70% abgenommen. Die Sehschärfe kann also in jedem Abbildungsbereich der Netzhaut gemessen werden, und jede Perimetrie ist ihrer Natur nach eine Bestimmung der Sehschärfe.

Unter Sehschärfen- oder Visuskontrolle wird gemeinhin die Bestimmung des schärfsten Sehens verstanden, also des Sehens, welches normalerweise nur im Fixierpunkt möglich ist. Diese foveale Sehschärfe muß vor jeder Gesichtsfeldbestimmung geprüft werden, denn sie bestimmt den weiteren Untersuchungsgang. Orientierend läßt man vorgestreckte Finger der Hand zählen. Am besten erfolgt sie aber bei optimaler Helligkeit und nach Korrektur von Brechungsfehlern monokular mit den Leseprobetafeln aus Streifen, Buchstaben, Zahlen, Ringen oder Haken, deren Größenunterschiede in Winkelgrad angegeben werden können (Schober 1964). Die Tafeln sind normalerweise in 5 oder 6 m Entfernung aufgehängt, geprüft wird also der Fernvisus. Das Ergebnis wird in einem Bruch angegeben, im Nenner steht der Normal-, im Zähler der erreichte Wert. Aus dem unverändert wiedergegebenen Bruch läßt sich die angewendete Methode erkennen. Die Reduktion des Visus beeinträchtigt v.a. die Ergebnisse der Gesichtsfeldbestimmungen im zentralen Bereich. Starke Einengungen des Gesichtsfeldes oder Störungen des visuellen Erkennens können, wenn es sich um zu große oder um komplizierte Zeichen handelt, eine Visusreduktion vortäuschen.

2.2 Perimetrie

Mit der Perimetrie wird die Empfindlichkeit der Netzhaut auf bestimmte, abstufbare Reize abgetastet. Für jeden Reiz wird der Ort festgelegt, an dem er überschwellig wird, d.h. wo der Patient ihn gerade noch wahrnehmen kann. Die Schwellenpunkte gleicher Reize sind elliptisch und konzentrisch um den Fixierpunkt gelagert. Alle Untersuchungen ergeben für die Fovea niedrige und für die Gesichtsfeld- oder die Netzhautperipherie zunehmend höhere Reizschwellen. Von Traquair (1927) stammt der Vergleich des Sehfeldes mit einer Insel, die aus dem Meer der Blindheit ragt. An ihrer höchsten Erhebung liegt die Fovea, ihre Peripherie fällt zum Meer der Blindheit hin verschieden steil ab und versinkt schließlich dort. Löcher, Mulden, Täler können den natürlichen Abfall unterbrechen.

Verschiedene Möglichkeiten bieten sich an, die visuelle Leistung im Gesichtsfeld zu prüfen. Einige genügen nur zur groben Orientierung, können aber beim Schwerkranken die einzige Möglichkeit der Untersuchung sein. Andere sind so standardisiert, daß ihre Werte innerhalb einer geringen Schwankungsbreite reproduzierbar sind. Sie verlangen indes optimale Mitarbeit des Patienten und stoßen z.T. schnell an die Grenzen seiner Leistung und Belastbarkeit, wodurch sie zur Quelle von Fehlern werden können. Während der Perimetrie muß es dem Untersucher jederzeit möglich sein, die Fixiertreue seines Patienten zu kontrollieren.

2.2.1 Qualitative Perimetrie

Die Konfrontationsperimetrie ist in ihren verschiedenen Variationen als erste qualitative neuroophthalmologische Befunderhebung gedacht und wegen ihrer vielen Möglichkeiten und ihrer einfachen Handhabung zu Recht am weitesten verbreitet (Kestenbaum 1961; Harrington 1981). Für jede neurologische Untersuchung, speziell am Krankenbett, ist sie unersetzlich, häufig sogar die einzige, die dem Patienten zugemutet werden kann oder mit der verwertbare Ergebnisse zu erzielen sind. Üblich ist die Prüfung am etwa 0,5–1 m entfernt liegenden, sitzenden oder stehenden Patienten. Er soll die Nasenspitze des Untersuchers fixieren und angeben, welche seiner beidseits ausgestreckten Hände sich bewegt hat. Nach dieser ersten Orientierung werden die Außengrenzen des Gesichtsfeldes für verschiedene Reize, auch nach dem Form- oder Farberkennen, bestimmt, wobei sich das Gesichtsfeld des Untersuchers als Vergleichsgröße anbietet. Der Konfrontationstest kann monokular oder binokular in allen Quadranten durchgeführt, die Fixationstreue des Patienten kontinuierlich überwacht werden (Frisen 1973). Gute Lichtverhältnisse im Raum – der Untersucher sollte nicht im Lichtschatten, sondern am besten vor einem dunklen monochromen Hintergrund stehen – optimieren die Qualität der Ergebnisse. In der Regel weisen erst die mit dieser Methode gewonnenen Befunde auf die Notwendigkeit einer quantitativen Perimetrie hin.

Mit dem Konfrontationstest können auch diskrete visuelle Leistungsdefizite nachgewiesen werden. Prüft man z.B. das rechte und linke Gesichtsfeld getrennt, so lassen sich keine Ausfälle feststellen, prüft man sie hingegen etwa durch Bewegen der Finger beider ausgestreckter Hände gleichzeitig, dann registriert der Patient nur noch eine Seite, ein Befund der als Auslösch-

oder Extinktionsphänomen bezeichnet wurde (vgl. S. 40).

Nicht selten hat man es mit Patienten zu tun, die – meist zu Beginn der Erkrankung – an einer Sprachstörung leiden oder deren Bewußtsein gestört ist, mit denen also nicht die Kommunikation möglich ist, die selbst die einfachste Perimetrie erfordert. Dann wird man sich darauf konzentrieren müssen, seine Reaktion auf schnell dem Auge sich nähernde visuelle Reize zu überprüfen. Die Stärke des Bewegungsreizes läßt sich beliebig variieren. Nimmt der Patient solche Reize wahr, so ist allerdings nicht ausgeschlossen, daß mit der quantitativen, kinetischen oder statischen Perimetrie, wenn diese Untersuchungen wieder möglich sind, ausgedehnte Gesichtsfeldausfälle aufgedeckt werden (Bing u. Brückner 1954; Harrington 1981).

2.2.2 Quantitative Perimetrie

Unter standardisierten Bedingungen, die die Größe und Leuchtdichte des Stimulus und die konstante Umfeldbeleuchtung einschließen, lassen sich, Fixiertreue des Patienten vorausgesetzt, reproduzierbare Messungen der Gesichtsfelder durchführen. Individuelle tageszeitliche Schwankungen der Lichtschwellen (Zihl u. Mitarb. 1977b), Mitarbeit des Patienten und Geduld des Untersuchers sind weniger berechenbare Variablen. Am gebräuchlichsten ist die Lichtsinnesperimetrie, die mit kinetischen oder mit statischen Stimuli durchgeführt wird. Andere Methoden der Perimetrie überprüfen das Farbsehen, das Formerkennen oder die Flimmerverschmelzungsfrequenz.

2.2.2.1 Kinetische Perimetrie

Bei dieser Untersuchung fixiert der Patient das markierte Zentrum einer gleichmäßig ausgeleuchteten Hohlkugel, während run-de Lichtmarken definierter Größe und Leuchtdichte entlang den Meridianen von außen nach innen geführt werden (Goldmann 1945). Sobald der Patient die Marke bemerkt, gibt er ein Zeichen. Die Fixation wird über ein Okular oder über eine Videokamera kontrolliert. Die Bewegungsgeschwindigkeit der Marken sollte möglichst konstant gehalten werden und etwa bei 3 Winkelgrad pro Sekunde liegen. Werden die Marken zu langsam bewegt, so verschieben sich die Isopteren durch Adaptation nach zentral, außerdem verzögert sich der Untersuchungsgang. Die einsetzende Ermüdung des Patienten verursacht neue Fehler. Konzentrisch nach innen verschobene Isopteren erhält man aber auch, wenn die Reizmarken zu schnell bewegt wurden, v. a. bei Patienten, die sich von vornherein schwer auf den Untersuchungsgang konzentrieren können. Einige Untersuchungen an automatisierten kinetischen Perimetern kommen auf eine optimale Winkelgeschwindigkeit der Marke von 4 Grad pro Sekunde (Johnson u. Keltner 1987). Auch die Steuerung der Aufmerksamkeit auf die Seite des Gesichtsfeldes, wo die Marke erscheinen wird, führt zu veränderten, weiter peripher liegenden Außengrenzen (Brückner 1951). Die Aufmerksamkeit für unterhalb des horizontalen Null-Meridians liegende Reize führt zu stärkerer Erweiterung der Isopteren, was mit der biologischen Bedeutung des Bodens in der Phylogenese des Menschen zu tun haben muß. Das Gesichtsfeld sollte möglichst mit drei verschiedenen, etwa 20 Grad voneinander entfernt liegenden Isopteren festgelegt werden. Im übrigen richtet sich die Wahl der geeigneten Reizparameter nach dem Alter des Patienten, seiner Krankheit und nach der Fragestellung.

Parazentrale Skotome lassen sich häufig erst dann nachweisen, wenn genügend kleine Marken gewählt wurden. Dagegen sollte die Grenze größerer retrochiasmaler

Gesichtsfeldausfälle möglichst mit großen Marken untersucht werden, um den von Harrington (1981) als Depression oder Kontraktion bezeichneten unterschiedlichen Empfindlichkeitsabfall festhalten zu können (s. auch S. 38).

2.2.2.2 Kampimetrie am Bjerrum-Schirm

Kleine Winkelunterschiede, die aufgrund der hohen Auflösung gerade im zentralen Gesichtsfeld eine ausschlaggebende Rolle spielen, lassen sich besser kampimetrisch bestimmen. Für diese Untersuchung eignet sich vorzüglich der Bjerrum- oder Tangentenschirm, ein etwa 2 mal 2 m großes schwarzes, mit konzentrischen Kreisen markiertes Filztuch. In der üblichen Entfernung des Patienten vom Bjerrum-Schirm (1 oder 2 m), projiziert sich der zentrale Sehbereich ausreichend groß. Erfaßt werden nach beiden Seiten des Gesichtsfeldes maximal 40 Grad. Die Testparameter lassen sich zwar nicht so standardisieren wie am Goldmann-Perimeter, doch wenn die Untersuchung in einem künstlich erleuchteten Raum durchgeführt wird, kann man verhältnismäßig gut reproduzierbare Befunde ermitteln. Wie andere Untersucher (Kestenbaum 1961; Harrington 1981) schätzen auch wir diese Methode deshalb so hoch ein, weil man mit dem Patienten durch unmittelbaren, auch visuellen Kontakt optimal kommunizieren und verschiedene Untersuchungen – auch Farb-, Form- oder Bewegungserkennen – in raschem Wechsel durchführen kann. Wegen der vergleichsweise starken Vergrößerung des zentralen Gesichtsfeldes werden kleine parazentrale Skotome besonders gut erfaßt. Auch die Größe der fovealen oder makularen Aussparung, deren Kenntnis bei homonymen Gesichtsfeldausfällen besonders wichtig ist, läßt sich gerade am Bjerrum-Schirm optimal messen.

2.2.2.3 Statische Perimetrie

Bei dieser von Sloan (1939) und von Harms (1940) entwickelten Untersuchungsmethode fixiert der Patient ebenfalls das Zentrum eines Kugelperimeters, während die Funktion seines Gesichtsfeldes mit stationären Lichtreizen unterschiedlicher Größe und Leuchtdichte, gegebenenfalls auch mit farbigen Reizen geprüft wird. Die Methode kann die kinetische Perimetrie zwar nicht ersetzen, sie ist aber empfindlicher, weil den Lichtmarken die Bewegung als Stimulus fehlt. Ausfälle, die mit der kinetischen Perimetrie kaum erfaßt werden oder sich als unscheinbar darstellen, können nach der statischen Perimetrie ein überraschend großes Gesichtsfeldareal einnehmen.

In der Regel wird bei der Untersuchung die Größe der Reizmarke konstant gehalten, verändert wird ihre Leuchtdichte. Entweder wird der Lichtreiz einem Netzhautpunkt einmalig angeboten, oder es erfolgt eine Eingabelung der Empfindlichkeit, indem man vom über- in den unterschwelligen Bereich und umgekehrt geht. Da das letztere Verfahren für die Untersuchung des gesamten Gesichtsfeldes auch bei Beschränkung auf eine kleinere Zahl von Meßpunkten viel zu zeitaufwendig und auch für den Patienten zu anstrengend wäre, beschränkt man sich auf die Schwellenbestimmung entlang bestimmter Meridiane (Profilperimetrie). Sie sind in der Regel auf den horizontalen, den 45–225 und 135–315 Grad-Meridian festgelegt. Im übrigen kann sich die Wahl der zu untersuchenden Meridiane nach den Gesichtsfeldbefunden richten, die durch den Konfrontationstest oder die kinetische Perimetrie vorgegeben sind oder die man nach den Angaben des Patienten vermutet. Ähnlich wie bei der kinetischen Perimetrie lassen sich die Ergebnisse der Schwellenwerte verbessern, wenn man den Patienten die Aufmerksamkeit auf die Gegend des

Gesichtsfeldes richten läßt, in der der Lichtpunkt auftauchen wird (Aulhorn u. Harms 1972; Zihl u. Mitarb. 1979 a). Die automatisierten Perimetriegeräte schließen eine solche gerichtete Aufmerksamkeit im wesentlichen aus.

Der Einsatz der statischen Perimetrie empfiehlt sich bei homonymen Anopsien, wenn es darum geht, den Abfall der Lichtempfindlichkeit vom sehenden in den blinden Bereich zu messen, oder kleinere, parafoveale oder im Gesichtsfeld verstreut liegende Skotome nachzuweisen und die Größe ihres amblyopen Umfeldes zu bestimmen. Auch wenn sich ein Extinktionsphänomen feststellen lassen sollte, obwohl die kinetische Perimetrie einen unauffälligen Befund erbrachte, empfiehlt es sich, mit Hilfe statischer Lichtreize mögliche unterschwellige Gesichtsfeldstörungen aufzuspüren. Zihl und von Cramon (1978) vermuteten, daß sich aus der unterschiedlichen Adaptation auf spiegelsymmetrisch gegebene Lichtreize auch die Funktiontüchtigkeit der Colliculi superiores überprüfen ließe.

Die statische Perimetrie ist an dem von Harms (1969) in Zusammenarbeit mit Aulhorn (1972) entwickelten Tübinger Perimeter in allen Variationen mit Reizpunkten auch im peripheren Gesichtsfeld und mit kleinem Winkelabstand möglich. Das Gerät bietet den Vorteil, daß auch die kinetische und die Farbperimetrie sowie die Analyse des Formerkennens in den Halbfeldern durchgeführt werden können (Sloan 1971; Johnson u. Mitarb. 1978; Johnson u. Mitarb. 1979). Leider ist die Untersuchung verhältnismäßig zeitaufwendig. Sie verlangt – und das ist speziell in der Neurologie eine oft unerfüllbare Bedingung – einen über einen längeren Zeitraum aufmerksamen Patienten. Zunehmend setzten sich deshalb computergesteuerte Geräte (Octopus, Humphrey Field Analyzer) durch (Whalen u. Spaeth, 1985). Je nach eingegebenem Programm kann man mit diesen Perimetern, auch wenn sie weniger flexibel sind, gute Ergebnisse erzielen. Wenn das Programm genügend dicht liegende Stimuli zuläßt – bei der Profilperimetrie des Zentrums sollten sie nicht weiter als 1 Grad auseinanderliegen –, so ergeben sich gegenüber dem Tübinger Perimeter auch Vorteile. Die Untersuchung läuft zügig ab, ist zeitlich begrenzt und schaltet Fehler des Untersuchers aus. Der Untersucher kann sich über einen Monitor ganz darauf konzentrieren, wie sein Patient den Fixierpunkt einhält. Bleibt festzuhalten, daß die kinetische Perimetrie auch durch die automatisierte statische Perimetrie keinesfalls ersetzt wird.

2.2.2.4 Andere Perimetriemethoden

An erster Stelle ist die Perimetrie mit farbigen Marken zu nennen (Carlow u. Mitarb. 1976), die bei zentralen Sehstörungen große Bedeutung hat (Treitel 1879; Zihl u. Mayer 1981; Henderson 1982). Verschiedene Untersucher sind zwar der Meinung, daß jede Form von Sehstörung mit weißen Marken, wenn diese nur klein genug gewählt werden, erfaßt werden kann, so daß sich Untersuchungen mit farbigen Marken erübrigen (Brouwer 1936; Critchley 1966; Harrington 1981). Es gibt aber homonyme Achromatopsien, die ohne Störungen anderer visueller Leistungen auftreten und somit allein durch die Farbperimetrie entdeckt werden können. Untersucht wird am Goldmann- oder am Tübinger Perimeter, sofern an diesen Geräten farbige Marken vorhanden sind. Auch am Bjerrum-Schirm läßt sich mit farbigen, 10 oder 20 mm großen, runden Plättchen eine Farbperimetrie durchführen und darüber hinaus auch eine mögliche Störung der Farbbenennung nachweisen.

Die Gesichtsfelduntersuchung anhand des Formerkennens ist am Tübinger Perimeter möglich. Der Patient muß eine von peripher in das Gesichtsfeld geschobene Form (Raute oder Kreis) erkennen, deren Leuchtdichte und Größe verändert werden können. In der Regel wird binokular geprüft.

Die Flickerverschmelzungsfrequenz kann ebenfalls perimetrisch genutzt werden (Miles 1950). Auch hier werden üblicherweise die flickernden Lichtreize von der Peripherie langsam ins Zentrum des Gesichtsfeldes gefahren - kinetische Methode -, oder wird an einem Punkt die Flickerfrequenz verändert - statische Methode. Der Patient muß angeben, wann er statt eines kontinuierlichen ein unterbrochenes Licht wahrnimmt. Niedrige Frequenzen verschmelzen bereits im äußersten, höhere Frequenzen erst im zentraleren Gesichtsfeldbereich. Bei zentralen Sehstörungen ergeben sich pathologische Einengungen. Die Untersuchung bedarf in hohem Maße der Mitarbeit des Patienten und ist deshalb bei Patienten mit zentralen Sehstörungen nur selten einsetzbar. Die Flimmerverschmelzungsfrequenz ist zudem von vielen Imponderabilien - Tageszeit, Medikamenteneinnahme, Wachheit - abhängig und somit von Fehlerquellen umgeben (Kranda 1982).

3 Gesichtsfeld

Das Gesichtsfeld wird durch die Grenzen bestimmt, innerhalb derer mit beiden, einen Punkt fixierenden Augen visuelle Stimuli wahrgenommen werden und umfaßt, wie schon von Johannes Kepler festgestellt wurde, einen etwa halbkugelförmigen Raum. Erste genaue Messungen dieses Raumes gehen auf Thomas Young (1800) zurück. Das von ihm für weiße Stimuli bestimmte monokulare Gesichtsfeld hatte nach oben eine Ausdehnung von 50 Grad, nach unten von 70 Grad, es maß nach innen 60 und nach außen 90 Grad. Diese Werte haben auch heute noch Gültigkeit. Gelegentlich werden, je nach Lage der Augen in der Orbita, in jede Richtung bis zu 10 Grad größere Gesichtsfelder angegeben (Anderson 1982). Legen wir die sich überschneidenden Gesichtsfelder beider Augen übereinander, so ergibt sich eine in der Horizontalen 180 bis 200 Grad messende Halbkugel. Das Feld, das binokular gesehen wird, mißt hingegen nur 120, selten bis 140 Grad. Innerhalb dieser Grenzen ist, Binokularität vorausgesetzt, Stereoskopie möglich. Vom Gesichtsfeld wird das Blickfeld unterschieden, welches den Bereich beschreibt, der ohne Kopf-, allein durch Augenbewegung gerade noch fixiert werden kann. Es beträgt, je nach Beweglichkeit der Augen, etwa 50 Grad (Trendelenburg 1961). Entsprechend dem Blickfeld vergrößert sich dann das Gesichtsfeld.

Nach anatomischen und nach funktionellen Gesichtspunkten läßt sich das Gesichtsfeld in verschiedene Zonen einteilen (Abb. 4). Das foveale Zentrum, die Ge-

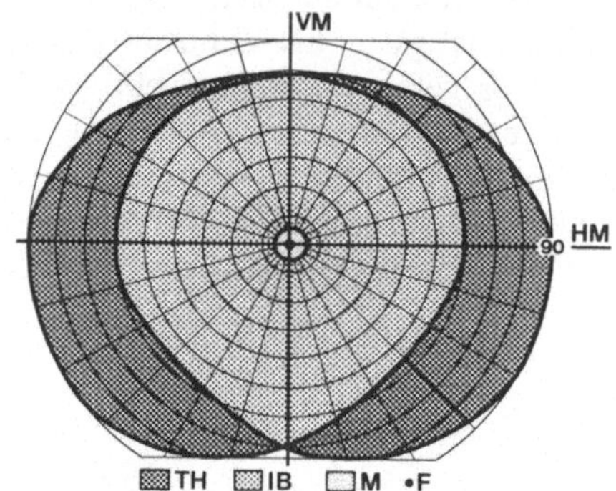

Abb. 4. Schematische Darstellung des binokularen Gesichtsfeldes (*F* Fovea, *M* Makula, *IB* intermediärer Bereich, *TH* temporaler Halbmond, *HM* horizontaler Meridian, *VM* vertikaler Meridian)

gend des schärfsten Sehens und die unmittelbar benachbarte Zone, umfaßt einen Bereich von etwa 3 Grad. Ihn umgibt ein Gebiet von vergleichsweise noch gutem Sehen, dessen Kegel entsprechend seiner anatomischen Abmessungen am Augenhintergrund etwa 10 Grad ausmacht. Dieser Bereich wird zusammen mit der Fovea häufig als Makula bezeichnet; zwischen beiden Gebieten muß aber sorgfältig getrennt werden. Es folgt bis etwa 60 Grad eine Übergangs- oder Intermediärzone. Jenseits des 60 Winkelgrades liegt bilateral der temporale Halbmond, jener Bereich, der nur noch von der nasalen Retina des jeweils homolateralen Auges aufgenommen wird. Im fovealen Gesichtsfeld gelingt die Identifizierung von feinsten Objektdetails; im peripheren Gesichtsfeld werden mit wachsender Entfernung vom Zentrum statische Stimuli immer weniger und schließlich, im temporalen Halbmond, vornehmlich bewegte oder flickernde Stimuli wahrgenommen.

Durch eine horizontale und eine vertikale Achse, die sich im Fixierpunkt schneiden, kann das Gesichtsfeld außerdem in vier nicht ganz gleiche Quadranten unterteilt werden. Die Aufteilung in solche Quadranten bietet sich schon deshalb an, weil sie bis zum visuellen Kortex anatomisch nachvollziehbaren Grenzen entsprechen. In Area 17 ist der obere Gesichtsfeldquadrant, entsprechend dem unteren Retinaquadranten, in der unteren Kalkarinalippe, und der untere Gesichtsfeldquadrant, entsprechend dem oberen Retinaquadranten, in der oberen Kalkarinalippe repräsentiert.

3.1 Nasale und temporale Gesichtsfeldhälfte

Die Gesichtsfeldhälften eines Auges sind weder nach ihrer Größe noch nach ihrer Funktion gleich. So unterscheiden sie sich zunächst einmal durch ihre Ausdehnung: das nasale Feld reicht etwa bis 60, das temporale bis maximal 100 Grad. Die unterschiedliche Lage der Isopteren – im nasalen Feld ist der Sensitivitätsabfall deutlich steiler als im temporalen – weist auch auf funktionelle Unterschiede hin.

Zunächst bietet sich an, die unterschiedliche Ausdehnung der beiden Gesichtsfeldhälften mit der anatomische Lage des Bulbus in der Augenhöhle zu erklären. Nasale Reize können die lateralen Anteile der temporalen Retina nicht erreichen, weil Nasenwurzel und Nasenrücken ihnen den Weg versperren. Allein mit der Lage des Bulbus erklärt sich freilich nicht die Lage der Isopteren. Bei im übrigen gleichwertigen Netzhauthälften sollte man annehmen, daß der Isopterenverlauf etwa identisch ist. Das trifft aber nicht zu. Die Zunahme der Helligkeitssensitivität erfolgt im nasalen Gesichtsfeld zwar steiler, erreicht aber bis zur Makula hin nicht das Niveau der Gegenseite. Wahrscheinlich erklärt sich der Befund mit der geringeren Neuronendichte der temporalen Retinahälfte, wie sie histologische Untersuchungen von Osterberg (1935) – später im wesentlichen durch van Buren (1963) bestätigt – ergeben haben. Entsprechend finden sich im Chiasma opticum mehr gekreuzte als ungekreuzte Neuronen. Ebenso wird plausibel, warum die pupillomotorische Reaktion bei Belichtung der temporalen Retinahälfte geringer ist als bei Belichtung der nasalen (Bell u. Thompson 1978).

3.2 Zentraler Gesichtsfeldbereich

Im unmittelbaren Zentrum, der Fovea, besteht die optimale Winkelauflösung; dort gelingt die Identifizierung von feinsten Objektdetails. Die Bedeutung des zentralen Sehbereiches, der Fovea und der Makula ist bekannt: eine Adaptation an Reize tritt hier vergleichsweise spät ein, womit die über einen längeren Zeitraum konstante Funktion garantiert ist.

Fovea, und häufig auch Makula, bleiben bei dem überwiegenden Teil homonymer Hemianopsien vom Ausfall verschont. Diese, als makulare Aussparung bezeichnete, nicht ohne weiteres zu verstehende Besonderheit fiel den Untersuchern schon bald nach der Einführung geeigneter Perimeter auf (Förster 1867, 1890). Die Diskussion über die Ursache des Befundes ist nicht leicht zu verfolgen, weil nur selten deutlich wird, wann der foveale und wann der makulare Bereich gemeint ist. Beide Begriffe werden leider nicht einheitlich gebraucht, die jeweiligen Winkelgrößen unterschiedlich angegeben (Wilbrand 1890; Lenz 1927).

Vereinzelt wurde behauptet, es gebe die makulare Aussparung gar nicht, sie sei lediglich ein Untersuchungsartefakt. Sie beruhe auf mangelnder Fixation, die gerade den Patienten mit homonymer Hemianopsie besonders schwerfalle. Man konnte nachweisen, daß fast immer eine Makulaaussparung imponierte, wenn die Fixation des Patienten während der Perimetrie nicht genügend überwacht wurde. Auf der anderen Seite ließen sorgfältige Untersuchungen des Gesichtsfeldes mit Kontrolle sowohl der Fixation über den blinden Fleck als auch der Augenbewegungen durch das Elektrookulogramm selbst bei jenen Patienten, bei denen der Okzipitallappen abgetragen worden war, eine Aussparung des zentralen Sehbereiches, wenn auch nur der Fovea, erkennen (Halstead u. Mitarb. 1940).

3.2.1 Theorien zur makularen Aussparung

Die Frage nach den anatomischen und physiologischen Grundlagen der fovealen/makularen Aussparung ist Gegenstand vielfältiger Diskussionen gewesen, doch haben nicht zuletzt die klinischen Untersuchungen von Huber (1962) und die neuronographischen an Primaten von Bunt und Mitarbeitern (1977) sie inzwischen wohl endgültig beantworten können. Diese Diskussion soll dennoch kurz verfolgt werden, da sie uns für das Verständnis homonymer Hemianopsien wichtig erscheint und zudem aus historischer Sicht das außerordentliche Interesse an den zentralen Sehstörungen widerspiegelt.

3.2.1.1 Folge funktioneller Anpassung

Manche Patienten mit homonymer Hemianopsie fixieren zunehmend mit einem im gesunden Gesichtsfeldbereich liegenden parafovealen Retinaort. Solche Befunde beschrieben verschiedene Autoren, und man sah dann in der makularen Ausspa-

rung die Folge einer Pseudofovea (Fuchs 1922; Kleist 1934; Bender u. Kanzer 1939). Es wurde vermutet, daß sich um so eher ein neuer Fixierpunkt ausbildet, je mehr die halbe Makula an visueller Kapazität eingebüßt hat. Nun müßte allerdings die Ausbildung einer Pseudofovea aufgrund der rasch abnehmenden Zapfendichte eine erhebliche Visusreduktion nach sich ziehen. Erfahrungsgemäß bleibt aber gerade der Visus trotz homonymer Hemianopsie ungestört, mithin kann eine Pseudofovea auch nicht Ursache der makularen Aussparung sein. Sollte in seltenen Fällen dennoch die Pseudofovea eine Art makularer Aussparung hervorrufen – freilich immer mit entsprechender Visusreduktion –, so handelt es sich wahrscheinlich um Patienten, die schon vor Eintritt der Hemianopsie zu einem parafovealen Fixierpunkt tendierten, oder bei denen auch das gegenseitige visuelle Halbfeld funktionell geschädigt ist.

Ein anderer Erklärungsversuch (Sachsenweger 1963) geht von der Erfahrung aus, daß nach Schädigungen des Neokortex phylogenetisch ältere Hirnanteile ihre bis dahin supprimierte Funktion wieder aufnehmen können. Die Folge für den Organismus ist zwar eine geringere Funktionsfähigkeit, die im Falle der Hemianopsie aber genügen würde, um eine makulare Aussparung zu erzeugen. Für diese Hypothese spricht auch die Beobachtung, daß sich das makulare Sehen häufig erst einige Zeit nach Schädigung der Sehbahn wieder einstellt. Solche untergeordneten visuellen Systeme könnten sich in Nebenleitungen finden, die nicht im CGL verschaltet werden.

Schließlich wäre denkbar, daß die makulare Aussparung nach homonymer Hemianopsie eine Folge veränderter Sakkaden ist. Während der Fixation kommt es zu verschiedenen hochfrequenten, unwillkürlichen Blicksakkaden, zu Mikrosakkaden, die im wesentlichen für die Aufrechterhaltung des Retinabildes verantwortlich sind (Ditchburn u. Ginsberg 1952). Die Winkelgröße dieser Sakkaden beträgt maximal 0,5 Grad (Yarbus 1967; Fuchs 1976). Möglicherweise werden die Mikrosakkaden, wenn eine homonyme Hemianopsie vorliegt, von Sakkaden unterlagert, deren Winkelgröße über 1 Grad hinausgeht. Damit ließe sich die Größe zumindest der fovealen Aussparung erklären.

3.2.1.2 Folge bilateraler Repräsentation

Hierzu wurden ganz unterschiedliche Theorien aufgestellt. Ein Gruppe von Autoren vertrat die Auffassung, daß die Makula über kallosale Verbindungen bilateral repräsentiert sei (Heine 1900; Lenz 1914; Penfield u. Mitarb. 1935). Diese Vorstellung wurde von der Erfahrung gestützt, daß Schäden in der Nähe des visuellen Kortex eher, solche in der Nähe des CGL seltener eine makulare Aussparung verursachen. Die anatomischen Befunde sprachen allerdings gegen eine kallosale Teilung.
Auch die Theorie der chiasmatischen Teilung fand anatomisch keine Bestätigung. Wilbrand und Saenger (1917) stellten sich vor, die makularen Fasern würden sich im Bereich des Chiasma opticum verdoppeln. Dadurch wären beide Makulae in jeder Hirnhemisphäre repräsentiert, so daß ein halbseitiger Ausfall von der Gegenseite kompensiert werden könnte.
Die Theorie einer Art Schachbrett-Repräsentation der Macula lutea in beiden Großhirnhälften fand schließlich zunehmend Anhänger und konnte auch durch tierexperimentelle Studien bestätigt werden (Stone u. Mitarb. 1973; Bunt u. Mitarb. 1977). Morax (1919) war der Meinung, daß Neurone der Makula sowohl zum kreuzenden wie zum nichtkreuzenden Teil des N. opticus abgehen. Dadurch wären die beiden Makulae in beiden Groß-

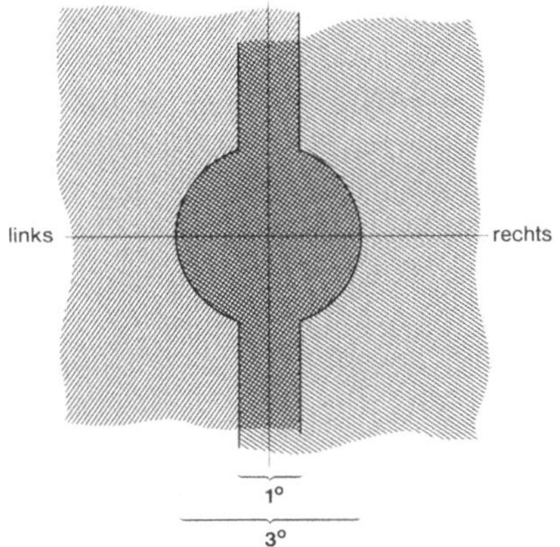

Abb. 5. Ausschnitt des zentralen Gesichtsfeldes. Doppelversorgung der Fovea. 3 Grad der Fovea und 1 Grad des sich anschließenden oberen und unteren Grenzstreifens projizieren nach beiden Areae striatae

hirnhemisphären schachbrettartig repräsentiert, und ihre Funktion könnte, wenngleich mit geringen Einbußen, auch nach Ausfall eines gesamten Okzipitallappens erhalten bleiben. Diese Theorie wurde später weiterentwickelt, indem man die bilaterale Makularepräsentation als Folge mangelnder Entmischung visueller Neurone im Bereich des Chiasmas ansah (Dubois-Poulsen u. Mitarb. 1952, 1954; Gramberg-Danielsen 1957, 1959). Auf diese Weise sollte es zu vielfachen Überlappungen nach Art eines Reißverschlusses an der gesamten vertikalen Grenzlinie (dem Grenzstreifen) beider Gesichtsfeldhälften kommen (Abb. 5). Eine Variante bot die Hypothese von Colenbrander (1975): da die Hälften des Makulafeldes in beiden Hemisphären repräsentiert seien, müßte normalerweise eine Hälfte im Kortex von Inhibitionsfasern, die von der Retikularsubstanz stammen, blockiert sein. Falle diese Inhibition, etwa durch die Zerstörung der Radiatio optica einer Seite, aus, so manifestiere sich die makulare Aussparung.

3.3 Intermediärer Gesichtsfeldbereich

Der intermediäre Bereich erstreckt sich vom 5. bis etwa zum 60. Winkelgrad und stellt somit flächenmäßig den größten Ausschnitt des Gesichtsfeldes dar. Die Sehschärfe fällt im Anfangsbereich steil, später nur noch plateauähnlich ab, nach außen hin gewinnt das Bewegungssehen an Bedeutung. Bis etwa an die Peripherie des intermediären Gesichtsfeldes reicht das Farbensehen, dort ist dann allerdings nur noch kurzwelliges Licht wahrnehmbar.

Nach der Größe der Blicksakkaden lassen sich drei Bereiche unterscheiden. Der innere Bereich mit seiner besseren Sehschärfe liegt noch im unmittelbaren Aufmerksamkeitsfeld. Er wird durch einfache Zielsakkaden (Bahill u. Mitarb. 1975) erfaßt und reicht somit bis etwa zum 15. Grad. An ihn schließt sich bis 30 Grad ein Bereich, der gerade noch mit Augen-, häufig aber schon mit Kopfbewegungen erfaßt wird (Young u. Sheena 1975). Das Feld jenseits des 30. Winkelgrades wird nur noch durch Kopfbewegungen in das foveale Zentrum gerückt, Augenbewegungen dieser Winkelgröße sind ungewohnt und unangenehm zugleich. Man vermutet, daß die einzelnen Bereiche von unterschiedlichen neuronalen Systemen, der innere Bereich über genikulo-striäre Bahnen, der äußere über die Colliculi superiores gesteuert werden (Frost u. Pöppel 1976).

Die kortikale Repräsentation dieses mittleren Gesichtsfeldabschnittes ist verhältnismäßig klein. Sie ist aufgrund ihrer Lage gegen Traumen etwas besser geschützt als der makulare Bereich. Dafür ist ihre Blutversorgung vergleichsweise ungünstig. Homonyme Hemianopsien vaskulärer Genese ziehen sich erfahrungsgemäß häufig auf den intermediären Gesichtsfeldbereich zurück. Solche Skotome werden aber trotz bleibender amblyopischer Beschwerden gut kompensiert, und können, wenn oberflächlich perimetriert wird, dem Nachweis entgehen.

3.4 Temporaler Halbmond

Der temporale Halbmond, auch temporale Sichel genannt, beschreibt das unpaar angelegte Gesichtsfeld zwischen dem 60. und maximal 100. Sehwinkel. Dieses Feld kann nur von der nasalen Retinahälfte des homolateralen Auges gesehen werden. Zur Erklärung des Phänomens gibt es mehrere widerstreitende Thesen. Die eine geht davon aus, daß der temporale Halbmond eine monokuläre Repräsentanz im kontralateralen Kortex hat (Behr 1916; Holmes 1918a; Traquair 1927; Polyak 1932; Benton u. Mitarb. 1980). Eine andere These postuliert, daß zwar eine binokuläre Repräsentanz vorliegt, daß jedoch durch Nasenwurzel und Nasenrücken die funktionelle Supprimierung einer Seite erfolgt. Der temporale Halbmond entstünde somit allein aufgrund der anatomischen Lage des Augapfels in der Augenhöhle. Ist die Nasenwurzel, wie bei manchen asiatischen Völkern, relativ flach, so weitet sich der intermediäre Gesichtsfeldbereich aus, und der temporale Halbmond wird entsprechend kleiner (Kestenbaum 1961; Yang u. Mitarb. 1965). Schließlich wird vermutet, daß der unpaare temporale Halbmond einer retinalen Ungleichheit entspricht. Messungen der Retinafelder haben jedenfalls ergeben, daß die nasale Hälfte wesentlich größer angelegt ist als die temporale (Thiel 1955; Straatsma u. Mitarb. 1969).

Wir fanden bei Untersuchungen an 15 gesunden Probanden, daß im nasalen Halbmond noch für etwa 10 Grad, d.h. bis zum 70. Winkelgrad gesehen werden kann, wenn die Augen aus dem Schatten des Nasenrückens herausgedreht werden und vermuten, daß dieser funktionale Erhalt eine Folge der mittleren Sakkadengröße darstellt.

Im CGL schalten die Fasern, die von der nasalen Retina kommen, in der sechsten, der untersten, Ganglienzellschicht um (Brouwer u. Zeeman 1925, 1926). Die kortikale Repräsentation des temporalen Halbmondes liegt in der Tiefe des Interhemisphärenspaltes, im vorderen, konisch zulaufenden Teil der beiden Gyri linguales. Im oberen Gyrus endet die Bahn der unteren Halbmond-, der oberen Retinahälfte, und umgekehrt. Einige Untersuchungen kommen zu dem Ergebnis, daß der gesamte Halbmond im vordersten Anteil allein des unteren Gyrus lingualis repräsentiert sei (Spence u. Fulton 1936). Die klinische Erfahrung, daß nach Okzipitalhirnläsionen einmal der untere, einmal der obere Quadrant des Halbmondes ausgefallen sein kann, spricht allerdings gegen die bevorzugte Rerpäsentation in nur einem Gyrus lingualis (Benton u. Mitarb. 1980).

Die Möglichkeit, im temporalen Halbmond speziell bewegte Lichtstimuli wahrzunehmen, steht im Zusammenhang mit den Ergebnissen tierphysiologischer Untersuchungen der Retina. Dort konnte im wesentlichen zwischen zwei, als X und Y bezeichneten Ganglienzelltypen unterschieden werden (Enroth-Cagell u. Robson 1966; Ikeda u. Wright 1972, 1974; Miller u. Mitarb. 1980). X-Zellen antworten in ihrem rezeptiven Feld auf einen kleinen, stationären Kontraststimulus; Y-Zellen reagieren spezifisch auf eine Kontraständerung, also auf bewegte Stimuli, auf Blitzlicht oder einfache Lichtveränderung. Die X-Neurone liegen in der Fovea konzentriert, zur Retinaperipherie nimmt ihre Zahl ab. Die schneller leitenden Y-Neurone sind umgekehrt mehr in der Retinaperipherie konzentriert. Beide Neuronengruppen projizieren auf unterschiedliche Bereiche des CGL und des visuellen Kortex. Zwischen zentralem und peripherem Gesichtsfeld wurden zwar keine entscheidenden Schwellendifferenzen für die Wahrnehmung bewegter Stimuli festgestellt (McKee u. Nakayama 1984), die topisch funktionelle Organisation macht aber verständlich, warum bald nach Eintritt einer Hemianopsie im temporalen Halbmond gerade bewegte Stimuli wieder wahrgenommen werden können.

4 Okulo- und Pupillomotorik. Optokinetischer Nystagmus. Visuell evozierte Potentiale

Angesichts des vielfach verflochtenen visuellen Systems ist es nicht verwunderlich, daß homonyme Anopsien auch Veränderungen der Okulo- wie Pupillomotorik nach sich ziehen. Verschiedene Untersuchungsverfahren zielen darauf ab, die z. T. diskreten Störungen zu objektivieren oder zu quantifizieren. Für die klinische Beurteilung der zentralen Sehstörungen haben sie unterschiedliche Bedeutung erlangt. Während die veränderte Pupillenreaktion nur mit pupillometrischen Methoden aussagekräftige, klinisch aber kaum relevante Befunde zeitigt – und damit speziellen Laboratorien vorbehalten bleibt –, kann die Prüfung der sakkadischen Augenbewegungen und des optokinetischen Nystagmus (OKN) – Untersuchungen, die in vereinfachter Form, aber mit ausreichend verwertbaren Ergebnissen auch am Krankenbett durchgeführt werden – diagnostische wie lokalisatorische Fragen beantworten. Der Wert visuell evozierter Potentiale ist noch Gegenstand der Diskussion, die Untersuchung scheint sich aber auf wenige Fragestellungen beschränken zu müssen.

4.1 Okulomotorik

Unmittelbar nach Eintreten der Hemianopsie machen sich verschiedene Störungen der Blickbewegung bemerkbar. Sie hängen mit der Unterbrechung der Sehbahn und dem aus dem Gleichgewicht geratenen visuellen Zufluß ebenso zusammen wie mit der Lokalisation und dem Ausmaß der Schädigung. Zunächst neigt offensichtlich jeder Patient dazu, auf Ziele im erhaltenen Gesichtsfeld zu blicken (Gassel u. Williams 1963 a), vereinzelt werden seine Augen geradezu magnetisch von Objekten nur in diesem Bereich angezogen (Cohn 1972). In den Tagen und Wochen, die dem Ereignis folgen, versucht er dann teils bewußt, teils unbewußt und mit unterschiedlichem Erfolg den Ausfall auszugleichen. Die ergriffenen Maßnahmen richten sich sowohl nach dem Ort und dem Ausmaß der Schädigung wie nach der Persönlichkeit des Patienten. Unter günstigen Voraussetzungen kann der Ausfall, auch wenn es sich um eine komplette homonyme Hemianopsie handelt, soweit kompensiert werden, daß er wie nicht mehr existent imponiert. Die besten Beispiele, wenn auch nicht vergleichbar mit einer im Adoleszenten- oder Erwachsenenalter aufgetretenen Hemianopsie, geben die Patienten ab, die kongenital, meist durch einen perinatalen Infarkt im Bereich der A. cerebri posterior, eine homonyme Hemianopsie davongetragen haben. Wir haben bei solchen Patienten keinerlei Einschränkung, weder der Okulomotorik – sieht man von dem gelegentlich zu beobachtenden Strabismus divergens ab – noch der Bewegungsfreiheit, finden können.

Mancher Patient erlernt aber nur fragmentarisch neue Blickstrategien, versteht es nicht, die Behinderung zu beherrschen oder auszugleichen, stößt immer wieder an Personen und Gegenstände im hemianopen Feld, stolpert, verschüttet, zerbricht.

Im ungünstigsten Fall kann er nicht einmal mehr willkürliche Blickbewegungen ausführen (Cogan u. Adams 1953).

Da die visuellen Stimuli aus dem hemianopen Feld wegfallen, ihre Distanz zur Fovea und damit die Größe der Blicksakkade nicht mehr berechnet werden können, müssen ganz neue Wege gefunden werden, um die für die gewohnte Übersicht und für die Bewegungsfreiheit im Raum notwendige Exploration sicherzustellen. Je nach Erfordernis werden unbewußt oder bewußt verschiedene Strategien entwickelt. So wird etwa der Kopf leicht in Richtung des hemianopen Feldes gedreht gehalten (Pfeifer 1919). Beim Lesen werden die Zeilen mit dem Finger geführt, der Anfang der Zeile mit einem zweiten Finger oder mit einem Lineal markiert. Gelegentlich beobachteten wir, wie ein Buch schräggelegt wurde, damit ein möglichst großes Textstück in das makulare Restfeld falle.

Ein 62jähriger Pensionär hatte einen linksseitigen Okzipitallappeninfarkt mit kompletter homonymer Hemianopsie nach rechts erlitten. Das makulare Restgesichtsfeld betrug 4 Grad. Über die anhaltende Unsicherheit beim Gehen, das häufige Übersehen, das Anrempeln, Stolpern war der Patient sehr beunruhigt und suchte nach neuen Wegen, wie solche Situationen vermieden werden könnten. Schließlich beklebte er die rechte Hälfte seines rechten Brillenglases mit einer undurchsichtigen Folie. Mit jeder Augenbewegung nach rechts wurde die Fovea irritiert und eine frühe, verstärkte Kopfwendung nach rechts initiiert. Der Patient erreichte schließlich einen deutlichen Rückgang seiner Behinderung.

Aber auch ohne solche ungewöhnlichen Hilfsmittel nimmt bei einem Großteil der Patienten die Zahl der Augen- und Kopfbewegungen erkennbar zu. So ließ sich eine kontinuierliche, unbewußte Exploration in Form langsamer Blickbewegungen bis 20 Grad in das hemianope Feld mit schneller Rückstellsakkade zum ursprünglichen Fixierpunkt nachweisen und als besonderer Anpassungsvorgang herausstellen (Messert u. Barron 1973). Mit elektro-

myographischer Registrierung konnte ferner ein leichtes Abweichen der Augen in Richtung der hemianopen Seite mit gelegentlichen Rückstellsakkaden aufgedeckt werden (Gassel u. Williams 1963a). Untersuchte man die langsamen Folgebewegungen vom blinden in das erhaltene Gesichtsfeld, ließen sich Unsicherheit, Verlangsamung und eingestreute Überlagerung von kleinen Korrektursakkaden beobachten (Gassel u. Williams 1963a; Troost u. Mitarb. 1972; Sharpe u. Mitarb. 1979; Bogousslavsky u. Regli 1986b). Vereinzelt und auch stets nur vorübergehend waren Patienten nicht einmal imstande, Folgebewegungen in das hemianope Feld durchzuführen. Dieser Befund wurde um so deutlicher, je mehr die Schädigung in den parietalen Hirnabschnitt, speziell auf der nichtdominanten Seite, hineinreichte (Reeves u. Mitarb. 1984); man hat deshalb auch auf eine Asymmetrie der retrorolandischen okulomotorischen Zentren geschlossen.

Bei 8 Patienten, die aufgrund einer auf den Okzipitallappen begrenzten Schädigung eine homonyme Hemianopsie erlitten hatten - jeweils 4 nach links und 4 nach rechts -, haben wir die Strategie der Blickbewegungen untersucht. Ein visuelles Neglect war zuvor ausgeschlossen worden. Der Kopf des Patienten war fixiert, die Aufzeichnung erfolgte in einem abgedunkelten Raum über Infrarotreflexion. Dabei wurde die relative Lage des Kornealreflexes zum Mittelpunkt der Pupille registriert. Den Patienten wurden über maximal 25 s verschiedene Bilder mit unterschiedlich komplexem Inhalt gezeigt, die sie frei, ohne bestimmte Aufgabenstellung betrachten sollten. Nach der Verteilung der Meßwerte ergab sich, daß die Patienten, verglichen mit gesunden Personen, signifikant häufiger in das hemianope Feld blickten (Tabelle 1). Patienten mit homonymer Hemianopsie nach rechts zeigten mehr Meßwerte in ihrem hemianopen Feld als Patienten mit homonymer Hemianopsie nach links. Der Befund kann als kompensatorische Suchbewegungen im ausgefallenen Gesichtsfeld interpretiert werden.

Nach einem anderen Untersuchungaufbau fanden Chedru und Mitarbeiter (1973), daß mit kreisenden Augenbewegungen zu-

Tabelle 1. Prozentuale Verteilung der Meßwerte im linken und rechten Gesichtsfeld bei 8 Patienten mit kompletter homonymer Hemianopsie bei freiem freiem Betrachten eines Bildes (Hans von Marées: Die Ruderer). *A* homonyme Hemianopsie nach links, *B* homonyme Hemianopsie nach rechts. *C* Werte von gleichaltrigen Normalpersonen

	Pat.	li. Quadranten			re. Quadranten		
		oben	unten	Summe	oben	unten	Summe
A	JM	24,2	38,0	**62,2**	25,2	12,6	37,8
	HK	33,2	33,7	**66,9**	26,3	6,8	33,1
	BS	46,1	21,2	**67,3**	26,5	6,2	32,7
	HB	60,6	8,7	**69,3**	26,8	3,9	30,7
B	GC	22,2	6,8	29,0	38,9	32,1	**71,0**
	IF	32,9	11,8	44,7	29,6	25,7	**55,3**
	AN	21,4	20,6	42,0	39,4	18,6	**58,0**
	EB	29,9	16,6	46,5	27,1	26,3	**53,4**
C	UR	34,6	20,1	54,7	21,4	23,9	45,3
	EC	50,7	8,5	59,2	24,9	15,9	40,8
	AH	36,8	18,2	55,0	21,3	23,7	45,0
	PJ	27,7	15,8	43,5	36,0	20,5	56,5

nächst das sehende und erst anschließend das blinde Feld exploriert wird. Die einzelnen Fixierpunkte lagen dichter zusammen als bei Normalpersonen, und die Suche nach Symbolen im hemianopen Feld dauerte länger.

Die Strategie der horizontalen sakkadischen Augenbewegungen läßt sich auch mit recht einfachen Methoden beurteilen (Meienberg u. Mitarb. 1981; Meienberg 1983). Der Patient fixiert die ausgestreckten Finger des Untersuchers einmal im erhaltenen und einmal im ausgefallenen Gesichtsfeld. Bei den ersten Versuchen werden die Augen treppenförmig fragmentiert an das im hemianopen Feld liegende Ziel herangeführt. Innerhalb kurzer Zeit hat der Patient das notwendige Maß für die Zielsakkade erlernt: er führt jetzt eine geringfügig überschießende Augenbewegung und eine anschließende Rückstellkorrektur durch. Befindet sich dagegen das Ziel im sehenden Feld, werden häufig zu kurz bemessene Sakkaden mit anschließender Korrektur durchgeführt. Wahrscheinlich soll damit vermieden werden, daß sich das Ziel versehentlich im blinden Bereich ver-

liert. Die Geschwindigkeiten der Sakkaden in den blinden und den sehenden Bereich unterscheiden sich nicht (Meienberg u. Mitarb. 1981). Untersuchungen der Kopfbewegungen ergaben ähnliche Muster, wie sie bei den Augenbewegungen beobachtet wurden (Zangenmeister u. Mitarb. 1982). Inwieweit die Rekrutierung eines extrastriären Sehens den Lerneffekt und die Zielsicherheit der Sakkaden in das hemianope Feld beeinflußt, bleibt dahingestellt. Auffällige Variationen der Sakkadenstrategie erlauben es, visuelles Neglect einerseits und hysterische Gesichtsfeldausfälle andererseits abzugrenzen. Liegt ein Neglect für das Halbfeld vor, so werden die Sakkadenwinkel zu klein bemessen, das Ziel wird nicht oder sehr spät erreicht. Ein Lerneffekt tritt, wenn überhaupt, nur verzögert ein (Meienberg u. Mitarb. 1986). Bei hysterischen Hemianopsien kommt es zu ungeordneten, teils ungenügenden, teils weit überschießenden Blicksakkaden. Ein Lerneffekt wird auch hier nicht sichtbar.

Wenn das Fixationszentrum durch beidseitige Läsion des kortikomakulären Bündels ausfällt, können ungeordnete Augenbewegungen resultieren. Der Patient, aufgefordert zu fixieren, versucht das Objekt an die Netzhautstelle mit der optimalen Auflösung zu bringen. Existieren mehrere, miteinander konkurrierende Bereiche dieser Art, dann resultieren sog. „restless eyes": grobe, unsystematische, je nach den Orten des erhaltenen Sehens vertikale, horizontale oder auch diagonale Augenbewegungen, ähnlich wie Sakkaden.

4.2 Optokinetischer Nystagmus

Der Blick auf kontinuierlich vorbeiziehende Streifenmuster erzeugt rhythmische Augenbewegungen: eine langsamere, glatte Folge in Richtung der Streifenbewegung und eine schnelle Rückstellung etwa auf die Ausgangsposition (Eisenbahn- oder optokinetischer Nystagmus). Der optokinetische Nystagmus (OKN) wird nach der schnellen Phase definiert. Barany (1921) beschrieb erstmals zwei Patienten mit homonymer Hemianopsie, bei denen sich kein horizontaler OKN auslösen ließ, wenn sich das Reizmuster aus dem hemianopen Feld herausbewegte. Er glaubte, der Gesichtsfeldausfall sei für diesen Befund verantwortlich, und meinte, ihn als objektiven Nachweis einer Hemianopsie nutzen zu können. Mehrere nachfolgende Untersuchungen bestätigten die Befunde von Barany. Gleichzeitig wurde aber auch von Patienten mit homonymer Hemianopsie berichtet, bei denen der OKN sich nach beiden Seiten normal auslösen ließ. Man beobachtete ferner, daß seitendifferenter OKN auch bei Hirnläsionen ohne Gesichtsfeldausfall auftreten konnte. Nachdem sich damit Baranys Erklärungsversuch als unzureichend erwiesen hatte, stellte Stenvers (1925) seine Hypothese von der Existenz eines transkortikalen Reflexweges auf: der Okzipitallappen sei für die Initiierung der langsamen Phase zu-

ständig, die schnelle Phase würde dagegen über den Frontallappen gesteuert. Ein Defizit der optokinetischen Antwort ginge auf Läsionen dieser beiden kortikalen Zentren und/oder ihrer Verbindungsbahnen zurück. Cords (1926) unterschied zwischen der Sehbahn und einer damals noch hypothetischen kortiko-fugalen, optomotorischen Bahn. Diese Bahn stelle eine Verbindung zwischen okzipitalen Assoziationszentren und mesenzephalen okulomotorischen Zentren dar, ihre Schädigung in der Tiefe des Parietallappens rufe Störungen des OKN hervor. Die Schädigung der Sehbahn allein verändere den OKN nicht, umgekehrt führe eine isolierte Schädigung der optomotorischen Bahn zu einer Störung des OKN, auch wenn keine Hemianopsie vorliegt.

Zwar wurde in einzelnen Untersuchungen bei reinen Okzipitalhirnläsionen ein kontralateral gestörter OKN gefunden, in der Mehrzahl ergaben sich aber trotz homonymer Hemianopsie keine pathologischen Seitendifferenzen (Levenson u. Smith 1966; Abel u. Barber 1981). Unabhängig davon, ob eine Hemianopsie vorlag oder nicht, wurde der hirnlokalisatorische Wert des OKN weiterhin kontrovers diskutiert. Man beschränkte sich auf die Aussage, daß die einseitige Störung des OKN auf eine Läsion hinterer (Cogan u. Loeb 1947; Jung u. Kornhuber 1969), möglicherweise parietaler (Carmichael u. Mitarb. 1954) Anteile der homolateralen Hemisphäre hinweist.

Ausführliche Untersuchungen mit zunehmend quantitativer Analyse der elektronystagmographisch gewonnenen Meßwerte ergaben schließlich übereinstimmend eine Störung der ipsilateralen langsamen Phase und eine unbeeinträchtigte schnelle Phase des OKN, wenn die Hirnläsion efferente Bahnen in der Tiefe des Parietallappens betraf. Gemessen wurde der optokinetische Gewinn, der sich aus dem Verhältnis der Geschwindigkeit der langsa-

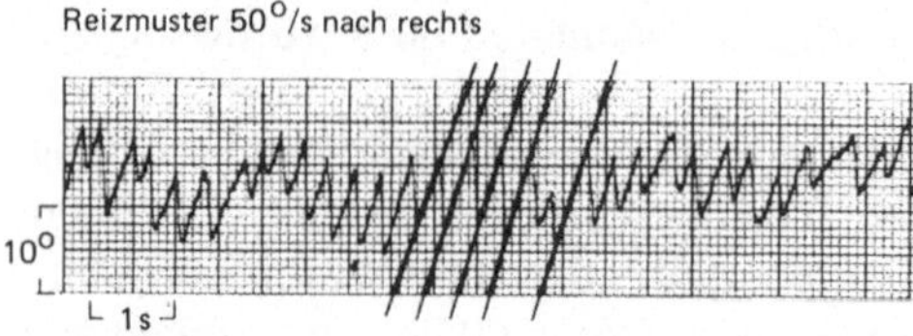

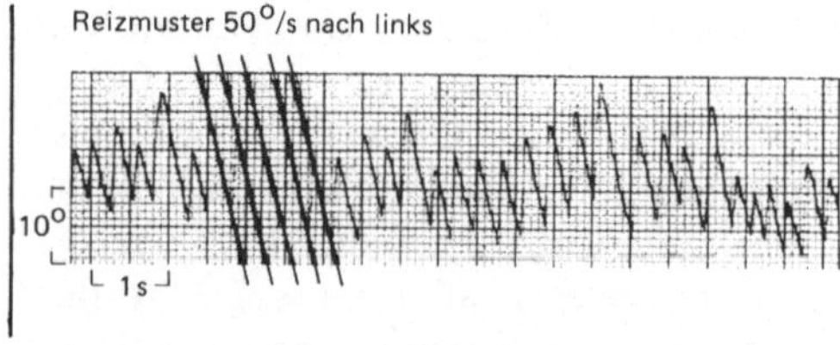

Abb. 6. Optokinetischer Nystagmus eines Patienten mit Okzipitalhirninfarkt und homonymer Hemianopsie nach links. Makulares Restfeld 2 Grad. *Links:* Reizmuster bewegt sich aus dem hemianopen Feld. Reduktion der Nystagmusgeschwindig-

keit und damit des optokinetischen Gewinns. Abnahme der Nystagmusamplitude. *Rechts:* Reizmuster bewegt sich in das hemianope Feld. Normale Geschwindigkeit und normale Amplitude des Nystagmus

men Augenbewegung zu der Geschwindigkeit des Reizmusters ermitteln läßt. Verschiedene Untersuchungen des OKN an Versuchspersonen mit artifizieller Hemianopsie ergaben für die langsame Augenbewegung eine Präferenz foveopetaler Stimulusbewegung. Die simulierten Gesichtsfeldausfälle entsprachen zwar, was die Funktion der Fovea und Makula angeht, nicht realen Bedingungen, es ließ sich aber belegen, daß der Gesichtsfelddefekt zunächst als ophthalmologischer und nicht als hirnpathologischer Befund eine Asymmetrie des OKN hervorruft.

Wir verglichen den OKN von 15 Patienten, bei denen im kranialen Computertomogramm eine unilaterale Läsion des Okzipitalgehirns nachgewiesen war, mit dem einer strukturgleichen Kontrollgruppe. Alle Patienten hatten eine komplette homonyme Hemianopsie mit einem fovealen/makularen Restgesichtsfeld von 2–10 Grad. Die optokinetische Stimulation erfolgte als Ganzfeldreizung mit einem schwarz-weißen Streifenmuster. Die optokinetische Antwort wurde elektronystagmographisch aufgezeichnet. Probanden und Patienten wurden aufgefordert, das Reizmuster aufmerksam zu beobachten, ohne aber einem bestimmten Streifen willkürlich zu folgen. Bei der Patientengruppe ergab die Nystagmusanalyse (Abb. 6) optokinetische Seitendifferenzen. Bewegte sich das Reizmuster aus dem hemianopen Feld heraus, so ergab sich eine signifikante Abnahme der Geschwindigkeit der langsamen Nystagmusphase und folglich eine Reduktion des optokinetischen Gewinns. Gleichzeitig wurde eine Abnahme der Nystagmusamplitude registriert. Die Patienten übersprangen häufiger einen Reizmusterstreifen, ja vorübergehend konnte der Zusammenhang zwischen den darge-

botenen Streifen und den Nystagmusschlägen aufgehoben sein. Die Störung war mit der einfachen Drehtrommel nur in einzelnen Fällen zu erkennen. Wir fanden keinen Unterschied zwischen links- oder rechtsseitiger Hemianopsie.

Die Ergebnisse lassen sich wie folgt zusammenfassen: Eine homonyme Hemianopsie verändert den OKN. Bewegt sich das Streifenmuster aus dem blinden in das sehende Feld, so bleiben die Augen, unabhängig von der Lokalisation des Schadens, geringfügig hinter dem Muster zurück, und es kommt aufgrund kleiner sakkadischer Korrekturen zu einer diskreten Unruhe der normalerweise glatten Folgebewegung. Je geringer die makulare Aussparung ausfällt, desto unruhiger wird diese Bewegung. Reicht die Schädigung, die eine Hemianopsie hervorgerufen hat, in den Parietallappen, so tritt eine deutliche Verzögerung der ipsilateralen langsamen Phase des OKN mit entsprechend gröberen Korrektursakkaden ein (Baloh u. Mitarb. 1980). Nach den Untersuchungen von Kjällman und Frisen (1986) lagen die Läsionen, die den OKN veränderten, im anterio-medialen Okzipitallappen, unterhalb des Hinterhorns, in unteren Abschnitten des Parietallappens, hinteren Teilen des Temporallappens und in der Capsula interna.

Bei bilateralen Okzipitalhirnschäden mit erhaltenem zentralen Sehen verschwinden optokinetische Asymmetrien. Der horizontale OKN kommt allerdings schon bei mittlerer Reizmustergeschwindigkeit zum Erliegen (Mehdorn 1982). Binokulare Amaurose läßt keinen OKN entstehen. Die hysterische Blindheit berührt den OKN nicht. Manche Patienten können allerdings durch das rotierende Muster hindurchsehen und den Nystagmus unterdrücken.

Klinisch stellt sich somit an den OKN hauptsächlich die Frage, inwieweit der Parietal- oder Temporallappen in die Schädigung miteinbezogen ist. Die Beantwortung gelingt fast immer mit einer einfachen Drehtrommel, an der vertikale Streifenmuster angebracht sind (Kjällman u. Frisen 1986).

4.3 Pupillomotorik

Homonyme Hemianopsien verändern die Reaktion der Pupillen nicht sichtbar, wenn einfaches, von einer Taschenlampe erzeugtes Streulicht einfällt. Trifft allerdings gebündeltes, punktförmiges Licht schräg von der hemianopen Seite auf die Retina, so ist die entsprechende Pupillenreaktion unausgiebig oder fällt ganz aus. Einige Untersuchungen ergaben außerdem, daß es nicht gleichgültig ist, ob bei homonymer Hemianopsie die nasale oder temporale Retinahälfte belichtet wird. Behr (1924) fand zumindest nach Läsionen des Tractus opticus eine geringere Pupillenreaktion, wenn das Auge mit dem temporalen Gesichtsfelddefekt belichtet wurde. Dieser Befund wurde später auf anatomische wie physiologische Unterschiede der beiden Retinahälften - auf die größere Neuronendichte im nasalen Teil - zurückgeführt (van Buren 1963; Bell u. Thompson 1978).

Wernicke (1883) hatte nach der Anatomie der Pupillomotorik angenommen, man könne aufgrund unterschiedlicher Pupillenreaktion den Ort der Schädigung bestimmen, der die Hemianopsie hervorgerufen hat. Seine Vorstellung, nur Traktusläsionen würden eine hemianope Pupillenstarre hervorrufen, während retrogenikuläre Läsionen die Pupillenreaktion unverändert ließen, wurde, obwohl schon früh widerlegt (Walker 1913), lange tradiert (Duke-Elder 1954; Walsh u. Hoyt 1969).

Hemianopische, mangelhafte oder fehlende Lichtreaktionen kann man schon mit bloßem Auge am Tübinger Perimeter beobachten, wenn die Möglichkeit besteht, die Pupille über eine Fernseheinrichtung zu überwachen. Wenn man kleine Marken gebündelten Lichtes verwandte, kurzfristig allein vom hemianopen Feld aus belichtete und die pupillomotorische Antwort mit empfindlicheren Methoden registrierte, konnte man feststellen, daß die direkte Pupillenreaktion auch bei Ausfällen supragenikulärer Genese, und selbst wenn es sich um homonyme Skotome handelte (Harms 1956; Reuther u. Mitarb. 1981), verzögert ist, nachläßt oder ganz ausbleibt.

Genaue Verfahren photometrieren über Infrarotreflexe die Pupillenweite. Streuungsfreies, gebündeltes Licht wird entlang eines Meridians auf die Netzhaut geworfen und die jeweilige pupillomotorische Antwort registriert (Hamann u. Mitarb. 1981; Reuther u. Mitarb. 1981). Man erhält ein der statischen Perimetrie ähnliches Profil der Pupillenreaktion, mit einer Reduktion und schließlich einem Abbruch im blinden Feld. Ein kompletter Verlust der Pupillomotorik tritt allerdings nicht ein, die Pupillen sind auch nach kortikaler Blindheit nicht lichtstarr.

Alle pupillographischen Untersuchungen weisen darauf hin, daß pupillomotorische Fasern nicht allein über den Tractus opticus zum Prätektum schalten, sondern daß ein nicht ebenbürtiger, aber ebenfalls einflußreicher Reflexbogen über die Sehstrahlung existieren muß (Barbur u. Forsyth 1986). Im Sinne Wernickes (1883) ändert sich allerdings nichts an dem Befund, daß die Pupillenreaktion nach Läsionen des Tractus opticus, verglichen mit supragenikulär gelegenen, deutlich schwächer ausfällt. Da aber selbst diese topodiagnostische Relevanz der Pupillographie unbedeutend bleibt und die Messungen zu aufwendig sind, als daß man sie regelmäßig durchführen könnte, kommt der Einsatz dieser Methode für die klinische Routine kaum in Frage.

4.4 Visuell evozierte Potentiale

Zum Nachweis infrachiasmatisch gelegener, zumal demyelinisierender Erkrankungen haben sich die visuell evozierten Potentiale (VEP) ihren Platz als diagnostische Methode sichern können (Diener 1982).
Die Stellung der VEP in der klinischen Gesichtsfelddiagnostik wird hingegen unterschiedlich beurteilt. Die Untersuchungen sind bisher jedenfalls nicht weit über den Stand der Forschung hinausgekommen. Die technischen Voraussetzungen – Anbringen der Elektroden – und die Art der Stimulation – Ganz- oder Halbfeld, monokular oder binokular –, der zeitliche Aufwand und die nicht immer ausreichende Kooperationsfähigkeit oder Belastbarkeit des Patienten erweisen sich als limitierende Faktoren. Auch zeigte sich schon durch die Untersuchungen von Vaughan und Mitarbeiter (1963), daß Hemianopsien mindestens bis an den 10-Grad-Isopter heranreichen müssen, wenn im Vergleich zu einer gesunden Kontrollgruppe signifikante Latenz- und Amplitudendifferenzen oder Phasenverzögerungen abgeleitet werden sollen. Der foveale/makulare Bereich trägt entscheidend zur Konfiguration des Potentials P1 bei, während der sich anschließende weite Gesichtsfeldbe-

reich einen wesentlich geringeren Einfluß auf das Kurvenbild hat. Je weiter die Gesichtsfeldausfälle vom Zentrum entfernt liegen, desto geringer wird die Chance, daß sie in Form pathologisch veränderter VEP's erfaßt werden können.
Es wurden verschiedene Vorschläge zur Ableitung der VEP's bei suprachiasmatischen Läsionen der Sehbahn gemacht. Nach Ableitung über 3 cm von der Mittellinie entfernt liegende, bilaterale okzipitale Elektroden und eine Vertexelektrode – eine Ableitung, die nur geringe Mitarbeit des Patienten erfordert – diagnostizierte Borda (1977) zentrale Sehstörung. Hemianopische Gesichtsfelddefekte konnten auch durch Muster-Umkehrreiz im Halb- und Ganzfeld allein bei mittfrontaler Ableitung diagnostiziert werden. Diese Methode wurde durch Ableitung über beidseits okzipital gelegene Elektroden erweitert, was allerdings mit zusätzlichem Zeitaufwand für die Untersuchung verbunden war. Rowe (1982) konnte damit richtungsweisende Befunde bei 48% aller Patienten mit supragenikulär gelegener Läsion ableiten. Im Sinne eines Kompromisses sind die Vorschläge von Haimovic und Pedley (1982) zu werten, die bei Halbfeldstimulation die Ableitung über eine nach dem 10–20-System gelegte horizontale Elektrodenkette vorschlugen.
Die mitgeteilten Befunde sind nicht einheitlich (Leseevre 1982) und von den Parametern wie Ableitetechnik und Stimulationsverfahren sowie von der Art des Gesichtsfelddefekts ganz entscheidend beeinflußt. Nach Blumhardt und Mitarbeitern (1977) und nach Onofrj und Mitarbeitern (1982) kristallisiert sich folgendes Resultat heraus: Ganzfeldreizung ergibt wie die Reizung in der erhaltenen Gesichtsfeldhälfte eine Amplitudenminderung von P 1 über den Ableitepunkten der zur Hemianopsie ipsilateralen Seite (paradoxe Lateralisation). Reize in der hemianopen Seite ergeben entweder gar keine Antwort

oder nur eine mit stark geminderten Amplituden. Alle Befunde werden entscheidend von der Größe des makularen Restfeldes beeinflußt.

Obwohl in einigen Untersuchungen aufgrund unterschiedlicher Potentialantwort sogar die Pathogenese homonymer Hemianopsien – Ischämie oder Hirntumor – differenziert werden konnte (Onofrj u. Mitarb. 1982), reduzierte Halliday (1982) den Einsatz visuell evozierter Potentiale bei suprageniculären Läsionen auf wenige Indikationen: Hirndruck, besonders bei Prozessen nahe der Schädelbasis, oder Verdacht auf Demyelinisierung visueller Neurone ohne perimetrisch faßbare Gesichtsfeldausfälle. Selbst die Differenzierung von hysterischer und kortikaler Blindheit stößt auf Schwierigkeiten, da die VEP's auch im Falle einer organischen Blindheit unauffällig oder wenig verändert sein können (Bodis-Wollner u. Mitarb.

1977; Spehlmann u. Mitarb. 1977). Offensichtlich lassen sich VEP's erst dann nicht mehr ableiten, wenn sowohl die Area 17 als auch der prästriäre Kortex ausgefallen sind. Erblindung, die allein auf einer Läsion der Area 17 beruht, kann die VEP's unberührt lassen (Celesia u. Mitarb. 1980). Ob die VEP's, wie vermutet wurde (Abraham u. Mitarb. 1975), tatsächlich verläßliche Kriterien für die Rückbildung einer homonymen Hemianopsie darstellen, sei dahingestellt. Sicher sind perimetrische Untersuchungsmethoden einfacher und kommen schneller zum gleichen Ergebnis. Die VEP's lassen sich am ehesten noch dort einsetzen, wo es notwendig wird, schwer faßbare, amblyopische Beschwerden der Patienten wie Flimmern, Photophobie oder schnelle Ermüdung der Augen zu objektivieren (Gulman u. Mitarb. 1979).

5 Anosognosie

Die Anosognosie soll den folgenden Kapiteln vorangestellt werden, weil ohne die Kenntnis dieses Phänomens manche zentrale Sehstörung, zumal in ihrem Beginn, unerkannt bleibt. Kaum ein Patient ist während der ersten Tage der Erkrankung imstande, das Wesen seiner Hemianopsie richtig einzuschätzen. Er mag wohl eine Sehstörung registrieren, lokalisiert sie dann aber bestenfalls in einem Auge, und zwar in dem homolateral zum Ausfall liegenden. Die physiologische Dominanz eines Auges für die homolaterale Seite, im wesentlichen für die temporale Gesichtsfeldhälfte, trägt gewiß zu dieser Fehleinschätzung bei. Wir kennen aber weit schwerere Formen der Fehleinschätzung – bis hin zur völligen Negierung des Ausfalles mitsamt den sich daraus ergebenden Folgen –, die mit solchen anatomischen Asymmetrien keinesfalls erklärt werden können.

Fall Jürgen M.:
Eines Morgens trifft den 27jährigen Installateur ein heftiger Kopfschmerz. Wenige Augenblicke später ist er auf beiden Augen blind. Da schon in der folgenden Stunde die Sehkraft zurückkehrt, unterläßt er es, den Arzt aufzusuchen, und erscheint am nächsten Tag wieder an seinem Arbeitsplatz. Er fühlt sich aber in seiner Bewegungsfreiheit eingeschränkt und wundert sich über eine seltsame Lichtempfindlichkeit. Die anstehende Meisterprüfung besteht er nicht, weil er beim Schweißen zu viele Fehler macht. Zwei Wochen nach dem Ereignis sucht er einen Augenarzt auf. Die neu verordnete Brille ändert aber an seiner Unsicherheit nichts, vor allem bleiben die Schwierigkeiten, das Auto durch den Verkehr zu steuern. Vier Wochen später fährt er einen Fußgänger an, der von links die Straße überqueren will, und gibt nun das Autofahren auf. Sieben Wochen nach

dem Ereignis stellt ein neu hinzugezogener Augenarzt die homonyme Hemianopsie links fest und veranlaßt die Einweisung in die Klinik. Im CT des Gehirns findet sich ein Hirninfarkt parieto-okzipital rechts.

Es fällt auf, daß gerade solche Patienten zu einer Verdrängung neigen, von denen man es aufgrund der Schwere ihres Ausfalls und seiner eindeutigen Folgen am wenigsten erwartet hätte. So sind es vor allem hochgradige zentrale Sehstörungen, am ehesten beidseitige homonyme Hemianopsien, die behandelt werden, als bestünden sie nicht.

Es ist daher sicher kein Zufall, daß das Syndrom der Anosognosie gerade bei Patienten mit Rindenblindheit erstmals beschrieben wurde. Die ersten veröffentlichten Beobachtungen gehen wahrscheinlich auf v. Monakow (1885) zurück; allgemeine Beachtung erlangte die Anosognosie aber erst durch die ausführliche Beschreibung zweier Patienten, die Anton 1898 und 1899 geliefert hat. Einer seiner Patienten hatte eine Rindenblindheit mit geringem fovealem Sehrest erlitten, gab aber vor, so gut wie eh und je sehen zu können. Man spricht seither auch vom Antonschen Phänomen, wenn eine Anosognosie für die Erblindung besteht, ein Begriff, der später auf die Anosognosie bei homonymer Hemianopsie ausgedehnt wurde.

Der Begriff der Anosognosie als Ausdruck für mangelnde Krankheitseinsicht wurde erstmals von Babinski (1914) gebraucht. Er beschrieb einen Patienten, der seine Hemiparese links bestritt. Babinski verstand unter Anosognosie allein jene Wahrnehmungsstörung, die nicht nur zu einer mangelnden Beachtung, sondern auch zu einer verbalen Leugnung des Ausfalls führt. Von Weinstein und Kahn (1950) wurden solche Wahrnehmungsstörungen auch als „explicit denial" bezeichnet. Alle anderen, leichteren Grade der Anosognosie verstanden diese Autoren als „implicit denial". Die Patienten verhielten sich hierbei zwar so, als ob keine Schädigung eingetreten sei, sie gaben jedoch auf direktes Befragen den Funktionsausfall an. Der Begriff „denial", Verleugnung, trifft das Phänomen allerdings nicht genau, denn leugnen könnte der Patient nur etwas, dessen Existenz ihm eigentlich bewußt wäre. Das ist aber bei Anosognosie keineswegs der Fall. Frederiks (1969) wollte unter den verschiedenen Graden der Wahrnehmungsstörung lediglich das „explicit denial" als Anosognosie verstanden wissen. Alle anderen leichteren Formen sollten als „anosognostische Verhaltensstörung" bezeichnet werden.

Critchley (1964), Frederiks (1969) sowie Hécaen und Albert (1978) verstanden die Anosognosie als Ausdruck einer sog. Körperschemastörung. Doch auch dieser tradierte Begriff (Pick 1908) wird dem Phänomen nicht ganz gerecht. In der Regel handelt es sich bei Anosognosie nicht um eine Störung des Körperschemas, sondern um eine mangelnde Wahrnehmung des erkrankten Körpers und der durch die Erkrankung bedingten Minderung oder Einbuße einer oder mehrerer Funktionen.

Wenn die Anosognosie voll ausgeprägt ist, nehmen die Patienten ihre Erblindung oder ihre homonyme Hemianopsie nicht wahr. Sie verneinen den Ausfall, wenn sie darauf angesprochen werden, und verhalten sich so, als ob die Krankheit mit ihrer Funktionseinbuße nicht eingetreten sei. Auch die sich aus dem Ausfall ergebenden Folgen registrieren sie nicht oder schreiben sie anderen Umständen zu.

Eine Sehstörung oder eine Lähmung wird auch nach eingehender Befragung und anschließender Aufklärung beharrlich verneint. Der Patient fühlt sich nicht anders als vor der Erkrankung, versteht nicht, warum er in die Klinik eingewiesen wurde, und verlangt die Entlassung. Die offensichtliche Beeinträchtigung wird verschiedenen Ursachen konfabuliert: ich habe meine Brille vergessen, das Brillenglas ist beschlagen, die Vorhänge sind zugezogen, die Möbel sind ungünstig aufgestellt, Kinder und Hunde habe ich schon immer umgerannt.

Um den verschiedenen Ausprägungen der Anosognosie Rechnung zu tragen, hat Critchley (1966) eine Einteilung in 6 Schweregrade vorgeschlagen, die auch uns im klinischen Gebrauch von Nutzen ist:

Grad 1: Nimmt den Ausfall nicht wahr und fühlt sich gesund.
Grad 2: Nimmt den Ausfall nicht wahr, wohl aber die sich daraus ergebenden Folgen (z. B. Anstoßen).
Grad 3: Bemerkt eine Veränderung der Umgebung.
Grad 4: Bemerkt eine Störung des Sehens.
Grad 5: Bemerkt die Hemianopsie, hält sie aber für eine Störung des ipsilateralen Auges.
Grad 6: Hat volle Einsicht in die Hemianopsie.

Der Schweregrad 5 entspricht häufig nicht mehr einer Anosognosie, sondern ist ein Produkt unterschiedlicher Augendominanz sowie mangelnder, aber auch kaum zu erwartender anatomischer Kenntnisse. Wenn man diese Patienten entsprechend aufklärt, gewinnen sie schnell Einsicht in das tatsächliche Wesen ihrer Hemianopsie.

Bei 42 Patienten mit homonymer Hemianopsie versuchten wir den Grad der Anosognosie zu ermitteln. 30 waren akut erkrankt (Infarkt oder Blutung), bei 12 Patienten (Tumor oder Angiom) konnte der Beginn der Sehstörung nicht genau

Tabelle 2. Krankheitseinsicht während der Erstuntersuchung von 42 Patienten mit homonymer Hemianopsie. (Einteilung nach Critchley 1966)

	Patienten
Grad 1:	3
Grad 2:	16
Grad 3:	3
Grad 4:	2
Grad 5:	9
Grad 6:	9

festgelegt werden. 33 Patienten (13 mit Tumor/Angiom, 20 mit Infarkt/Blutung) ließen eine gestörte Wahrnehmung ihres Gesichtsfeldausfalles erkennen. Der Grad der Störung ist in Tabelle 2 aufgeschlüsselt. In der gleichen Untersuchung stellte sich heraus, daß die Möglichkeit der Rückbildung des Gesichtsfeldausfalls bei Patienten mit hochgradiger Anosognosie auffallend gering war, ein Befund der mit der Ausdehnung der Läsion und dem Grad der Vorschädigung des Gehirns erklärt werden konnte.

Bei der ausführlichen, von Weinstein und Kahn (1950) angestellten Untersuchung ergab sich, daß ein Großteil der Patienten mit ausgeprägter Anosognosie nicht voll orientiert war. Die Hälfte berichtete zudem von auditiven oder visuellen Halluzinationen. Aufgrund solcher Symptome und der Neigung zu konfabulieren, wurde die Anosognosie auch in die Nähe der Korsakow-Psychose gerückt. Im EEG zeigten sich bei drei Viertel der Patienten Allgemeinveränderungen in Form einer Verlangsamung des Kurvenablaufes.

Anosognosie ist fast regelmäßig mit einem Neglect verbunden, doch findet man bei Neglect nicht unbedingt eine Anosognosie. In der Regel bildet sich die Anosognosie nach Tagen, Wochen oder Monaten zurück und weicht einer oft vollen Einsicht in den Krankheitszustand. Der Phase der Unbekümmertheit folgt eine mehr an der Realität orientierte Einsicht. Neglect überdauert solche Phasen, erweist sich im Gegenteil oft als hartnäckiges Begleitsymptom der Hemianopsie. Dieses unterschiedliche Verhalten weist auf die größe-

re hirnlokalisatorische Bedeutung des Neglects hin.

Schon Anton (1899) hatte sich ausführlich Gedanken zur Pathogenese der Anosognosie gemacht. Die Hirnobduktionen, die er vornahm, ergaben im Bereich beider Okzipitallappen Erweichungsherde, wobei zwar die zentral liegenden Markfasern, nicht aber der Cuneus, die Kalkarina eingeschlossen, geschädigt waren. Aus dem klinischen Bild und dem Obduktionsbefund schloß Anton, daß aufgrund der Lokalisation mancher zentralnervöser Sinnesausfälle das Selbstbemerken und Bewußtwerden des Ausfalles dem Kranken versagt bleibe. Zur Pathogenese wurden später im wesentlichen drei Faktoren diskutiert: eine hirnlokale Ursache, eine allgemeine Hirnfunktionsstörung sowie Ursachen, die sich aus der Persönlichkeit des Patienten herleiten lassen. Schuster und Taterka (1928) vermuteten Läsionen des Thalamus. Pötzl (1928) sah in der Unterbrechung der thalamo-kortikalen Verbindungen nach Schädigungen im parieto-okzipitalen Bereich eine wesentliche Voraussetzung für das Auftreten des Phänomens. Ähnliche Ursachen nahmen Hagen und Ives (1937) an, nämlich eine Unterbrechung der thalamo-parietalen Fasern auf der nichtdominanten Hirnhemisphäre. Critchley (1964) und nach ihm Bolton und Calhoun (1971) sprachen einer Parietallappenschädigung wesentliche Bedeutung zu. Critchley verwies zudem auf seine Beobachtungen, daß die Wahrnehmung von Gesichtsfeldausfällen seltener gestört sei, wenn subkortikale Läsionen vorliegen. Cutting (1978) konnte bei über 100 Patienten mit Anosognosie für Lähmung, Erblindung oder homonyme Hemianopsie keine spezielle Lokalisation der Hirnschädigung ausmachen. Er stellte auch keine signifikante Korrelation zwischen rechter und linker Hirnhemisphäre fest. Da ihrer Erfahrung zufolge die Anosognosie immer zusammen mit weiteren Störungen kortikaler Funktionen auftrat, hielten Weinstein und Kahn (1950) – wie vor ihnen auch Redlich und Bonvicini (1907, 1909) – sie für die Folge einer diffusen Hirnschädigung, die somit auch mit Störungen des Bewußtseins und der Orientierung einhergehen konnte. Die Autoren berichteten über 3 Patienten, bei denen sie durch Injektion eines Barbitursäurederivates eine Anosognosie hervorrufen konnten, die Wochen zuvor bestanden, sich dann aber zurückgebildet hatte. Ähnliche Beobachtungen hatten schon Hoff und Pötzl (1931) bei Patienten mit Schädelhirnverletzungen machen können. Nach Vereisung somatosensorischer Rindenfelder und Injektion eines Anästhetikums nahmen die Patienten vorübergehend die Lähmung nicht mehr wahr.

Warrington (1962) sowie Gassel und Williams (1963b) vermuteten einen Zusammenhang zwischen Anosognosie und dem „Completion"-Phänomen. Die Patienten ergänzen dabei nach gestalttheoretischen Prinzipien die nicht gesehenen Teile von Objekten und Personen zu einem Ganzen (Poppelreuter 1917). Die Autoren nahmen an, daß das Completion-Phänomen dem Patienten mit homonymer Hemianopsie ein vollständiges Bild vermittle und damit über den Gesichtsfeldausfall hinwegtäusche. Sie hatten nämlich festgestellt, daß mit Klärung des Bewußtseins das Completion-Phänomen nachließ, dafür die Wahrnehmung des Gesichtsfeldausfalls zunahm. Eine Beziehung zwischen Ort der Hirnschädigung und Anosognosie konnten auch sie nicht finden. Ebensowenig ergab sich ein Zusammenhang zwischen Größe des Gesichtsfeldausfalls und Anosognosie.

Schwere Formen der Anosognosie können bei Schädigungen des ZNS auf jeder Ebene auftreten, vorausgesetzt, sie sind mit einer Störung des Bewußtseins verbunden. Weniger ausgeprägte Formen der Anosognosie sollen nach Sandifer (1946) bei umschriebenen Schädigungen von Assoziationsfasern und/oder des Thalamus auftreten, wobei affektive Elemente wie die Tendenz zur Abwehr und Verdrängung des Ausfalls für den Schweregrad der Anosognosie ausschlaggebend seien.

Nach Critchley (1966) sind neben der Vigilanz des Patienten folgende Faktoren für die Anosognosie bestimmend: Je weiter kortikal die Läsion liegt, desto wahrscheinlicher ist das Auftreten. Akut einsetzende Hemianopsien werden eher wahrgenommen als langsam sich entwickelnde. Makulaaussparung begünstigt, inkongruente Hemianopsie verhindert eine Anosognosie.

6 Hemiamblyopie und Amblyopie

Unter dem Begriff der Amblyopie werden verschiedene Formen von verminderter Sehkraft, von Schwachsichtigkeit im Bereich der Fovea oder der Retinaperipherie – nicht immer in einheitlicher Definition –, zusammengefaßt. Am häufigsten begegnen wir den monokulären Amblyopien, die auf Deprivation oder auf Strabismus mit anormaler Korrespondenz der Netzhautpunkte zurückzuführen sind. Da ein Großteil der Synapsen im visuellen Kortex in der frühen Kindheit ausgebildet wird (Huttenlocher u. de Courten 1987), zieht gerade in diesem Alter die ungenügende oder fehlerhafte retinale Stimulation – etwa aufgrund mangelnder Fusion oder von Brechungsfehlern – eine nicht rückgängig zu machende Amblyopie nach sich. Subjektiv wird diese Sehbeeinträchtigung kaum als störend wahrgenommen und deshalb oft zu spät festgestellt.

Dafür werden die im späteren Alter auftretenden, zumal die durch suprachiasmatische Läsionen hervorgerufenen Amblyopien als um so unangenehmer empfunden. Diese von Pötzl (1928) auch als zentrale Asthenopie bezeichneten Amblyopien, betreffen immer beide Augen: man kann ihnen also nur entgehen, wenn man beide Augen schließt. Und selbst dann noch können asthenopische Beschwerden anhalten (Bender u. Furlow 1945). Die zentralen Amblyopien schließen von Fall zu Fall entweder das gesamte Gesichtsfeld ein oder beschränken sich auf den fovealen oder den extrafovealen, peripheren Gesichtsfeldbereich. Meist sind einzelne Funktionen wie das Farb-, Form- oder Bewegungssehen besonders betroffen, gelegentlich fallen sie auch gänzlich aus. Erfahrungsgemäß stößt man dann mit der kinetischen Perimetrie auf einen Normalbefund, kann aber mit subtileren, dem Ausfall angepaßten Meßmethoden – Farbperimetrie, statische Perimetrie, Flickerfusion, Tachystoskopie, Lokaladaptation, Kontrastsensitivität – ganz erhebliche Funktionseinbußen ermitteln. Vereinzelt findet man auch Hemiamblyopien, die so schwer ausfallen, daß kaum noch Unterschiede zur Hemianopsie zu erkennen sind.

Sowohl im Laufe der Entwicklung, sofern sie sich langsam vollzieht, als auch der Rückbildung einer homonymen Hemianopsie werden gesetzmäßig amblyope Durchgangsstadien beobachtet. Von den einzelnen Funktionen fällt das Farbsehen stets zuerst aus und erholt sich im Falle der Besserung erst ganz am Ende. Dafür ist Bewegungssehen noch bis zuletzt möglich und kehrt, falls die Erblindung sich zurückbildet, auch als erstes wieder (Pötzl 1928; Silverman u. Mitarb. 1961; Gloning u. Mitarb. 1962).

So unterschiedlich die einzelnen Defizite ausfallen, so unterschiedlich und selbst für den geübten Untersucher manchmal schwer verständlich äußern sich die Patienten über ihre Beschwerden – häufig nicht spontan, sondern erst nach Aufforderung. Dann klagen sie allerdings eindringlich darüber, daß ihre Augen schnell ermüden würden, daß es vor ihren Augen bei jeder Belastung flimmere, alles schnell verschwimme, daß sie leicht geblendet wären oder daß sie das Lesen ungewöhnlich anstrenge. Einige Ausdrucksformen der Amblyopie im Gefolge suprachiasmatischer Läsionen, die entweder für die Pathophysiologie dieser Sehstörungen oder für das Verständnis der Beschwerden bedeutungsvoll sein können, sollen im folgenden dargestellt werden.

6.1 Verkürzte Lokaladaptation

Die kontinuierliche Wahrnehmung eines visuellen Reizes setzt auf den verschiedenen Ebenen der Aufnahme, Leitung und Verarbeitung ein kompliziertes, allzeit bereites, neuronales System voraus. Freilich stößt die Leistung dieses Systems auch bei Gesunden an erkennbare Grenzen. So verlieren alle Objekte, die man kontinuierlich fixiert, ihre Farben und ihre Umrisse und verschwinden schließlich und um so früher im Eigengrau, je weiter sie vom Fixierpunkt entfernt, je peripherer sie liegen. Dieses von Troxler 1809 beschriebene und nach ihm benannte Phänomen vergegenwärtigt, daß eine konstante visuelle Wahrnehmung nicht unbegrenzt ist. Cibis (1947, 1948) hat die Zeit bestimmt, nach der es zu einer lokalen Adaptation (Hering 1920) kommt, und nachweisen können, daß sie, wie nach der hohen Neuronendichte zu erwarten, im Bereich der Fovea lang ist, parafoveal hin aber rasch abnimmt. Aus neurophysiologischer Sicht wurde das Phänomen als ein Ausgleich von Entladungen des D- und B-Systems und als Hervortreten von Ruheentladung visueller Neurone der Retina, des CGL und des visuellen Kortex, d.h. als Hervortreten des Eigengraus interpretiert (Jung 1978). Mikrosakkaden und Gleitbewegungen der Augen verhindern die Lokaladaptation (Gerrits u. Vendrik 1970), weil durch die ständig veränderte Beleuchtung retinaler Rezeptoren eine kontinuierliche De- und Repolarisation gewährleistet ist. Das System ist aber anfällig und reagiert auch auf geringfügige Störungen mit einer Funktionseinbuße. Solche Störungen können im Bereich der drei großen Schaltstellen, der Retina, des CGL oder des visuellen Kortex, ebenso wie im Bereich der Leitungsbahnen lokalisiert sein. Nach suprachiasmatischen Läsionen wird diese Form des pathologischen Funktionswandels (v. Weizsäcker 1939) fast regelmäßig beobachtet, wie die Untersuchungen von Cibis und Bay (1950) ergeben haben.

Hinweise auf eine verkürzte Lokaladaptation, aber nicht nur darauf, ergeben sich aus verschiedenen Klagen der Patienten. Sie sprechen von rascher Ermüdbarkeit ihrer Augen, beschreiben skotomische Flekken, die an verschiedenen Stellen des amblyopen Gesichtsfeldes auftauchen und wieder verschwinden. Sie machen die Erfahrung, daß ihre Sehkraft kurzer Belastung ausreichend standhält, aber nach längerer Beanspruchung teilweise oder auch ganz zusammenbricht, daß verschiedene Manipulationen, wie kurzfristiges Schließen der Lider, Reiben der Augen oder auch willkürliche, nicht der visuellen Aufnahme dienende Augenbewegungen, das Sehen, wenn auch nur vorübergehend, auf den alten Funktionszustand anzuheben vermögen.

Mit der kinetischen Perimetrie wird die verkürzte Lokaladaptation kaum erfaßt. Wenn zudem unkritisch und ohne Kenntnis der Eigenheiten solcher Amblyopien perimetriert wird, können ringartige Skotome resultieren, die nicht reproduzierbar, aber auch keineswegs hysterischer Natur sind (Gelb u. Goldstein 1922). Die statische Perimetrie mit ihrer um die Bewegung reduzierten Reizqualität vermag die Störung besser zu erfassen. So sind auch die scheinbar widersprechenden Ergebnisse zu verstehen, daß die kinetische Perimetrie einen geringen oder Normalbefund liefert, die statische hingegen deutliche Einbußen des Sehvermögens im Halbfeld erkennen läßt (s. Abb. 30a u. b, S. 92).

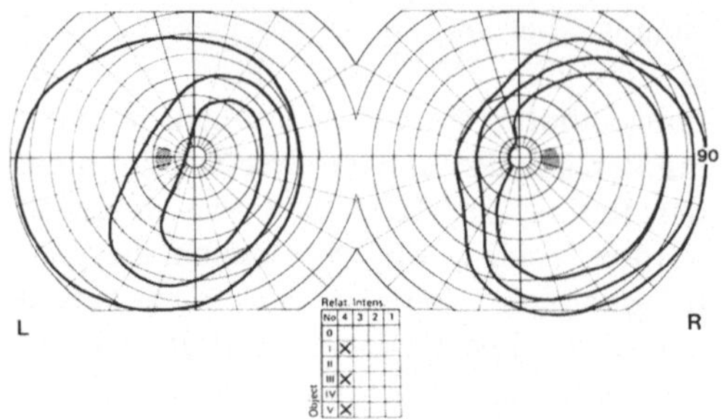

Abb. 7. Partieller Infarkt im Bereich der A. cerebri posterior rechts. Langsamer Abfall der Isopteren im linken Halbfeld. 10 Tage später ist mit der kinetischen Perimetrie kein Gesichtsfeldausfall mehr nachweisbar

6.2 Abfall der Inkrementschwellen

In der Nachbarschaft des anopen Feldes trifft man fast regelmäßig auf eine Zone, in der Sehen zwar noch oder schon wieder möglich ist, aber nicht mehr seinen ursprünglichen Funktionsstand aufweist. Entweder ist das Form- oder Farbensehen eingeschränkt, oder es werden selbst weiße Stimuli ungenügend oder verzögert wahrgenommen. Je nachdem wie breit diese mit der kinetischen Perimetrie ermittelte Zone, wie steil mithin der Abfall der Inkrementschwellen ist, spricht Harrington (1981) von einer Kontraktion oder einer Depression. Wenn sich nach Schädigung der Sehbahn für alle Isopteren eine etwa gleiche Begrenzung ergibt, wenn der sehende und der blinde Bereich also relativ hart aneinanderstoßen, dann handelt es sich um eine Kontraktion der Inkrementschwellen. Gibt es umgekehrt keinen solch steilen Abbruch, weil die Isopteren im Bereich des funktionsgeschädigten Gesichtsfeldes weiter auseinandergezogen liegen, so wird dieser Befund von Harrington als Depression bezeichnet: die Funktion ist auf ein niedrigeres Niveau gedrückt worden. Am besten lassen sich die unterschiedlichen Abfälle der Lichtsensitivität vom sehenden in den blinden Bereich mit der Profilperimetrie darstellen, aber auch die kinetische Perimetrie liefert verwertbare Befunde (Abb. 7 u. Abb. 29). In dem Be-

reich, in dem wohl noch große, jedoch keine kleinen weißen Stimuli gesehen werden, ist meist auch das Form- oder Farbensehen oder auch beides gemeinsam beeinträchtigt.

Homonyme Hemianopsien, die etwa Folge einer Durchtrennung der Sehbahn, einer Ablatio des Cuneus oder einer kompletten Infarzierung der Sehrinde sind, zeigen einen abrupten Abbruch im vertikalen Meridian. Bleiben funktiontüchtige visuelle Leitungen bis zum Kortex erhalten, so resultieren inkomplette Hemianopsien mit einem mehr oder minder steilen Abfall der Sehleistung am Übergang vom sehenden zum blinden Feld. Die langsam abfallenden Inkrementschwellen schließen eine amblyope Zone ein, deren instabile Sehfunktion von verschiedenen Faktoren, z. B. auch den Tageszeiten, bestimmt wird. So liegen sie morgens weiter peripher, also dichter am Skotom und ziehen sich gegen Abend wieder zurück und zentripedal zusammen. In Analogie zu tierexperimentell gewonnenen Befunden (Singer u. Mitarb. 1976) vermuten Zihl und Mitarbeiter (1977b) hinter dieser zirkadianen Rhythmik den Einfluß der Formatio reticularis mit ihrer wechselnden Aktivität.

Unmittelbar nach Eintritt einer homonymen Hemianopsie beobachtet man meist zum blinden Bereich hin steil abfallende Inkrementschwellen, ein Befund, der so bestehen bleiben kann. Die Isopteren für große, helle Marken können aber auch bald aus dem blinden Bereich auftauchen und ihren Abstand zu denen für kleine Marken vergrößern. Häufig sei das, so meint Harrington (1981) zu recht, ein prognostisch günstiges Zeichen, mit einer weiteren Rückbildung des Ausfalls könne gerechnet werden. Die Aussagen der kinetischen Perimetrie entsprechen dabei denen der statischen (Zihl u. Mitarb. 1977a).

In einer Stichprobe von 148 Patienten wurde von uns der Verlauf der Isopteren - mindestes 3 Isopteren sollten bestimmt worden sein - an der Grenze zum blinden Bereich mit der Rückbildungsfähigkeit des Ausfalls verglichen (Tabelle 3). Unter den Patienten mit weitgehend identischem Verlauf der Isopteren gab es im Vergleich zu jenen mit unterschiedlichem Verlauf signifikant weniger Fälle, bei denen sich der Gesichtsfeldausfall zurückbildete (Chiquadrat 20,5; p kleiner als 0,001).

Tabelle 3. Isopterenverlauf und Rückbildung des Gesichtsfeldausfalls (n = 148)

	flach	steil
unverändert	31	50
gebessert	46	14

Die Größe der amblyopen Zone (Axenfeld 1915; Riddoch 1917; Gassel u. Williams 1963b) oder des relativen Gesichtsfeldausfalls (Zihl u. von Cramon 1986a) läßt damit Schlüsse auf die Stabilität oder Rückbildungsfähigkeit des Ausfalls zu.

6.3 Statokinetische Dissoziation

Wenn im Halbfeld statische Lichtreize nicht oder kaum, bewegte Reize aber gut wahrgenommen, gelegentlich sogar lokalisiert werden können, so spricht man von einer statokinetischen Dissoziation, einer Form der Amblyopie, die in der angelsächsischen Literatur auch als Riddoch-Phänomen bekannt wurde. Riddoch (1917) und vor ihm auch andere Autoren (Mauthner 1881; Poppelreuter 1917) beschrieben dieses Phänomen ausführlich und unterschieden mehrere Schweregrade. So konnten manche Patienten nur bewegte und keinerlei statische Simuli wahrnehmen, andere beides, aber in deutlich unterschiedlichem Ausmaß.

Gelegentlich findet man eine derart schwere Dissoziation, daß der Patient nur noch grobe, schnelle Bewegung wahrnimmt. Selbst die bei der kinetischen Perimetrie erfolgende Bewegung der Lichtmarken stellt keinen ausreichenden, wahrnehmbaren Reiz mehr dar.

In jedem Fall gestaltet sich die kinetische Perimetrie recht schwierig. Zum einen muß die Untersuchung häufig unterbrochen werden, weil der Blick des Patienten vom Fixierpunkt weg zum bewegten Stimulus gezogen wird. Zum anderen muß die Winkelgeschwindigkeit, mit der die Stimuli in den sehenden Bereich geführt werden, möglichst konstant bleiben. Zu langsame Bewegung könnte unter die Wahrnehmungsschwelle geraten und Kontrollen, die nicht mit der gleichen Reizqualität durchgeführt werden, hätten schließlich widersprüchliche Befunde zur Folge (Poppelreuter 1917).

Das Phänomen ist besonders bei Patienten untersucht worden, deren zentrale Sehstörung durch eine Schußverletzung hervorgerufen worden war (Riddoch 1917; Pötzl 1928). Solche Verletzungen zerstören manche Teile der Sehbahn komplett, lassen andere hingegen unversehrt, und es ist anzunehmen, daß sich die statokinetische Dissoziation aus dem Rest der funktionstüchtigen Neurone entwickelt. Entsprechende Untersuchungen über Patienten mit Raumforderungen oder Ischämien liegen kaum vor, man kann aber davon ausgehen, daß das Phänomen - zumindest vorübergehend - bei Hemianopsien mit einer derartigen Pathogenese genauso häufig auftritt. Gerade im frühen Stadium des Tumorwachstums mit beginnender Kompression visueller Neurone kann die Wahrnehmung statischer Lichtreize schon ausgefallen sein, während diejenige bewegter Reize noch erhalten ist. Auch nach zerebralen Ischämien, etwa nach diffusen hypoxischen Schäden der Sehbahn, lassen sich ähnliche Phänomene beobachten. Die Patienten klagen dann über eine unbestimmte Ermüdbarkeit des Sehens, die sich beim Lesen besonders störend bemerkbar macht. Immer wieder kann die kinetische Perimetrie normale Befunde ergeben, während die statische Perimetrie verschiedene Mulden und Einbrüche der Amblyopie im Gesichtsfeld aufdeckt. Auch nach regional begrenzten Infarkten läßt sich für gewöhnlich, und zwar als Zeichen der Besserung, als prognostisch günstiges Symptom – entsprechend einem flachen Abfall der Isopteren – eine statokinetische Dissoziation beobachten. Gelegentlich bleibt das Riddoch-Phänomen als Hinweis auf die besondere Verteilung bewegungsspezifischer Neurone auf den Bereich des temporalen Halbmondes beschränkt, ohne daß eine weitere Besserung der Hemianopsie zu erhoffen ist (Walsh 1974; Benton u. Mitarb. 1980; Meienberg 1981).

Riddoch (1917) hielt die statokinetische Dissoziation für das typische Zeichen einer okzipitalen Läsion, maß ihr also neben der prognostischen auch topodiagnostische Bedeutung zu. Andere Untersuchungen ergaben allerdings, daß das Phänomen auch nach Läsionen der Sehbahn im Bereich des N. opticus oder des Chiasmas auftreten kann (Zappia u. Mitarb. 1971; Safran 1980).

Das Bewegungssehen – zwar nicht eine der primitivsten, aber in seiner Schutzfunktion offensichtlich eine der elementarsten Leistungen des visuellen Systems – erweist sich demnach als besonders widerstandsfähig und vermag sich auch dann zu restituieren, wenn nur wenige funktionstüchtige Neuronenverbände übriggeblieben sind. Auch ist anzunehmen, daß bewegungsinduzierte Reize alternative, möglicherweise phylogenetisch ältere Leitungsbahnen und extrastriäre Wahrnehmungszentren für sich rekrutieren.

Ganz vereinzelt wurde über Patienten berichtet, bei denen umgekehrt gerade die visuelle Wahrnehmung von Bewegung beeinträchtigt gewesen sein soll (Pötzl u. Redlich 1911; Goldstein u. Gelb 1918). Sie hatten beidseitige parieto-okzipitale Hirnläsionen erlitten und wiesen ebenso beidseitige Gesichtsfeldausfälle mit verschiedenen neuropsychologischen Defiziten auf. Nur die von Zihl und Mitarbeitern (1983) beschriebene Patientin ließ außer dem gestörten Bewegungssehen, speziell in die Tiefe, keine weitere Sehbeeinträchtigung erkennen. Angeregt durch die tierexperimentellen Befunde von Zeki (1974) vermuteten die Autoren den Ausfall eines speziellen, etwa im lateralen okzipito-temporalen Übergangsbereich liegenden Zentrums für Bewegungssehen oder die Unterbrechung von nach dort führenden striären Leitungsbahnen.

6.4 Halbseitige Reizsuppression

Die Selektion bestimmter Reize und damit die Suppression von anderen ist ein natürlicher Ausdruck der Aufmerksamkeit und des Schutzes gegen Reizüberflutung. Darüber hinaus existieren natürliche Rivalitäten und individuelle Unterschiede zwischen beiden Hirnhälften, wenn es um die Aufnahme visueller Reize aus heteronymen Halbfeldern (Hufschmidt 1980) geht.

Krankheiten des visuellen Systems bringen dieses physiologische Gleichgewicht aus dem Lot. Das gesunde visuelle Halbfeld kann das amblyope dann scheinbar derart dominieren, daß Reize, die von ihm aufgenommen werden, diejenigen der Gegenseite überfluten. Im schlimmsten Fall kommt es zu einem die Hemianopsie imitierenden Befund.

Leider gibt es keine Begriffe, die genau auf das Phänomen abgestimmt sind. Bezeichnungen wie relative Hemianopsie oder hemianopische Aufmerksamkeitsschwäche sind zwar üblich, treffen aber nicht genau. Auch der im Angloamerikanischen gebrauchte Begriff der visuellen Extinktion beschreibt zwar das Phänomen, impliziert aber einen bestimmten, keinesweg nachgewiesenen pathophysiologischen Prozeß (Bender u. Furlow 1945). Eine Verwandtschaft der halbseitigen Reizsuppression mit dem visuellen Neglect läßt sich erkennen, es bestehen möglichweise auch Übergänge, dennoch ist beides nicht gleichzusetzen.

Üblich ist die von Oppenheim (1885) vorgeschlagene bimanuelle Prüfung. Werden die Hände in den Halbfeldern einzeln bewegt, so imponiert eine ungestörte Wahrnehmung; bewegt man sie gleichzeitig, so bemerkt der Patient zuerst oder ausschließlich die Hand im ungestörten Gesichtsfeld. Leichtere Formen der Störung lassen sich nur tachystoskopisch ermitteln, sie können auch weniger als ein Halbfeld betreffen. Die kinetische Perimetrie ergibt in der Regel keinerlei Einschränkung. Auch Untersuchungen mit statischen oder farbigen Reizen stoßen nicht in jedem Fall auf Defizite. Wenn dem gestörten Halbfeld adäquate, im Vergleich zur Gegenseite stärkere Reize geboten werden, dann verschwindet die angebliche Aufmerksamkeitsschwäche.

6.5 Zentrale Hemiachromatopsie und Achromatopsie

Auch den Verlust des Farbsehens kann man, wie es Wilbrand und Saenger (1917) und nach ihnen Teuber und Mitarbeiter (1960) und Critchley (1965) getan haben, zu den Amblyopien zählen. Wir unterscheiden die seltenere Achromatopsie, die beide Gesichtsfelder, von der häufigeren Hemiachromatopsie, die nur homonyme Halbfelder betrifft.

Leider fehlt es an einfachen Untersuchungsmethoden, mit denen sich der Ausfall, etwa auch am Krankenbett, nachweisen ließe (Critchley 1965). Ein Großteil der zur Verfügung stehenden Farbteste ist zudem nach ophthalmologischen Gesichtspunkten entwickelt worden. Sie erlauben es, retinale, oft kongenitale Störungen des Farbensehens schnell aufzudekken, versagen aber oder vermitteln ein nur unvollständiges Bild, wenn die Ursache auf einer Schädigung der Sehbahn oder der kortikalen visuellen Felder beruht. Die Farbperimetrie, die mehr - und in vielen Fällen den einzigen - Aufschluß über eine homonyme Hemiachromatopsie geben kann, kommt im üblichen Untersuchungsgang zu kurz. Sie ist schwieriger als die konventionelle Perimetrie mit weißem Licht, weil von dem Patienten doppelte Aufmerksamkeit verlangt wird. Er muß die Testmarke zweimal beschreiben: zuerst, wenn er sie achromatisch, dann, wenn er sie chromatisch entdeckt. Beide Isopteren sind nicht identisch. Verschiedentlich wurde behauptet, daß die Perimetrie mit weißem Licht ausreichen würde, auch wenn eine Störung des Farbsehens vorliegt, die Marken müßten nur klein genug gewählt werden (Brouwer 1936; Critchley 1965; Harrington 1981). Dem widersprechen aber schon frühe Berichte, in denen außer von Hemiachromatopsie von keiner weiteren Sehbeeinträchtigung die Rede ist (Bjerrum 1881; Samelsohn 1881).

Mehrere Möglichkeiten bieten sich an, das Farbensehen zu prüfen. Zuerst wird die foveale Farbdiskrimination anhand der Ishihara-Tafeln oder besser des großen Farnsworth-Munsell-Testes (Farnsworth 1943) bestimmt, schon allein um kongenitale oder andere, erworbene Farbschwächen nicht zu übersehen. Im Vordergrund sollte aber die Farbperimetrie stehen, die sich quantitativ am besten mit dem Tübinger Perimeter durchführen läßt. Dabei braucht nicht mit allen Farbmarken geprüft zu werden. Es genügt, wenn sich die Untersuchung auf die Isopteren für Blau, die am weitesten peripher, und für Rot, die relativ fovea-nah liegen, beschränkt. Einen guten, wenn auch nur qualitativen Überblick über die Art der Achromatopsie ermöglicht die Untersuchung mit farbigen Testplättchen am Bjerrum-Schirm. Da hier, wenn ein zweiter Untersucher mithilft, verschiedene Reize gleichzeitig geboten werden können, ergeben sich Möglichkeiten, etwa halbseitige Farbanomien von echten Hemiachromatopsien abzugrenzen. Besteht eine homonyme Achromatopsie in einem Quadranten oder im Halbfeld, so ergeben sich häufig auch leichte Unsicherheiten im Farnsworth-Munsell-Test (Meadows 1974a). Allerdings haben wir trotz Achromatopsie in einem Quadranten auch nahezu fehlerfreie Teste gesehen. Der Ishihara-Test erwies sich uns bei allen Hemiachromatopsien als unergiebig.

6.5.1 Hemiachromatopsie

Bei 20 Patienten (7,3%) unseres Kollektivs fanden wir eine homonyme Hemi- oder Quadrantenachromatopsie. Da bei einem Drittel aller Patienten keine ausreichende Farbperimetrie durchgeführt worden war, ist der Prozentsatz eher noch höher zu veranschlagen. Die Störung wird subjektiv selten als schwerwiegend empfunden, in ihrem Wesen oft nicht oder nur unzureichend erkannt, vor allem wenn sie sich, was häufig der Fall ist, aus einer Hemianopsie heraus entwickelt hat. Die Fovea bleibt ausgespart. Nicht zufällig lernten wir einen Patienten kennen, der erst an der Verkehrsampel bemerkte, daß er die Farben im rechten oberen Quadranten nicht mehr erkennen konnte. Viel seltener tritt die Hemiachromatopsie unabhängig von einer Hemianopsie als erstes und einziges, meist passageres Symptom auf. Diese Patienten stellen dann schnell fest, daß sich z.B. „ein grauer Schleier auf die Objekte im halben Gesichtsfeld" gelegt hat. Einer unserer Patienten putzte sich morgens die Schuhe und hatte plötzlich den Eindruck, als ob der linke Schuh erneut staubig geworden sei. Die Umwelt auf der linken Seite hatte für ihn den Aspekt einer Schwarz-Weiß-Photographie angenommen.

Meist entdeckt man aber die Hemiachromatopsie erst, wenn man systematisch nach ihr fahndet, d.h. die richtigen Untersuchungsmethoden anwendet. Zihl und Mayer (1981) beschrieben 8 Patienten, bei denen das Gesichtsfeld für weiße Marken ganz unauffällig war, die Farbperimetrie hingegen Hemi- oder Quadrantenanopsien aufdeckte.

Fall Joachim K.:
Eines Morgens erlitt der 34 Jahre alte Arzt aus voller Gesundheit Schläfenschmerzen links und eine homonyme Hemianopsie nach rechts. Die Sehstörung bildete sich innerhalb von 6 Tagen völlig zurück, doch klagte der Patient weiterhin über Lichtempfindlichkeit und rasche Ermüdbarkeit der Augen. Die Farbperimetrie ergab eine homonyme Hemiachromatopsie nach rechts, die der Patient nicht richtig registriert hatte. 3 Monate später hatte sich die Achromatopsie auf den rechten oberen Quadranten zurückgezogen. Eine weitere Besserung war aber nicht mehr zu verzeichnen (Abb. 8a). Der Farnsworth-Munsell-Test wies nur auf leichte Unsicherheiten im Blau/Grün-Bereich hin (Abb. 8b). Im Kernspintomogramm (Abb. 8c) erkennt man die signalreiche Zone des Infarktes mit Schwerpunkt im Gyrus occipito-temporalis medialis. Die Area 17 ist ausgespart.

Die hirnlokalisatorische Bedeutung der homonymen Hemiachromatopsie wurde lange in Frage gestellt, obwohl schon früh in einem Obduktionsbefund die okzipito-temporale Übergangsregion, speziell der Gyrus occipito-temporalis medialis (Gyrus

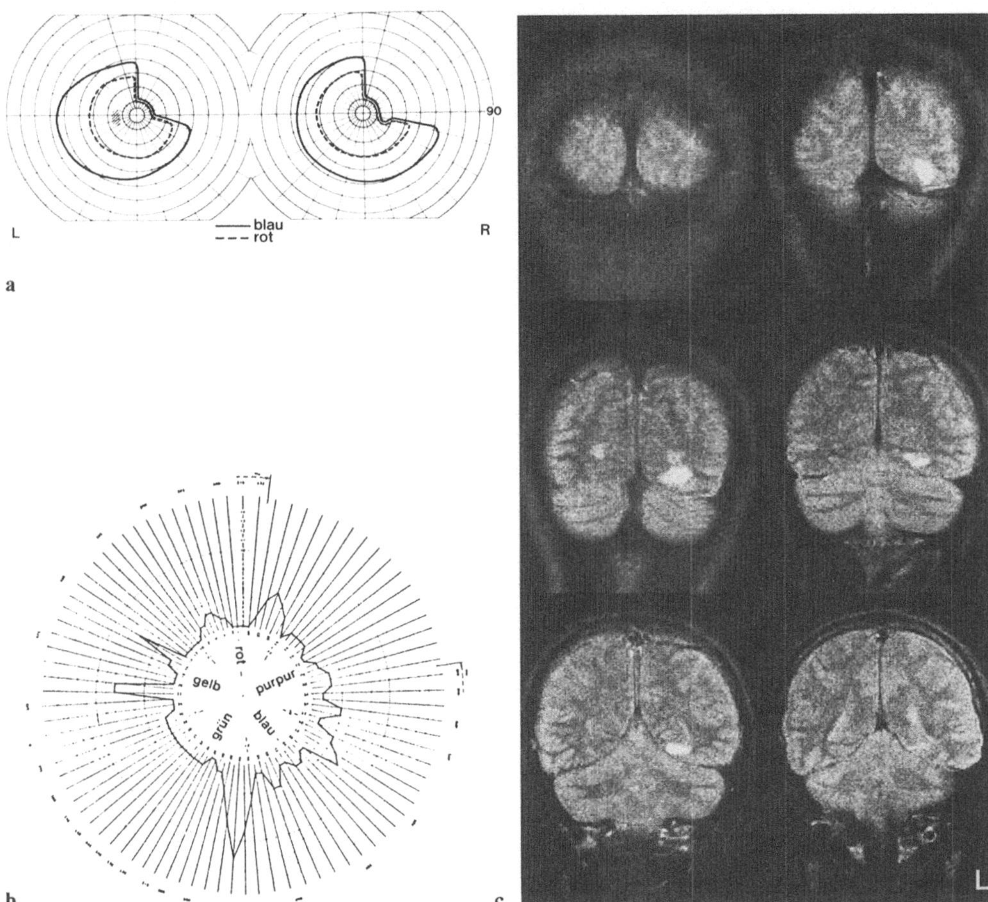

Abb. 8a–c. Patient Joachim K., 34 Jahre. Temporo-okzipitaler Hirninfarkt links. **a** Achromatopsie des rechten oberen Quadranten. **b** Farnsworth-Munsell-Test. Geringe unsystematische Unsicherheit der fovealen Farbdifferenzierung. **c** Kernspin-Tomogramm des Gehirns. Läsion links temporo-okzipital, etwa dem Gyrus occipito-temporalis medialis entsprechend

fusiforme), als verantwortlicher Schädigungsort genannt worden war (Verrey 1888; MacKay u. Dunlop 1899). Verschiedene Untersucher vertraten die Ansicht, es handle sich eher um ein unspezifisches, also nicht um ein hirnlokales Symptom (Wilbrand u. Saenger 1917; Holmes 1918a; Lenz 1921 u. 1927; Critchley 1965). Da bei der Entwicklung einer zentralen Sehstörung das Farbensehen zuerst betroffen sei, bei der Rückbildung gewöhnlich zuerst das Sehen von bewegten Reizen, dann das von weißem Licht und erst zuletzt das Farbensehen zurückkehre – und weil man diese Regel trotz unterschiedlicher Schadenslokalisation immer wieder bestätigt gefunden habe –, hielt man den lokalisatorischen Wert der Hemiachromatopsie eher für unbedeutend. Die Farbwahrnehmung sei eben das störungsempfindlichste System, habe eventuell sogar eine eigene Leitungsbahn (Wilbrand u. Saenger 1917; Lenz 1921), erhole sich deshalb nach einer Läsion zuletzt und könne

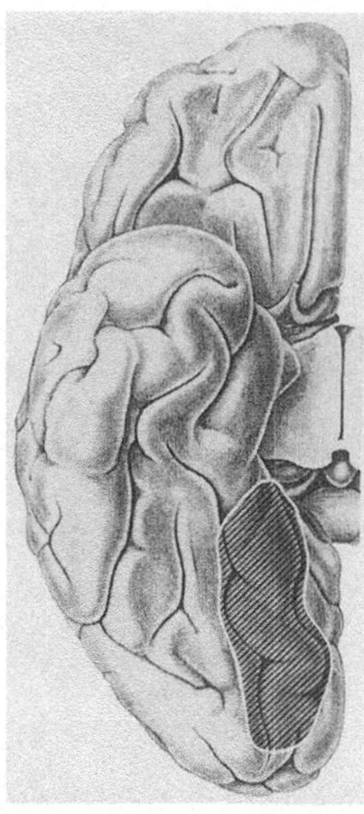

Abb. 9. Hemiachromatopsie. Häufigster Bereich der Hirnläsion *(schraffiertes Feld)*

bei unvollständiger Besserung am ehesten als – häufig einziges – Defizit zurückbleiben. Die heute vorliegenden Arbeiten lassen aber an einem eigens für das Farbensehen verantwortlichen Kortexareal keinen Zweifel mehr (Meadows 1974a). Es liegt, wie schon Verrey (1888) richtig festgestellt hat, im Bereich des Gyrus occipito-temporalis medialis, berührt möglicherweise auch okzipital den Gyrus lingualis und temporal den Gyrus parahippocampalis (Abb. 9).
Die Hemiachromatopsie ist häufig Folge eines Infarktes im Bereich der A. cerebri posterior. Da gemeinhin keine Hemianopsie eintritt, die primäre Sehrinde also unversehrt bleibt, muß eine relativ kollateralenarme und entsprechend ischämieanfällige Versorgung des Gyrus occipito-temporalis über einen frühen kortikalen Ast der A. cerebri posterior angenommen werden.
Die Existenz eines visuellen Feldes mit derart farbspezifischen Aufgaben relativ weit vom primären visuellen Rindenfeld entfernt, führt zu Befunden, die an Prima-

ten erhoben werden konnten. Farbspezifische Neurone sind dabei in V1 (Area 17) und in etwas geringerem Maße in V2 (Area 18) gefunden worden (Hubel u. Wiesel 1963, 1965; Schein u. Mitarb. 1982). Eine auffällige Konzentration farbkodierter Neurone konnte in einem vom primären visuellen Feld relativ weit entfernten Bereich, in Area V4, nachgewiesen werden. Das von Zeki (1969, 1973) an Primaten beschriebene Feld liegt allerdings eher okzipito-parietal, kann also nur schwer in topographische Verbindung mit den Befunden beim Menschen gebracht werden. So hat man denn auch die Bedeutung dieses Feldes für das Farbensehen in Frage gestellt (Schein u. Mitarb. 1982). Immerhin läßt sich sowohl beim Menschen (Gyrus occipito-temporalis medialis) als auch beim Primaten (Area V4) ein relativ weit von Area 17 entfernt liegendes, möglicherweise doch identisches farbspezifisches Feld nachweisen.
Bildet sich die Farbsehstörung zurück, so werden zuerst Rot und Gelb, dann Grün und Blau wieder gesehen. Die Erholung der Funktionen beginnt im fovealen Bereich und schreitet von dort zur Peripherie fort. Man kann ferner immer wieder die Beobachtung machen, daß die oberen Gesichtsfeldquadranten für Farbsehstörungen anfälliger sind als die unteren. So bildet sich die Achromatopsie im unteren Quadranten häufig zurück, während sie im oberen als Restdefekt bestehen bleibt. Niemals findet man eine Achromatopsie allein für den unteren Quadranten, immer weist in solchen Fällen auch der obere Quadrant eine Sehstörung, mindestens ebenfalls eine Achromatopsie, auf. Vielleicht ist diese unterschiedliche Anfälligkeit oder Resistenz auf die unterschiedliche Bedeutung der Quadranten für die Farbwahrnehmung und somit auf eine phylogenetische Determinante zurückzuführen. Zumindest weist sie auf eine kortikotope Gliederung des Farbensehens in

dieser groben Form hin. Bei einer Patientin fanden wir nach einer temporo-okzipital durchgeführten Hirnoperation im oberen Quadranten einen sektorenförmigen Ausfall des Farbsehens, ein Befund, der eine noch weiterreichende retinotope Gliederung des farbspezifischen Feldes vermuten läßt.

6.5.2 Zentrale Achromatopsie

Sie beinhaltet den kompletten Verlust oder eine erhebliche Einschränkung des Farbsehens in beiden Halbfeldern. Auch die foveale Farbdiskrimination ist dann erheblich herabgesetzt, so daß neben dem Farnsworth-Munsell-Test jetzt auch der Ishihara-Test pathologische Befunde zeitigt. In den meisten Fällen handelt es sich um die Folge von gleichzeitig oder nacheinander abgelaufenen Hirninfarkten, und oft liegt dann für die eine Seite eine homonyme Hemi- oder Quadrantenanopsie, für die andere allein eine Achromatopsie vor. Der Ort der Läsion unterscheidet sich nicht von dem, der bei homonymer Hemiachromatopsie gefunden wurde.

Fall Werner L.:
Der 63 Jahre alte Mann erlitt nach einer zerebralen Angiographie einen okzipitalen Hirninfarkt mit homonymer Hemianopsie nach links. Vier Jahre später kam es plötzlich zu einem Verlust des Farbsehens im verbliebenen rechten Gesichtsfeld, ein Verlust, den der Patient sofort wahrnahm und der ihn veranlaßte, einen Augenarzt aufzusuchen. Der Farnsworth-Munsell-Test (Abb. 10) wies auf eine schwere Störung der Farbdiskriminierung auch im fovealen Bereich hin. Das Wiedererkennen bekannter Gesichter war für etwa 2 Wochen erschwert. Im CT erkannte man den alten temporo-okzipital gelegenen Hirninfarkt rechts, allerdings keine Läsion, die die Achromatopsie auf der Gegenseite hätte erklären können. Die Farbsehstörung besserte sich nur geringfügig.

Viele Patienten, bei denen eine Achromatopsie besteht, haben auch Schwierigkeiten, Gesichter zu erkennen. Auf diese Symptomverknüpfung ist schon ausführ-

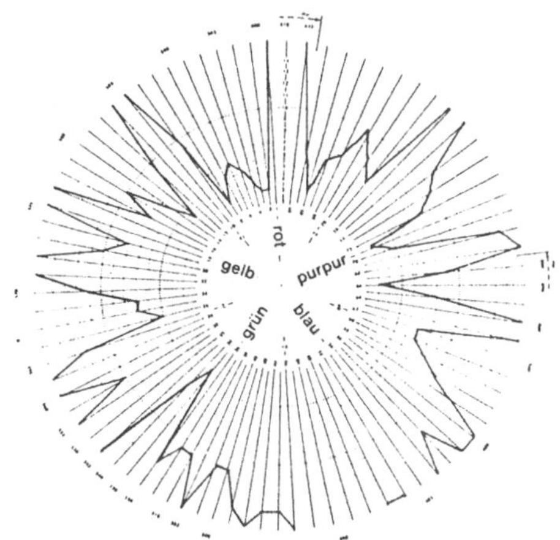

Abb. 10. Patient Werner L., 63 Jahre. Alter Okzipitalhirninfarkt rechts mit homonymer Hemianopsie links. Jetzt Hemiachromatopsie rechts als Ausdruck eines linksseitigen okzipito-temporalen Hirninfarktes. Farnsworth-Munsell 100 hue Test zeigt eine schwere, diffuse Wahrnehmungsstörung für alle Farben

lich hingewiesen worden (Meadows 1974 a, b), gleichwohl sind Prosopagnosie und Achromatopsie funktional nicht zwangsläufig aneinander gebunden. Häufig entstehen Schwierigkeiten, wenn es darum geht, die Achromatopsie von der Farbanomie oder gar der Farbagnosie abzugrenzen. Patienten mit Farbanomie können auch im Halbfeld präsentierte Farben gut sortieren, jedoch nicht benennen, Patienten mit Farbagnosie können vorgegebenen Objekten ihre typische Farbe nicht zuordnen (Lhermitte u. Mitarb. 1969).

6.6 Photophobie

Vermehrte Lichtempfindlichkeit, das Gefühl des Geblendetseins führt zu Lichtscheu oder Photophobie. Sie wird als charakteristisches Begleitsymptom bei verschiedenen Erkrankungen der Augen beobachtet, tritt aber auch bei solchen des

Zentralnervensystems, gewiß am häufigsten bei Migräne auf. Miller Fisher (1967) prägte den Begriff der zentralen Photophobie und betonte die Eigenständigkeit dieses Symptoms.

Auffälligerweise klagen auch viele Patienten mit homonymer Hemianopsie über erhebliche Lichtempfindlichkeit. Wilbrand und Saenger (1917) beschrieben 2 Patienten, bei denen nach einer Hinterhauptsverletzung jeweils nur ein kleiner zentraler Gesichtsfeldrest übriggeblieben war. Trotz des derart eingeschränkten Gesichtsfeldes litt einer der Patienten unter einem ständigen Blendungsgefühl; der andere bekam bei klarem Wetter Kopfschmerzen, weil er sich geblendet fühlte. Solche und ähnliche Beschwerden wurden auch von verschiedenen anderen Autoren mitgeteilt, die sich um Patienten mit Okzipitalhirnverletzungen bemühten, (Foerster 1929; Faust 1955; Teuber u. Mitarb. 1960). Bender und Furlow (1945) stellten als Beispiel einen Patienten vor, der nach einer Verletzung beider Okzipitalpole für längere Zeit erblindet war und schließlich ein beidseitiges, etwa 30 Grad großes Zentralskotom zurückbehielt. Der Patient litt unter einem starken Blendungsgefühl, das auch bei geringer Beleuchtung auftrat. Auch nach okzipitalen Infarkten, speziell in der Rückbildungsphase, tritt die Photophobie als unangenehmes, meist vorübergehendes Begleitsymptom in Erscheinung (Gloning u. Mitarb. 1962; Gerlach u. Mitarb. 1977). Schließlich sind Patienten beschrieben worden, die eine zentrale Sehstörung hatten und bei denen Blendungsgefühl anfallsweise auftrat (Berger 1923).

Manche Patienten erkannten wir schon daran, daß sie trotz bewölkten Himmels mit Sonnenbrille in die Klinik kamen, oder die Augen immer schmal zusammengekniffen hatten. Im Krankenzimmer baten sie darum, vom Fenster weggelegt zu werden, oder verlangten, daß man die Vorhänge zugezogen halte. Ins Freie gingen sie nur mit Sonnenbrille oder breitkrempigem Hut oder besser noch, bloß in der Dämmerung. Einer unserer Patienten verminderte in seiner Wohnung die Wattzahl aller Glühbirnen. Ein anderer berichtete, daß er sich, als er das erste Mal seine Wohnung verließ, wie vor den Kopf gestoßen fühlte, so stark habe ihn die Helligkeit angefallen.

Die Patienten empfinden den Blendungsschmerz in den Augen; werden die Augen geschlossen, so läßt er rasch nach und verschwindet. Die Inspektion der Augen ergibt normalerweise keinen richtungsweisenden Befund. Gelegentlich findet man eine konjunktivale Injektion und einen vermehrten Tränenfluß. Die üblichen Pupillenreaktionen sind normal.

Man hat diesen Sinnesschmerz als Hinweis auf eine Störung in der Kalkarinaregion gedeutet (Berger 1923; Miller Fisher 1967; Gloning u. Mitarb. 1962). In einer Zufallsgruppe haben wir deshalb 80 Patienten mit homonymen Hemianopsien nach ihrer Lichtempfindlichkeit befragt. Unter den 34, die über ein verstärktes Blendungsgefühl klagten, hatten 22 eine okzipital und 12 eine anderweitig lokalisierte Hirnschädigung. Umgekehrt fanden sich unter den 46 Patienten, die diese Beschwerden nicht angaben, 19 mit einer rein okzipitalen im Verhältnis zu 27 mit einer okzipitalen und/oder anderen Schädigungslokalisation. Aus dieser Verteilung ließ sich erkennen, daß die Photophobie eher das Symptom einer okzipital gelegenen Hirnschädigung ist. Signifikant war die Verteilung allerdings nicht.

Auch die Pathogenese der zentralen Photophobie ist nicht geklärt. Gestörte Pupillenreaktionen kommen bei homonymen Hemianopsien zwar vor (Harms 1951; Reuther u. Mitarb. 1981; Hamann u. Mitarb. 1981), sie können aber die angegebenen Beschwerden kaum erklären. Durch maximale Veränderung der Pupillenweite wechselt die Leuchtdichte, die die Retina trifft, um einen Logarithmus. Das ist vergleichsweise wenig, wenn man berücksichtigt, daß die Lichtempfindlichkeit je nach Stäbchen- oder Zapfensehen um 10 Logarithmen verändert werden kann (Rushton 1965). Ullrich (1943) fand die Hell-Dunkel-Adaptation gestört, nämlich verzögert und sprunghaften Veränderungen unterworfen, und vermutete eine mangelnde zentrale Funktion, die für Befund wie für Beschwerden verantwortlich sei. In anderen Untersuchungen konnte hingegen keine Störung der Dunkeladaptation gefunden werden (Glees 1951). Wir bestimmten bei 5 unserer Patienten, die über starkes Blendungsgefühl klagten, die Adaptationskurven und fanden ebenfalls keine pathologischen Veränderungen. Unseres Erachtens bietet am ehesten die Untersuchung der Kontrastsensitivität, die mit sinusoidal modulierten Streifenmustern überprüft wird und sich bei den meisten Patienten als deutlich herabgesetzt erweist (Bodis-Wollner 1972; Bodis-Wollner u. Diamond 1976), einen Erklärungshinweis für die zentrale Photophobie.

Zuletzt wurde nach einer Fallbeobachtung und in Analogie zum sensiblen thalamischen Schmerz vermutet, daß das Blendungsgefühl dann gemeinsam mit homonymen Gesichtsfeldausfällen auftritt, wenn zu der okzipitalen eine thalamische Läsion hinzukommt (Cummings u. Gittinger 1981). Träfe diese Hypothese zu, dann würden die Beschwerden vieler Patienten ungeklärt bleiben, bei denen allein eine okzipitale Läsion vorliegt. Möglich wäre, daß dem Thalamus, ohne daß er ebenfalls geschädigt sein muß, durch die Afferenzunterbrechung eine verstärkte Dunkelmeldung von funktionstüchtig gebliebenen striatalen Neuronen oder auch ohne sie zukommt und daß nach dem Reafferenzprinzip (von Holst u. Mittelstaedt 1950) die Afferenz der gesunden Seite auf ein zu empfindlich eingestelltes System trifft.

7 Homonyme Hemianopsien

Zwischen Eintritt der Sehstörung und erstmaliger Untersuchung, d.h. der Aufnahme des Gesichtsfeldbefundes, liegt fast regelmäßg eine mehr oder weniger große Zeitspanne. So wird man auch nicht immer den für eine bestimmte Krankheit typischen Ausfall, soweit es ihn gibt, beobachten können. Ein Teil der Patienten bemerkt die Einengung des Gesichtsfeldes sofort, ein anderer auffallend spät oder gar nicht. Erfahrungsgemäß bleibt die Einengung, wenn sie sich schleichend entwickelt und den zentralen Gesichtsfeldbereich weitgehend verschont läßt, eher unbemerkt. Aber auch die akut einsetzende, komplette Hemianopsie kann für erstaunlich lange Zeit unbeachtet bleiben. Manche Patienten lassen erst nach Wochen oder gar Monaten ihre Augen überprüfen, nicht weil sie etwa durch die Sehstörung beunruhigt wären, eher weil sie durch die zunehmenden Fehlleistungen schließlich selbst stutzig oder anderen auffällig geworden sind.

Regelmäßig wird zunächst allein der temporale Ausfall wahrgenommen, die Ursache des Ausfalls folglich in einer Erkrankung des ipsilateralen Auges gesucht. Und regelmäßig wird zuerst ein Ophthalmologe konsultiert. Daß die Störung auch das andere Auge betrifft, ist nicht einfach zu verstehen. Der Patient wird dessen nur langsam inne, etwa durch selbst angestellte Versuche, durch Aufklärung oder schließlich durch die Befunde der perimetrischen Untersuchung. Die Projektion des Ausfalls auf das ipsilaterale Auge, die Critchley (1966) schon als einen leichten Grad von Anosognosie verstand, weist auf die Erfahrung hin (Köllner 1922), daß die Netzhauthälften wohl korrespondierende Rezeption haben, aber, was die zentrale Verarbeitung der Seheindrücke betrifft, nicht gleichwertig sind. Die Eindrücke, die von rechts kommen, werden vermehrt vom rechten Auge wahrgenommen und umgekehrt. Die nasale Afferenz scheint also zumindest tendenziell über die temporale zu dominieren, ein Befund, der sich auch mit der höheren Neuronendichte der nasalen Retinahälfte (Osterberg 1935; van Buren 1963) in Einklang bringen läßt.

Wenn man die Patienten danach befragt, wie sie das hemianope Feld wahrnehmen, erhält man unterschiedliche Auskünfte. Die meisten teilen mit, daß das Sehen dort einem Nichts gewichen, also weder von einem dunklen Vorhang verdeckt noch zu einer undurchsichtigen, schwarzen Wand oder ähnlichem geworden sei. Das hemianope Feld ist zum nichtexistenten Sehbereich geworden, hat sich mit dem schon normalerweise nicht erreichbaren, dem extrakampinen Raum vereint. Dufour (1889) sprach deshalb auch von einer „hémianopsie nulle" und wollte von jener Hemianopsie getrennt wissen, die nicht als „Nichts" sondern etwa als schwarze oder dunkle Wand, als positives Skotom wahrgenommen wird. Wenn man will, kann man schließlich eine weitere, kleine Gruppe von Patienten unterscheiden, die ihr hemianopes Feld als schimmerndes, dunkelgraues oder gar helles, also ebenfalls positives Skotom wahrnehmen.

Bittet man die Patienten, ihre Augen fest zu schließen, so gibt es manche, die zu ihrem eigenen Erstaunen beobachten können, wie sich jetzt das ausgefallene vom erhaltenen Gesichtsfeld heller abhebt. Nach kurzer Zeit wird dieser Unterschied noch deutlicher, das hemianope Feld nimmt eine graue, leicht schimmernde Tönung an. Befinden sich die Patienten längere Zeit im Dunkeln, dann verblaßt der Grauton, die gesunde Seite wird etwas „sichtbarer" und nimmt ihrerseits ein diskretes Grau an.

Es ist anzunehmen, daß die positiven Skotome jeweils Ausdruck von Spontanentladungen visueller Neurone sind. Inwieweit dieses Rauschen einer bestimmten Schaltstelle, etwa dem CGL oder dem visuellen Kortex zugeordnet werden kann, bleibt unklar. Da es häufig nach partieller Schädigung des proximalen Sehbahnabschnitts beobachtet wird, liegt die Vermutung nahe, daß es sich um Spontanentladungen des kortikalen Neuronennetzes handelt.

Man unterscheidet zwischen kongruenten und inkongruenten Gesichtsfeldausfällen. Sind die Ausfälle beider Augen annähernd gleich - sie sollten nach mehrmaliger Prüfung um nicht mehr als 5 Grad differieren (van Buren u. Baldwin 1958) -, so wird von Kongruenz gesprochen, finden sich deutliche Form- und Größenabweichungen, ist von Inkongruenz die Rede. Der temporale Halbmond wird in diesen Vergleich nicht mit einbezogen, da er ja nur monokular bestimmt werden kann, also physiologische Deckungsungleiche schafft. Komplette homonyme Hemianopsien sind ihrer Natur nach kongruent. Ein Vergleich der Ausfälle nach ihrer Form und Größe bietet sich nur an, wenn inkomplette Hemianopsien vorliegen.

Die Frage, ob der Unterscheidung zwischen kongruenten und inkongruenten Gesichtsfeldausfällen ein klinischer, vor allem ein lokalisatorischer Wert zukommt, wird nicht ganz einhellig beantwortet. Vereinzelt wurde angegeben, die durch retrogenikuläre Läsionen hervorgerufenen Gesichtsfeldausfälle seien ausnahmslos kongruent (Traquair 1927; Falconer u. Wilson

1958). Und ebenso wurde das Gegenteil behauptet, daß nämlich diese Ausfälle - sorgfältige Perimetrie vorausgesetzt - immer inkongruent seien (Teuber u. Mitarb. 1960; Körner u. Teuber 1973). Festgestellt wurde jedenfalls, daß sich die differentialdiagnostischen Abwägungen als unergiebig erwiesen hätten.

Besonders die Ergebnisse, die sich nach temporaler Lobektomie boten, waren schwierig zu interpretieren. Vereinzelt fand man kongruente Ausfälle auch dort, wo man inkongruente hätte fordern müssen. Diese Diskrepanz ließ sich aber mit der variationsreichen Anatomie der Meyerschen Schleife erklären. Auch die Erfahrung, daß nach inkompletten Hemianopsien die ipsilateral zur Läsion liegenden Ausfälle meist etwas größer sind als die kontralateralen, konnte man wohl mit der Lokalisation der zerebralen Schädigung (Marino u. Rasmussen 1968; Babb u. Mitarb. 1982), ebenso mit der unterschiedlichen Verteilung der retinalen Neurone begründen (Osterberg 1935; van Buren 1963). Danach wäre denkbar, daß sich Ausfälle des nasalen Gesichtsfeldes aufgrund der im temporalen Retinabereich niedrigeren Neuronenanzahl funktional schwerer auswirken als Ausfälle im temporalen Gesichtsfeld und folglich Inkongruenz hervorrufen.

Die Entscheidung, inwieweit der Formvergleich von klinischem Nutzen ist, hängt auch von der Strenge der Maßstäbe ab. Mathematisch deckungsgleiche Gesichtsfeldausfälle wird man nur ausnahmsweise antreffen, und die kaum auszuschaltende Fixationsschwäche wird ebenso wie die Ermüdung des Patienten das Ihre zur Variabilität der Befunde, d.h. zur Inkongruenz beitragen. Trotz solcher Einwände teilen wir die Erfahrung eines Großteils der Autoren (Henschen 1896, 1911; Wilbrand u. Saenger 1917; Spalding 1952a, b; Polyak 1957; Harrington 1939, 1961, 1981), wonach die Abschätzung beider Gesichtsfeldausfälle nach ihrer Kongruenz keineswegs bedeutungslos ist, sondern als ein entscheidender Hinweis für den Ort und – mit Einschränkungen – auch für die Art der Schädigung gelten kann. Da die Neurone korrespondierender Netzhautpunkte im Laufe der Sehbahn unterschiedlich weit auseinanderliegen, aber immer mehr zusammenrücken, je näher sie an den visuellen Kortex herankommen, kann man davon ausgehen, daß die Kongruenz der Ausfälle von der Lokalisation der Schädigung abhängt. Sie ist nach Schäden im Bereich des Traktus, des CGL und des distalen Abschnittes der Sehstrahlung gering, nimmt aber im proximalen und ganz besonders im Bereich des Okzipitallappens stetig zu. Nach kortikalen Läsionen erwartet man schließlich annähernd deckungsgleiche Ausfälle. Raumforderungen im Bereich des Tractus opticus (Kearns u. Rucker 1959), des CGL (Fite 1967; Gunderson u. Hoyt 1971) oder auch des temporalen und parietalen Anteils der Sehstrahlung (Spalding 1952a; Harrington 1961; Babb u. Mitarb. 1982) verursachen häufig, teils aus anatomischen Gründen, möglicherweise auch durch unterschiedliche Vulnerabilität der einzelnen Neuronen inkongruente Hemianopsien. Auch Entzündungen, Verletzungen und ebenso neurochirurgische Eingriffe haben eher inkongruente Hemianopsien zur Folge. Von ischämischen Läsionen hatten wir den Eindruck, daß sie häufiger kongruente Ausfälle hinterlassen.

Homonyme Hemianopsien lassen sich nach verschiedenen Gesichtspunkten semiologisch oder nosologisch ordnen. Die Einteilung der Gesichtsfeldausfälle nach Lage, Form und Größe in zahlreiche Untergruppen, wie sie z. B. von Wilbrand und Saenger (1917) oder später von Polyak (1957) vorgenommen wurde, verfolgte, den Bedürfnissen der Zeit entsprechend, den Zweck, anhand bestimmter Ausfallsmuster einen Rückschluß vor allem auf

Tabelle 4. Verteilung der homonymen Hemianopsien nach der Erstuntersuchung von 274 Patienten

Unilateral (257)	links	rechts
Hemianopsien komplett	59	61
inkomplett	38	37
Quadrantenanopsien oben	14	17
unten	11	13
Parazentrale Skotome	3	4

Bilateral (17)		
Hemianopsien komplett	6	
inkomplett	3	
Quadrantenanopsien oben	3	
unten	2	
gekreuzt	2	
Skotome	1	

den Ort der Läsion und gegebenenfalls auch auf die Pathogenese zu ermöglichen (Tabelle 4).

Heute haben, nicht immer zum Vorteil klinischer Kenntnisse, die bildgebenden Verfahren im wesentlichen die Aufgabe der topischen Zuordnung von Ausfall und Hirnläsion übernommen (McAuley u. Ross Russell 1979; Ostertag u. Unsöld 1981), so daß man die Gesichtsfeldausfälle nach phänomenologischen Gesichtspunkten auf einige typische Muster reduzieren kann. Wir unterscheiden neben den unilateralen und den selteneren bilateralen Anopsien zwischen einigen Untergruppen, wobei sich eine Einteilung nach dem am meisten betroffenen Ausfallsbereich anbietet.

7.1 Unilaterale homonyme Hemianopsien

Unilaterale, proximal vom Chiasma opticum liegende Läsionen der Sehbahn führen zu homonymen Gesichtsfeldausfällen, von denen die den Namen gebende Hemianopsie gewiß nur eine der vielen Möglichkeit ist. Abbildung 11 gibt einen Überblick über die wichtigsten Formen solcher Ausfälle.

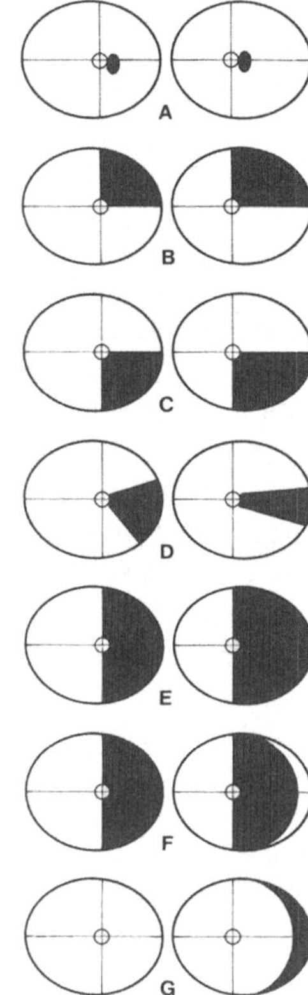

Abb. 11. Synopsis unilateraler homonymer Anopsien (*A* homonymes parazentrales Skotom, *B* homonyme obere Quadrantenanopsie, *C* homonyme untere Quadrantenanopsie, *D* homonyme sektoriale Anopsie, *E* homonyme Hemianopsie, *F* homonyme Hemianopsie mit erhaltenem temporalen Halbmond, *G* Ausfall allein des temporalen Halbmondes)

Bestimmte Gesetzmäßigkeiten der Ausfälle sind auf die Anatomie der Sehbahn, andere auf die Gefäßversorgung oder auch auf die vergleichsweise ungeschützte Lage mancher Hirnanteile zurückzuführen. Es versteht sich von selbst, daß beispielsweise die homonyme Anopsie für einen oberen Quadranten andere differentialdiagnostische Überlegungen verlangt als die für einen unteren. Gelegentlich fällt nur der periphere Gesichtsfeldteil aus, in anderen Fällen liegt die Sehstörung in unmittelbarer Nähe der Makula. Von Ausnahmen

abgesehen läßt sich nach der Größe und der Form des Gesichtsfeldausfalles auf den Ort, mitunter, besonders wenn man begleitende Symptome berücksichtigt, auch auf die Art der Läsion schließen.
Schon aus der gewiß recht groben Unterscheidung zwischen Hemianopsien nach links und rechts ergeben sich die für die klinische Praxis bekannten Informationen. Entsprechend der Hemisphärenspezialisierung können rechtsseitige Hemianopsien mit Lese- oder Sprachstörungen verbunden sein, bisweilen sogar in ihnen untergehen. Hemianopsien nach links sind dagegen etwas häufiger mit gestörtem Raumerkennen oder mit visuellem Neglect verbunden. Auch das Erkennen von Gesichtern ist dabei öfter gestört. Während Hemiachromatopsien sowohl bei links- wie bei rechtsokzipitalen Läsionen vorkommen, scheint die sog. Farbagnosie eher mit Hemianopsien nach links verbunden zu sein. Sind allein Traktus oder CGL betroffen, was selten vorkommt, so resultieren keine gnostischen Störungen; ebenso sind solche Störungen nicht zu erwarten, wenn allein die Area striata geschädigt ist.

7.1.1 Fovea und Makula

Größe und Funktion des fovealen und makularen Bereiches werden nach Eintritt einer homonymen Hemianopsie durch den Visus sowie durch die kinetische und statische Perimetrie überprüft. Aufgrund ihres Vergrößerungsfaktors erlaubt die Kampimetrie am Bjerrum-Schirm eine besonders genaue Bestimmung des fovealen oder makularen Restgesichtsfeldes (van Buren u. Baldwin 1958; Harrington 1981). Wird tatsächlich eine foveale Spaltung vermutet, so ist die Untersuchung mit dem Haidinger-Büschel zu empfehlen. Abschließend prüft man die Funktion anhand einer Leseprobe. Eine ausreichende

Beurteilung wird erst möglich, wenn die Ergebnisse von mehreren, nach verschiedenen Gesichtspunkten ausgewählten Untersuchungen vorliegen.

Die perimetrischen Befunde des fovealen Bereichs sind nach Eintritt einer homonymen Hemianopsie einheitlich. Gleichgültig, ob es sich um einen Zustand nach okzipitaler Lobektomie oder nach ausgedehntem Infarkt im Versorgungsbereich etwa der A. choroidea anterior oder der A. cerebri posterior handelt: die Fovea bleibt in einem Bereich von normalerweise 1,5–2 Grad im hemianopen Feld erhalten. Das haben die Untersuchungen von Huber (1962) an Patienten nach okzipitaler Lobektomie ebenso ergeben wie die Kontrolle der fovealen Aussparung mit Hilfe des Haidinger-Büschels, die von Perenin und Vadot (1981) an Patienten mit homonymer Hemianopsie verschiedener Pathogenese durchgeführt worden ist.

Zu gleichen Ergebnissen kamen die Untersuchungen, die wir an 36 Patienten mit kompletter homonymer Hemianopsie verschiedener Genese durchgeführt haben (Kölmel 1986). In keinem Fall ergaben sich Hinweise darauf, daß durch die Hemianopsie eine Visusreduktion eingetreten sei. Alle Patienten sahen das Haidinger-Büschel als ganzes, weder eingeengt noch gehälftet. Die Fovea war in allen Fällen ausgespart geblieben, sie reichte 1,5–2 Grad in den hemianopen Bereich hinein. Die Größe der makularen Aussparung korrelierte mit dem Ausmaß des zerebralen Substanzdefektes.

Der Erhalt der Fovea nach unilateraler suprachiasmatischer Schädigung spricht für ihre bilaterale Repräsentation im okzipitalen Kortex und bestätigt die Theorie von Morax (1919). Die Funktion der Fovea zeigt allerdings, zumindest im hemianopen Bereich, gewisse Einbußen, was möglicherweise darauf beruht, daß nur noch die einfache Versorgung von der Gegenseite erfolgt, der Überlappungseffekt wegfällt. Während die Sehschärfe unverändert bleibt, weisen hingegen die statische Perimetrie auf eine Erhöhung der Schwellen-

werte und die Lokaladaptation auf eine Zeitverkürzung hin.

Für den an die Fovea sich unmittelbar anschließenden makularen Teil des zentralen Gesichtsfeldes kann keine kortikale Doppelrepräsentation nachgewiesen werden. Dementsprechend ist die makulare Aussparung, was ihre Ausdehnung sowie ihre Funktion anbelangt, ein inkonstanter, von mehreren Faktoren, im wesentlichen von der Lokalisation und dem Ausmaß der Schädigung abhängiger Befund. Sie fehlt oft, wenn die Läsion im Bereich des Tractus opticus liegt, sie tritt dagegen um so häufiger auf und ist um so größer, je kortikaler die Schädigung liegt. Am häufigsten findet man eine makulare Aussparung nach Schädigung des visuellen Kortex selbst. Diese Befunde können weitgehend mit der Anatomie der Sehbahn und mit der Pathogenese des Ausfalls erklärt werden. Die Makularepräsentation nimmt mit Beginn der Radiatio optica ein zunehmend größeres Hirnareal ein. Schädigungen müssen deshalb nach kortikal hin immer größer ausfallen, wenn sie das Sehen im makularen Bereich tatsächlich völlig auslöschen sollen, und es ist in den meisten Fällen davon auszugehen, daß zumindest ein Teil visueller Neurone funktionell erhalten bleibt. Die Größe der makularen Aussparung und die Funktion des Restfeldes sind von der Anzahl dieser Neurone abhängig.

So wird verständlich, daß man nach okzipitaler Lobektomie keine Makulaaussparung findet, wohl aber nach fast allen okzipitalen Hirninfarkten. Die vaskuläre Mehrfachversorgung speziell des makularen Kortexareals war schon für Förster (1890) wie für Brouwer (1936) die Hauptursache des strukturellen Überlebens und der funktionellen Regeneration visueller Neurone nach Infarkten. In diesem Sinne konnte auch die unterschiedliche Erholung des unteren und des oberen Quadrantenteils der Makula interpretiert wer-

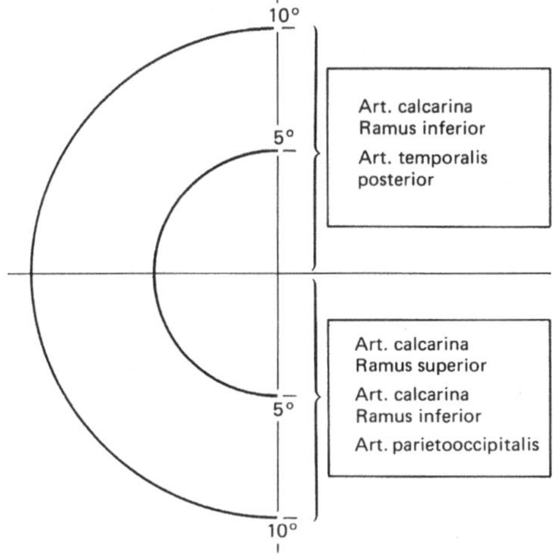

Abb. 12. Vaskuläre Mehrfachversorgung des fovealen und makularen Kortexbereiches (mod. nach Smith u. Richardson 1966)

den (Ehlers 1975). Nach Okzipitalhirninfarkten erholt sich der untere Makulaquadrant eher als der obere, weil die obere Kalkarinalippe durch ihre Kollateralversorgung vor einer vaskulären Mangelversorgung noch mehr geschützt ist als die untere (Abb. 12). Eine ähnlich gute Gefäßversorgung für die Projektionszone der Makula konnte auch im CGL nachgewiesen werden, was wohl der Grund dafür ist, daß die Hemianopsie nach vaskulären CGL-Läsionen ebenfalls die Makula aussparen kann (Malpeli u. Baker 1975).

Die Größe des makularen Restfeldes beeinflußt entscheidend die visuelle Leistungsfähigkeit. Kein Zweifel, daß sich der Patient mit zunehmender Aussparung sicherer bewegen kann. Auch seine Leseleistung hängt von der Größe der makularen Aussparung ab (Poppelreuter 1917; Zihl u. von Cramon 1986a).

7.1.2 Homonyme parafoveale Skotome

Kleine Defekte, Skotome, können sich in der Peripherie des Gesichtsfeldes oder in der Nähe des fovealen Sehens ansiedeln.

Die in der Gesichtsfeldperipherie liegenden Skotome sind funktionell oft unbedeutend und werden erst dann entdeckt, wenn sie eine bestimmte Größe erreicht haben. Die unmittelbar neben der Fovea liegenden Skotome führen hingegen zu ganz erheblicher Beeinträchtigung des Sehens, auch wenn sie nur wenige Grad messen sollten. Dabei ist weniger das Sehen in die Ferne als das in die Nähe gestört. Speziell die rechtsseitig liegenden Skotome können aufgrund ihrer fovealen Nähe das Lesen entscheidend behindern. Die Patienten nehmen das Skotom gleich einer übergroßen „mouche volante" wahr, der sie völlig ausgeliefert sind. Die meisten klagen daneben über eine allgemeine Lichtempfindlichkeit und vergleichen das Skotom mit dem Blendungsbild der Sonne.

Mit der kinetischen Perimetrie trifft man für alle Marken auf normale Außengrenzen, und wenn der Patient nicht deutlich genug auf seine Störung und ihre Lokalisation im Gesichtsfeld hinweist, können die parafovealen Skotome übersehen werden (Wilbrand u. Saenger 1917). Erst mit einer sorgfältigen Kampimetrie oder einer statischen Perimetrie, die das gesamte zentrale Gesichtsfeld erfaßt, werden sie zuverlässig entdeckt.

Die unmittelbar neben dem Fixierpunkt liegenden Skotome sind kongruent. Je weiter sie sich vom Zentrum entfernen, desto weniger kongruent können sie sein (Wilbrand u. Saenger 1917; Allen u. Carman 1938; Körner u. Teuber 1973). Die Diskussion um diese Befunde ist kontrovers. Meist ist die Inkongruenz Folge der unvermeidbar unsicheren Fixation des Patienten. Möglicherweise ist der Befund aber auch ein Hinweis darauf, daß die Strenge der kortikalen Repräsentation korrespondierender Netzhautpunkte in jeweils benachbarten Säulen mit zunehmender Entfernung von der Fovea nachläßt.

Die zugrunde liegende Schädigung befindet sich am ehesten im Bereich der Kalkarina. Für diese Lokalisation spricht die fast stets zu beobachtende Kongruenz ebenso wie das von den Patienten angegebene Blendungsgefühl. Das Ausmaß der kortikalen Schädigung muß nicht klein sein, bedenkt man den großen Bereich der Makularepräsentation (Cowey u. Rolls 1974). Vereinzelt konnten computertomographisch kleine Infarkte im Bereich der Kalkarina nachgewiesen werden (Smith u. Cross 1983). Da die Schädigung aber unmittelbar am Okzipitalpol und unter der Schädelkalotte liegt, kann sie sich dem Nachweis bildgebender Verfahren entziehen.

Verschiedene Ursachen kommen in Frage. Die große Mehrzahl der bisher beschriebenen Patienten – auch alle 8 Patienten (ca. 3%) unseres Krankengutes – hatte allerdings zerebrale Durchblutungsstörungen erlitten (Wilbrand u. Saenger 1917; Gilman 1965; Trobe u. Mitarb. 1973; Smith u. Cross 1983). Da neben dem Skotom und außer dem häufig beschriebenen Blendungsgefühl keine weiteren Symptome beobachtet werden, die Hirnschädigung folglich kortikal, im Endstrombereich der Gefäße gesucht werden muß, liegt es auf der Hand, ursächlich zuerst an eine Embolie zu denken (Duke-Elder 1949). Doch muß man kaum weniger oft eine andere Pathogenese in Betracht ziehen. Die Erfahrung hat gezeigt, daß nach Zwischenfällen bei Operationen am offenen Herzen mit allgemeiner Hypoxie der Kalkarinabereich trotz oder gerade wegen seiner guten Vaskularisierung auffallend früh mit einem Funktionsverlust antwortet (Reese 1954; Gilman 1965). Die Wasserscheidenregion zwischen A. cerebri media und A. cerebri posterior und somit eben ein wesentlicher Bereich der makularen Kalkarina erweist sich dabei als besonders gefährdet. Die allgemeine zerebrale Minderperfusion mit einer Akzentuierung der Hypoxie in den arteriellen Endstrombereichen muß auch die Ursache für die gele-

gentlich ungewöhnliche Lokalisation der Skotome sein. Sie können nämlich den Vertikalmeridian überschreiten, was auf die Schädigung entsprechender Areale beider Okzipitallappen hinweist (Safran u. Mitarb. 1981).

Fall Waltraut H.:
Bei einer 30jährigen Erzieherin kommt es nach einer Entbindung zu einer atonischen Uterusblutung und nachfolgender zerebraler Hypoxie. 4 Tage nach dem Zwischenfall ergibt die neurologische Untersuchung der wieder wachen Patientin eine leichte, brachial betonte, sensomotorische Hemiparese links und einen grobschlägigen, unerschöpflichen Nystagmus beim Blick nach rechts wie links. Der Augenhintergrund ist unauffällig. Die Gesichtsfelder sind konzentrisch bis auf einen kleinen, etwa 2 Grad messenden Fleck eingeengt. Hier kann die Patientin Farben und Umrisse schwach, am besten Bewegung erkennen. Im Laufe von 2 Wochen weiten sich die Gesichtsfelder auf ein normales Maß, der Visus erreicht mit 1,0 die Werte vor der Erkrankung. Die Patientin bleibt aber hochgradig behindert. Sie muß sich mit einer Sonnenbrille gegen Lichtempfindlichkeit schützen. Im Straßenverkehr ist sie verunsichert. Schreibarbeiten kann sie nicht mehr bewältigen.
Die statische Perimetrie (Abb. 13) ergibt ein parazentrales, etwa 5 Grad großes, unmittelbar unterhalb der Fovea liegendes, auf beiden Augen symmetrisches Skotom. Dieses Skotom liegt unmittelbar auf dem Vertikalmeridian, reicht in das linke Gesichtsfeld fast ebenso weit hinein wie in das rechte. Zwei weitere Skotome, die eine Größe von etwa 10 Grad haben, lassen sich etwas tiefer, in unmittelbarer Nähe des Vertikalmeridians einmal im linken und einmal im rechten Quadranten nachweisen. Im Bereich der Skotome bemerkt die Patientin ein Flimmern.
Weder die Computer- noch die Kernspintomogramme des Gehirns lassen richtungsweisende Befunde erkennen, obwohl an der hypoxischen Schädigung des okzipitalen Kortex kein Zweifel besteht.

Neben den Hypoxien sind es vor allem Hirntraumen, speziell Schußverletzungen der Sehbahn, deren Restausfall sich als parafoveales Skotom äußern kann. Gelegentlich werden dann nicht nur parafoveale, sondern weitere, über das gesamte Gesichtsfeld versprengt liegende Skotome nachgewiesen (Teuber u. Mitarb. 1960), und die Schädigung muß nicht mehr un-

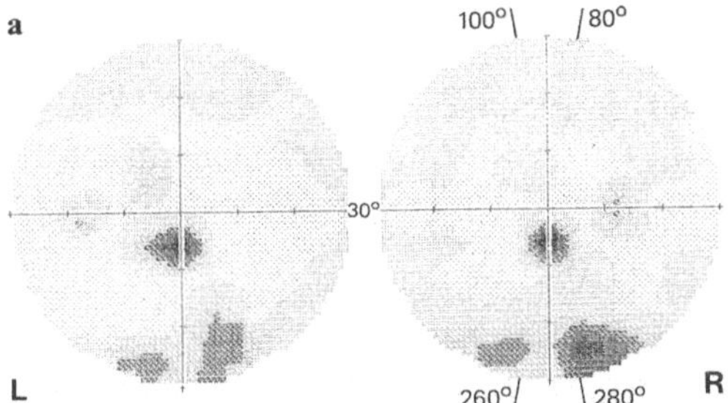

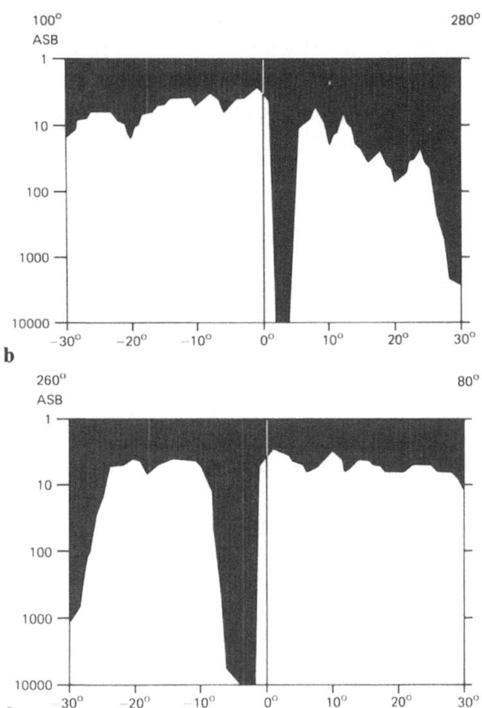

Abb. 13a–c. Patientin Waltraut H., 30 Jahre. Zustand nach zerebraler Hypoxie. **a** Statische Perimetrie (Humphrey field analyzer). Doppelte Eingabelung der Schwellenwerte. Abstand der Stimuli 6 Grad. Größe III nach Goldmann. Hintergrundsbeleuchtung 31,5 asb. Zahl der Meßpunkte li. 409, re. 396. Skotom unterhalb der Fovea. Weitere Skotome im linken und rechten unteren Gesichtsfeldquadranten. **b** Profil im Meridian 100/280. Statische Perimetrie. Abstand der Meßpunkte 1 Grad. Darstellung des Skotoms etwa 2 Grad von der Fovea entfernt. Weiteres relativ großes Skotom bei 30 Grad. **c** Profil im Meridian 80/260. Darstellung des parafovealen und eines dritten, im linken unteren Quadranten, ebenfalls bei 30 Grad liegenden Skotoms

bedingt okzipital, sie kann auch temporal oder in anderen Abschnitten der Sehstrahlung gelegen sein.

Tumoren kommen als Ursache parafovealer Skotome nur ausnahmsweise in Frage (Bender u. Battersby 1958; Spector u. Mitarb. 1984). Diese Skotome sind dann relativ groß und von konzentrischen, amblyopen Feldern umgeben, in denen das Farb- und Formerkennen reduziert ist. Mit dem Wachstum des Tumors breiten sich auch die Skotome weiter im Gesichtsfeld aus. Pathogenetisch sind schließlich entzündliche Entmarkungsherde v. a. in den distalen Abschnitten der Sehbahn denkbar, dort, wo die neuronalen Fasern noch dicht gebündelt liegen. Man sollte dann relativ inkongruente Skotome erwarten. Die Ätiologie solcher Skotome, die gele-gentlich scheinbar apoplektiform auftreten können, wird durch die Anamnese, das Erkrankungsalter, den Liquorbefund und jenen der bildgebenden Verfahren geklärt.

7.1.3 Quadrantenanopsien

Quadrantenanopsien beschränken sich auf das von dem vertikalen und horizontalen Meridian begrenzte Gesichtsfeld. Sie können komplett und damit kongruent sein oder inkomplett; dann hängt ihre Kongruenz oder Inkongruenz jeweils von der Lokalisation der Schädigung ab. Wie bei den Hemianopsien gilt auch hier, daß die kongruenten, zumal kompletten Ausfälle auf eine kortikale oder kortexnahe Schädigung, daß umgekehrt die inkongruenten eher auf distal gelegene Läsionen der Sehbahn, auf solche des Traktus, des CGL, des Pedunculus opticus oder temporaler Anteile der Sehstrahlung hinweisen.

7.1.3.1 Obere Quadrantenanopsie

Im Bereich des Chiasmas sind homonyme Anopsien eine Rarität. Fast immer kommt es aufgrund der vulnerablen makularen Fasern zu der Visusreduktion eines Auges und zu heteronymen Ausfällen. Nur wenn ausschließlich die hinteren, schon in den Traktus übergehenden Anteile des Chiasmas geschädigt werden, sind homonyme Anopsien denkbar. Pathogenetisch kommen fast ausnahmslos Raumforderungen in Frage; Kompressionen auf das Chiasma von unten führen dann zu Quadrantenausfällen nach oben.

Das CGL ist mit seiner vaskulären Mehrfachversorgung zwar auffallend gut gegen Ischämien geschützt (Malpeli u. Baker 1975), dennoch sind es gerade Ischämien und nicht Tumoren oder Entzündungen, die in diesem Bereich vornehmlich für Gesichtsfeldausfälle sorgen. Es ergeben sich dann, abhängig vom Ausmaß der Ischämie und der Qualität der Kollateralversorgung, häufig inkomplette und inkongruente Quadrantenanopsien, bevorzugt nach oben. Jedesmal sind neben dem Gesichtsfeldausfall auch Hemiparese und Hemihypästhesie zu beobachten.

Auch nach Schädigung des Temporallappens besteht der typische Perimetriebefund in einer homonymen oberen Quadrantenanopsie. Da die Meyersche Schleife, in der wesentliche Teile des oberen Quadranten repräsentiert sind, weit in den Temporallappen hineinreicht, wird dieses Symptom verständlich. Korrespondierende Netzhautpunkte liegen nicht unmittelbar benachbart, so daß die Ausfälle auch hier eher inkongruent sind. Die Nachun-

tersuchungen an Patienten, bei denen eine Resektion des Temporallappens durchgeführt worden war, bestätigen die Anatomie. Bei der Hälfte dieser Patienten tritt eine obere Quadrantenanopsie auf, die je nach Ausmaß der Resektion vollständig oder unvollständig ist (Falconer u. Wilson 1958; Jensen u. Seedorff 1976; Babb u. Mitarb. 1982). Auch temporale Tumoren können solche Quadrantenanopsien verursachen, müssen dann aber schon eine beträchtliche Größe erreicht haben. Zu Beginn ihres Wachstums ist womöglich nur der obere temporale Halbmond ausgefallen, was perimetrisch häufig übersehen wird. Oft leiden die Patienten an komplexfokalen Anfällen.

Am häufigsten treten obere Quadrantenanopsien nach Läsionen des Okzipitallappens auf. Pathogenetisch handelt es sich fast durchweg um Infarkte im Bereich der A. cerebri posterior. Oft besteht zunächst eine komplette homonyme Hemianopsie, die sich in der Folge dann auf eine Quadrantenanopsie nach oben zurückzieht. Sorgfältige Untersuchungen des Sehens im scheinbar restituierten Gesichtsfeld - statische Perimetrie, Farbperimetrie - decken meist auch hier zurückgebliebene Funktionseinbußen auf.

7.1.3.2 Untere Quadrantenanopsie

Homonyme untere Quadrantenanopsien sind etwas weniger häufig. Läsionen im Bereich des Traktus, die durchweg auf einer Kompression beruhen, kommen ausgesprochen selten vor. Der Druck kann nur von oben kommen, die Tumoren müssen deshalb im Bereich des Zwischenhirns oder, was häufiger der Fall ist, der Meningen liegen (Meningeome, Tuberkulome, karzinomatöse Infiltration der Meningen). Werden dorsale Anteile des CGL zerstört, so resultiert ebenfalls eine Quadrantenanopsie nach unten (Henschen, 1896). Meist handelt es sich um Durchblutungsstörungen im Bereich der von der A. cerebri posterior abgehenden A. thalamogeniculata. Diese Arterie kann bei akuter Zunahme des supratentoriellen Druckes von mesialen Anteilen des Temporallappens gegen den Tentoriumschlitz gedrängt, ihre Zirkulation dabei derart gedrosselt werden, daß ihr Versorgungsgebiet infarziert. Ätiologisch kommen am ehesten perinatale Komplikationen mit intrakraniellem Hämatom in Frage (Fite 1967). Der Gesichtsfeldausfall ist nicht kongruent. Bei dauerhafter Läsion kommt es zu einer retrograden neuronalen Degeneration, die an der sektorialen Atrophie beider Papillen sichtbar wird (Morello u. Cooper 1955; Gunderson u. Hoyt 1971; Hoyt u. Kommerell 1973).

Am häufigsten treten untere Quadrantenanopsien nach parietalen und nach okzipitalen Läsionen auf. Die Schadensursachen sind etwas anders verteilt als bei oberen Quadrantenanopsien. Meist handelt es um Tumoren (Astrozytome, Oligodendrogliome) oder Blutungen im parietalen Bereich. Okzipital kommen wiederum am ehesten Infarkte in Frage. In einem Patientenkollektiv, das vornehmlich traumatische Okzipitalläsionen berücksichtigt, zeigen sich erwartungsgemäß der obere Okzipitalpol und die obere Kalkarinalippe weniger geschützt als die unteren. Dementsprechend häufiger treten Quadrantenanopsien nach unten auf. Auch Schußverletzungen führen vornehmlich zu Quadrantenanopsien nach unten, einfach deshalb, weil Verletzungen des unteren Okzipitalpols, die eine obere Quadrantenanopsie hervorrufen können, aufgrund der Komplikationen – Sinusverletzungen – oft nicht überlebt werden. Gelegentlich bleiben die peripheren Anteile des unteren Quadranten, der Bereich des temporalen Halbmonds, verschont, was auf die geschützte Lage der entsprechenden Hirnanteile in der Tiefe des okzipitalen Interhemisphärenspaltes zurückzuführen ist (Abb. 14).

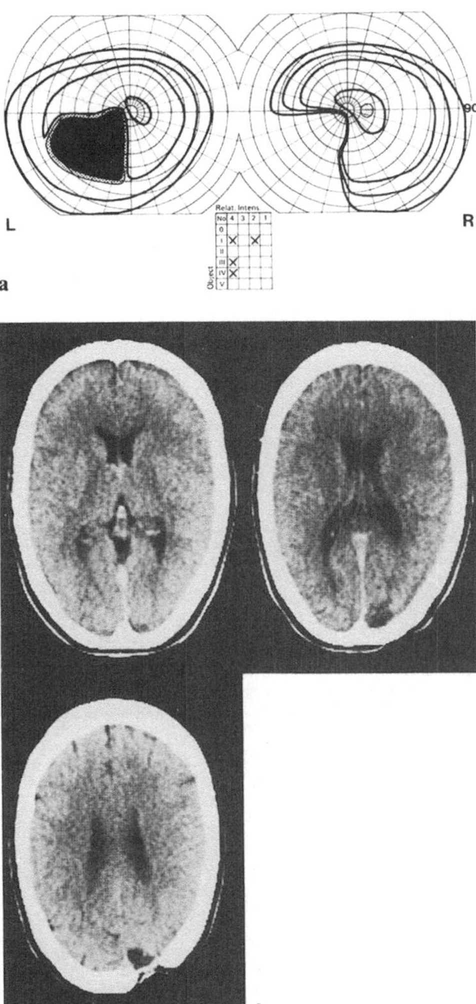

Abb. 14a, b. Patientin Angelika B., 31 Jahre. Verkehrsunfall vor 10 Jahren mit Impressionsfraktur und Hirnkontusion rechts okzipito-parietal. **a** Kinetische Perimetrie. Untere, homonyme Quadrantenanopsie links. Zentrales Restgesichtsfeld 2 Grad. Temporaler Halbmond vom Ausfall verschont. **b** CT des Kopfes. Knochendefekt und kontusionelle Läsion rechts okzipito-parietal

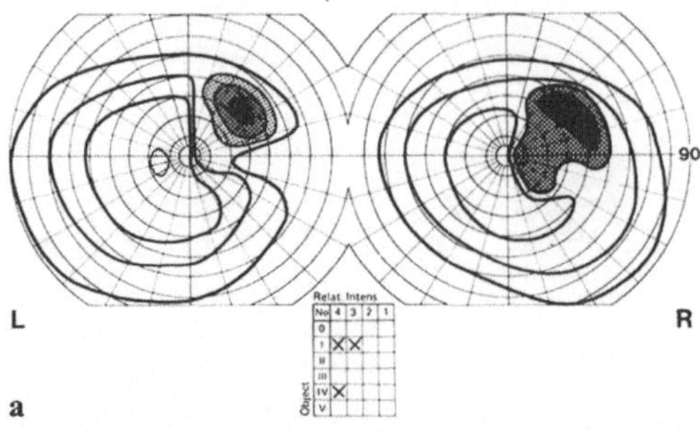

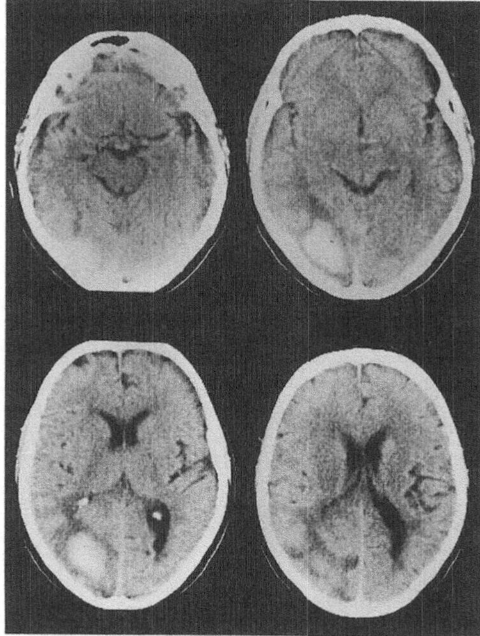

7.1.4 Sektoriale Anopsien

Man spricht von sektorialen Anopsien, wenn inkomplette Hemi- oder Quadrantenanopsien wohl auf ein Halbfeld beschränkt sind, sich aber weder an den horizontalen noch an den vertikalen Meridian als Begrenzungslinie halten. Klinische Bedeutung haben v. a. die ungefähr horizontal gelegenen sektorialen Anopsien erlangt, die man gelegentlich nach Läsionen des CGL, des temporo-okzipitalen Abschnitts der Sehbahn und ebenso des visuellen Kortex beobachtet. Besonders typisch scheinen solche Gesichtsfeldausfälle nach Durchblutungsstörungen im Bereich der lateralen Choroidalarterie bei erhaltener Versorgung durch die A. choroidea anterior zu sein, so daß man auch von Genikulatum-Anopsie sprach (Gunderson u. Hoyt 1971; Frisen u. Mitarb. 1978). Aber auch Ischämien und selbst Hämatome des Okzipitallappens rufen, wenn sie im Bereich der Fissura calcarina oder zwischen oberer und unterer Portion der Sehstrahlung liegen (Abb. 15), horizontale sektorenförmige Hemianopsien hervor (Sato u. Mitarb. 1986). Schließlich haben wir solche Gesichtsfeldstörungen nach operativem Eingriff im basalen Anteil des Temporallappens beobachten können (Abb. 30), gleich den Ausfällen, die Spalding (1952a) nach Schußverletzungen beschrieben hat.

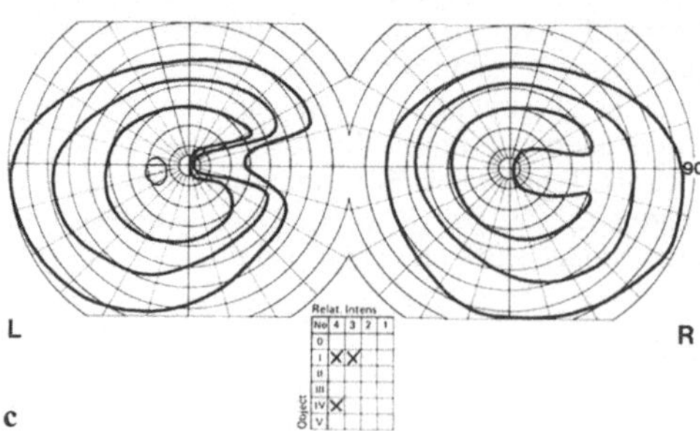

Abb. 15a–c. Patient Walter L., 62 Jahre. Hypertonus. Intrazerebrale Blutung links okzipital. **a** Inkomplette homonyme Hemianopsie rechts mit Betonung des oberen Quadranten. **b** Intrazerebrale Blutung links okzipital bis zum Sulcus calcarinus reichend. **c** Nach Resorption der Blutung Rückbildung des Gesichtsfeldausfalles auf eine horizontale, sektoriale Anopsie

7.1.5 Hemianopsien

Der Verlust jeglichen Sehens in korrespondierenden Halbfeldern, die klassische homonyme Hemianopsie, beginnt unmittelbar im vertikalen Meridian und schafft - den temporalen Halbmond außer acht gelassen - kongruente Ausfälle. In einem schmalen, kaum mehr als 0,5 Grad messenden vertikalen Streifen, dem Grenzstreifen, ist Sehen auch im hemianopen Bereich möglich. Im Bereich der Fovea dehnt sich dieser Streifen zirkulär, horizontal etwas deutlicher als vertikal (Polyak 1957), bis auf 1,5 oder 2 Grad aus, und sofern auch die Makula funktionsfähig geblieben ist, findet man im Zentrum ein bis zum 5. Winkelgrad erhaltenes Restgesichtsfeld. Die Funktion des ausgesparten Bereiches hängt selbstverständlich vom Ausmaß der Schädigung und diese wiederum von der Pathogenese ab. Kompletter Verlust des Okzipitallappens etwa nach einer Ablatio oder nach einem proximalen Verschluß der A. cerebri posterior bei mangelnder Kollateralversorgung führt zwar zu einer mit der dynamischen Perimetrie faßbaren fovealen Aussparung, aber gewisse Funktionseinbußen in diesem Bereich lassen sich dennoch nachweisen. Die vollständige Erholung des makularen Restgesichtsfeldes ist nur dann zu erwarten, wenn das makulo-kortikale Bündel unversehrt geblieben ist; gewährleistet ist sie etwa dann, wenn nach einem Infarkt der A. cerebri posterior die Versorgung des Okzipitalpoles ausreichend von der A. cerebri media übernommen wird.

Über Größe und Funktion des makularen Restfeldes sollten klare Vorstellungen bestehen, denn diese Befunde bestimmen ganz wesentlich Möglichkeiten und Formen einer Rehabilitation. Es versteht sich von selbst, daß eine in einem großen Bereich erhaltene, auch funktionstüchtige Makula die Möglichkeiten der Rehabilitation erheblich verbessert. Mitunter neigen diese Patienten allerdings weniger dazu, die Peripherie des ausgefallenen Gesichtsfeldes zu kompensieren, weil der funktionstüchtige zentrale Bereich das restliche Defizit in den Hintergrund drängt. Patienten, die eine erhebliche Einengung der Makula haben, sehen sich meist - sofern kein Neglect für den Gesichtsfeldausfall besteht - eher genötigt, mit Augen- und Kopfbewegungen den Ausfall zu kompensieren, geben sich also größere Mühe, das periphere Gesichtsfeld miteinzubeziehen.

Die homonyme Hemianopsie ist häufig der Befund zu Beginn der - in der Regel vaskulären - Erkrankung. Bei Nachuntersuchungen stellt sich heraus, wie viele zunächst komplette sich zu inkompletten Hemianopsien oder, wie es noch öfter der Fall ist, zu Quadrantenanopsien zurückgebildet haben. In unserem Patientenkollektiv fanden wir anläßlich der Erstuntersuchung bei etwa 40% eine komplette homonyme Hemianopsie. Nachuntersuchungen ergaben dann nur noch bei 20% einen solchen Befund. Bei den anderen Patienten war der Ausfall auf eine inkomplette Hemianopsie oder weniger geschrumpft.

Entsprechend der Größe des Ausfalls kommen entweder ausgedehnte Läsionen in Frage oder Schädigungen derjenigen Abschnitte der Sehbahn, in denen die Neurone besonders dicht gebündelt verlaufen. Das gilt für den Tractus opticus, das CGL und den Pedunculus opticus. Läsionen in diesen Abschnitten, die durch Tumoren, Hämatome, Entzündungen, am häufigsten aber doch durch Infarkte verursacht werden, können komplette Hemianopsien, darüber hinaus andere neurologische Ausfälle, wie z. B. schwere sensomotorische Halbseitenlähmungen hervorrufen. Schädigungen des Temporal- oder Parietallappens verursachen Quadrantenanopsien, und nur wenn sie sehr ausgedehnt sind, Hemianopsien. Findet man Hemianopsien, so liegen erfahrungsgemäß auch Halbseitenlähmungen oder globale oder sensorische Aphasien vor.

Der am häufigsten in Frage kommende Ort der Läsion ist zweifellos die Area striata. Dies hat zwei Gründe: zum einen ist sie, was Traumen angeht, besonders exponiert, zum anderen liegt sie im Versorgungsbereich vornehmlich eines Gefäßes. Die Ausdehnung der Schädigung ist entsprechend groß. Rein okzipital und kalottennah gelegene Läsionen verursachen lediglich eine Hemianopsie. Je distaler die Läsion liegt, desto eher kommen andere neurologische Defizite hinzu.

Läsionen, die im CGL oder im Traktus lokalisiert sind, rufen am Augenhintergrund nach Wochen eine sektoriale Optikusatrophie hervor (Gunderson u. Hoyt 1971; Hoyt u. Kommerell 1973); supragenikuläre Läsionen verändern die Papille nicht, es sei denn, es handelt sich um eine kongenitale oder im frühesten Kindesalter erworbene homonyme Hemianopsie (van Buren 1963).

7.1.6 Temporaler Halbmond ausgefallen oder erhalten

Der temporale Halbmond entwickelt nach Schädigungen der Sehbahn eine gewisse Eigendynamik, was mehrere Gründe hat. Er existiert nur monokular, sein Bereich reagiert besonders auf bewegungsinduzierte Reize, seine kortikale Lokalisation schützt ihn vor Traumen, seine vaskuläre Versorgung gelegentlich vor Infarzierung. Zwei Möglichkeiten sind zu unterscheiden: entweder der Halbmond fällt aus bei im übrigen erhaltenen Gesichtsfeld, oder umgekehrt, er bleibt erhalten, während das restliche Halbfeld blind ist.

Den isolierten Ausfall des temporalen Halbmondes kann man nur selten diagnostizieren, weil die Patienten normalerweise erst dann den Arzt aufsuchen, wenn der Gesichtsfeldausfall weiter ins Zentrum fortgeschritten ist und damit nicht mehr den Halbmond allein, sondern schon die beiden Gesichtsfelder betrifft. Außerdem verlangt ein solcher Befund eine sehr sorgfältige Perimetrie, die die monokulare, laterale Einengung des Gesichtsfeldes als pathologischen Befund und nicht als Artefakt erkennt (Bender u. Strauss 1937). Pathogenetisch wird man in erster Linie an eine Schädigung der Retina oder des N. opticus denken, andere Möglichkeiten sollten aber nicht außer acht gelassen werden. Fällt zuerst der temporale Halbmond im oberen Quadranten aus, so geht der Verdacht auf ein vorderes Chiasmasyndrom, das sich aus dem eigentümlichen Verlauf der Neuronen im Chiasmabereich herleiten läßt (Vinger u. Seelenfreund 1969). Die neuronalen Fasern, die von der nasalen Retinahälfte, die dem oberen temporalen Halbmond entsprechen, herkommen, reichen im Chiasma ein Stück weit in den kontralateralen N. opticus hinein. Eine Läsion – üblicherweise als Kompression des unmittelbar vor dem Chiasma liegenden Teils des N. opticus – vermag deshalb einen Ausfall des kontralateralen Halbmondes hervorzurufen, allerdings bei gleichzeitiger erheblicher Visusreduktion des homolateralen Auges. Auch Läsionen des Temporallappens – es handelt sich dabei stets um Tumoren oder um die Folge operativer Eingriffe – können, wenn sie an der Spitze des Unterhorns oder mesiobasal gelegen sind, einen Ausfall des kontralateralen Halbmondes herbeiführen.

Von größerer klinischer Bedeutung ist der entgegengesetzte Fall: der Erhalt des temporalen Halbmondes trotz homonymer Hemianopsie. Nach funktionellen Gesichtspunkten muß man verschiedene Manifestationen temporaler Aussparung unterscheiden, je nachdem ob statische oder kinetische Stimuli oder nur noch grobe Bewegung wahrgenommen wird. Wenn mit der kinetischen Perimetrie eine Aussparung des temporalen Halbmondes nachgewiesen werden kann, so bedeutet dies, daß ein Großteil der Reize die überwiegend unversehrt gebliebene kortikale Repräsentation in der Tiefe des Interhemisphärenspaltes erreicht, und selbst wenn nur noch grobe Bewegung wahrgenommen wird, gilt das als ein Hinweis auf entsprechend funktionstüchtige Neurone im visuellen Kortex (Meienberg 1981). Da aber die auf Bewegungsreize reagierenden Y-Neurone nicht nur über das CGL zum visuellen Kortex leiten, sondern auch schon vor dem CGL zu anderen Schaltstellen abzweigen, ist nicht auszuschließen, daß diese elementare Wahrnehmung in einem extrastriären visuellen System erfolgt.

Nach Traumen des Hinterhauptes findet man gelegentlich Hemianopsien mit erhaltenem Sehen im temporalen Halbmond (s. Abb. 14) – ein Befund, der durch die geschützte Lage entsprechender Kortexanteile in der Tiefe des okzipitalen Interhemisphärenspaltes verständlich wird. Aber auch nach Infarkten des Okzipitalgehirns (Abb. 16) bleibt der temporale Halbmond bisweilen verschont (Benton u. Mitarb. 1980; Meienberg 1981). Dieser Befund muß mit einer besonderen Blutversorgung erklärt werden. Gelegentlich kann nämlich die aus der A. cerebri anterior stammende A. pericallosa mit einem Ast der A. cerebri posterior anastomosieren und die Versorgung des anterioren Anteils der Kalkarinalippen übernehmen (Hoyt u. Newton 1970).

Die Aussparung des temporalen Halbmondes bei Hemianopsie erweist sich für den Patienten als wertvolle Hilfe. Er kann sich sicherer bewegen, weil er herannahende Personen oder Objekte, also auch Gefahren, denen er ausweichen muß, früh genug bemerkt. Allerdings gelingt es ihm selten, das Objekt, das in seinen Halbmond eintritt, unmittelbar zu fixieren. Dazu wären Zielsakkaden von mehr als 60 Grad notwendig. Gewöhnlich reichen die Blicksakkaden aber nicht über 15 (Bahill u. Mitarb. 1975) und nur ausnahms-

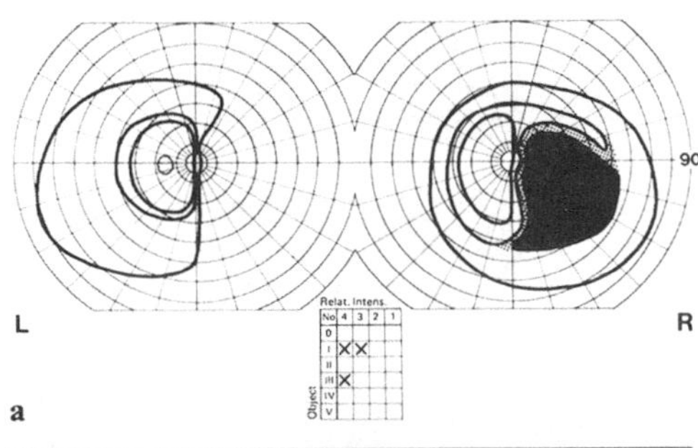
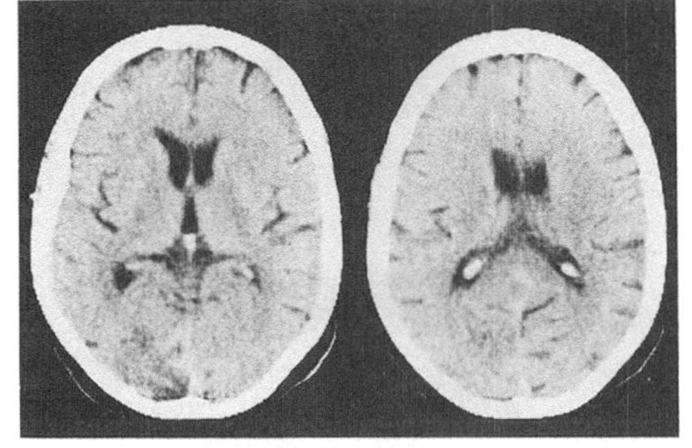

Abb. 16a, b. Patientin Kornelia K., 58 Jahre. Hirninfarkt links okzipital. **a** Erhalt des temporalen Halbmondes rechts bei fast kompletter homonymer Hemianopsie rechts. **b** CT des Gehirns. Kleiner Territorialinfarkt links okzipital

weise über 30 Grad hinaus (Weiskrantz u. Mitarb. 1974). So endet die Blickbewegung, die das im temporalen Halbmond geortete Objekt in das Sehzentrum bringen sollte, zu früh, und das Objekt verschwindet im Gegenteil sogar im blinden Feld. Übung und Gewöhnung können diese Fehlleistung minimieren (Meienberg 1981).

7.2 Bilaterale homonyme Hemianopsien

Wenn der suprachiasmatische Abschnitt der Sehbahn auf beiden Seiten des Gehirns Schaden erlitten hat, finden wir Ausfälle im rechten wie im linken Gesichtsfeld beider Augen (Abb. 17). Die Schädigungen müssen nicht auf gleicher Höhe lokalisiert sein, der Ausfall des linken Gesichtsfeldes

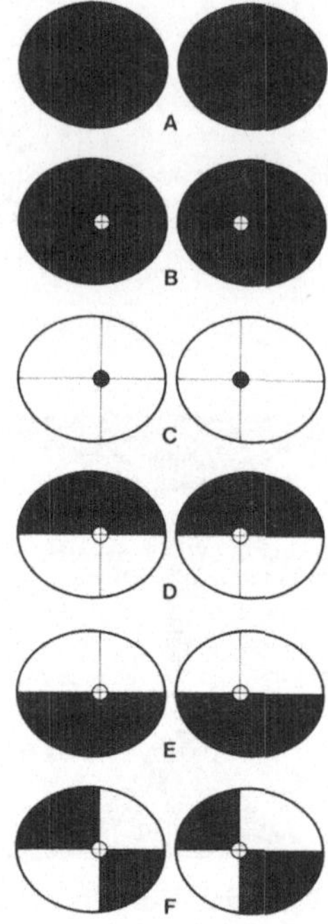

Abb. 17. Synopsis bilateraler homonymer Anopsien (*A* Rindenblindheit, *B* Röhrensehen, *C* bilaterales Zentralskotom, *D* horizontale obere Hemianopsie, *E* horizontale untere Hemianopsie, *F* gekreuzte Quadrantenanopsie)

braucht dem des rechten nicht zu entsprechen. Die Zuordnung der verschiedenen Ausfälle zu ihrem jeweiligen Schadensort gibt deshalb einige Probleme auf, zumal es möglicherweise nicht nur die Folgen eines einzelnen, sondern mehrerer Ereignisse sind, die den Befund ausmachen.

Kommt es auf beiden Seiten zu einer kompletten Leitungsunterbrechung und zu keinerlei Restitution der geschädigten Abschnitte, so findet man eine homonyme Hemianospie nach links wie nach rechts vor, und wenn selbst das foveale Sehen ausgefallen ist, eine absolute Blindheit. Wenn dagegen, was weit häufiger der Fall, ja eigentlich üblich ist, ein mehr oder weniger großer zentraler Sehbereich erhalten bleibt, spricht man von einem Röhren-, Trichter- oder Tunnelsehen. Besteht umge-

kehrt ein beidseitiger Ausfall des zentralen Gesichtsfeldbereichs, während weite Teile der Peripherie erhalten geblieben sind, so handelt es sich um den Befund eines bilateralen Zentralskotoms. Andere seltene Gesichtsfeldausfälle nach bilateraler Schädigung der Sehbahn sind die Hemianopsia horizontalis inferior oder superior oder etwa nach Schußverletzungen über das gesamte Gesichtsfeld versprengte Skotome. Schließlich können Gesichtsfeldquadranten auch gekreuzt ausfallen. Die Fovea und auch die Makula bleiben bei einem Großteil beidseitiger Hemianopsien aus den schon genannten Gründen erhalten. Ihre verschiedenen Funktionen sind jedoch häufig beeinträchtigt, und entsprechend kann die Sehschärfe gemindert sein.

Bilaterale, gleichzeitig sich entwickelnde homonyme Anopsien sind normalerweise die Folge von Durchblutungsstörungen der Sehrinde oder des angrenzenden Marklagers. Selten liegen ihnen Tumoren zugrunde, welche dann ebenfalls nur okzipital lokalisiert sein können. Die durch Schlag oder Schuß erlittenen Schädel-Hirn-Traumen spielen pathogenetisch heute eine untergeordnete Rolle.

Bei 17 Patienten (6,2%) unseres Krankengutes fanden wir Ausfälle suprachiasmatischer Genese in beiden, den rechten wie den linken Gesichtsfeldern. Andere Autoren ermittelten ähnliche Zahlenverhältnisse (Trobe u. Mitarb. 1973; Zihl u. von Cramon 1986a). Bei 10 Patienten war die Sehstörung Folge eines einmaligen Ereignisses: 8 hatten eine Ischämie erlitten, bei jeweils einem wurde ein Schädel-Hirn-Trauma bzw. ein Mittellinientumor diagnostiziert. Bei den übrigen 7 Patienten war sie das Ergebnis zweier oder auch mehrerer, zeitlich differierender, jeweils durch Ischämien erlittener Schädigungen.

7.2.1 Kortikale Blindheit

Der Verlust jeglicher Sehfunktion in beiden Halbfeldern, die Unfähigkeit, irgendeine Form von Lichtreiz wahrzunehmen, muß auf eine ausgedehnte kortikale und subkortikale Schädigung beider Okzipitallappen zurückgeführt werden. Man spricht deshalb auch von einer kortikalen oder von Rindenblindheit. Als dauerhafte Störung wird sie nur ausnahmsweise beobachtet (Redlich u. Bonvicini 1909; Walsh u. Hoyt 1969).

In unserer Gruppe von 274 Patienten haben wir niemanden gefunden, der nicht zumindest hellen Lichteinfall wahrgenommen und auch ungefähr lokalisiert hätte. Von einer Ausnahme - Erblindung nach Schädel-Hirn-Trauma - abgesehen, bildete sich bei allen Patienten wenigstens ein Röhrengesichtsfeld aus. Häufiger kam es zusätzlich auch zur Restitution eines Quadranten.

Zumeist handelt es sich um Hirninfarkte, in zweiter Linie, aber schon wesentlich seltener, um Schädel-Hirn-Traumen (Magitot u. Hartmann 1926; Bergman 1957; Symonds u. Mackenzie 1957; Gloning u. Mitarb. 1962). Einzelne Beobachtungen betrafen Tumoren (Gerlach u. Mitarb. 1977) Ventrikulographie (Reese 1954; Rasmussen 1970), Luftembolie, Intoxikationen (Kattah u. Mitarb. 1986), sowie Tentoriumsherniation mit Strangulation beider A. cerebri posteriores (Kearns 1980). Beruht die Erblindung auf einer substantiellen Läsion beider Areae 17, so verändert sich der Befund nicht mehr. Was bei Primaten nach Ausschaltung der Area 17 bald wieder möglich ist, nämlich Sehen oder Lokalisation von bewegten Stimuli, und was als Rekrutierung eines extrastriären Systems interpretiert wird, kann in dieser Form beim Menschen nicht beobachtet werden (Brindley u. Mitarb. 1969; Celesia u. Mitarb. 1980).
Wenn Verletzungen des Okzipitalhirns eine persistierende Blindheit hervorrufen, dann haben sie oft den Sinus eingerissen, Teile des Hirnstamms und des Kleinhirns zerstört, sind also derart ausgedehnt, daß sie kaum das Überleben gestatten. Wenn überlebt wird und dennoch eine komplette Rindenblindheit zurückbleibt, dann waren

es weniger die Verletzungen als nachfolgender Abszeß oder Narbenbildung, die den Verlauf komplizierten.
Ein vorübergehender Verlust jeglichen Sehens nach Schädel-Hirn-Trauma ist hingegen nichts Ungewöhnliches. Stumpfe Traumen des Hinterkopfes führen speziell bei Kindern und Jugendlichen nicht selten zu einer okzipitalen Blindheit (Bodian 1964; Griffith u. Dodge 1968; Gjerris u. Mellemgaard 1969). Die Prognose ist aber günstig, meist kommt es zu einer völligen Restitution des Sehens.
Infarkte beider Okzipitallappen, die aufgrund des gemeinsamen Abgangs der A. cerebri posteriores von der unpaaren A. basilaris durchaus möglich sind, stellen die häufigste Ursache dar. Nach einer initialen Erblindung kommt es aber auch hier im Laufe von Stunden oder Tagen zumindest zu einer Erholung des fovealen bis makularen Gesichtsfeldbereiches. Da sich die Patienten erfahrungsgemäß trotz ihres Restgesichtsfeldes wie völlig Erblindete benehmen, wird allzuleicht und fälschlicherweise eine komplette Rindenblindheit angenommen.
Viele Patienten, bei denen man später nur einen einseitigen Okzipitalhirninfarkt mit entsprechender Hemianopsie diagnostizieren kann, berichten, daß sie für die ersten Minuten des Ereignisses, in seltenen Fällen auch länger, völlig blind gewesen seien. Gelegentlich können sie sich auch daran erinnern, daß, gleich einer drohenden Ohnmacht, eine zentripedale Einengung und anschließend eine zentrifugale Aufhellung des Gesichtsfeldes eingetreten war. Die passagere kortikale Blindheit weist auf eine initiale Ischämie in beiden Okzipitallappen hin und bezeugt die außerordentliche Hypoxie-Empfindlichkeit dieser Hirnregion (Reese 1954; Smith u. Cross 1983).
Die A. cerebri posteriores können auf Fremdeinwirkung, z. B. auf Injektion eines Kontrastmittels, mit einem Spasmus rea-

gieren, vor allem wenn die Anamnese des Untersuchten auf eine Migräne hinweist (Silverman u. Mitarb. 1961). Auf andere Weise lassen sich die gelegentlich zu beobachtenden Komplikationen nach Vertebralisangiographie nicht erklären. Nach angiographischer Darstellung des A.-basilaris-Kreislaufes haben wir bei 2 Patienten eine okzipitale Blindheit feststellen müssen, die sich zwar jedesmal zurückbildete, aber doch eine Hemianopsie zurückließ.

Die Untersuchung der Augen ergibt nach kortikaler Blindheit keinen pathologischen Befund. Der Augenhintergrund bleibt normal, die Pupillen reagieren prompt, evtl. etwas weniger ausgiebig. Die Bewegung der Augen – willkürlich oder auf Kommando – sind meist regelrecht. Der optokinetische Nystagmus läßt sich nicht auslösen. Die visuell evozierten Potentiale fehlen in der Regel, doch ist ihre Aussagekraft begrenzt, da sie vereinzelt nachgewiesen werden konnten, obwohl eine okzipitale Blindheit vorlag (Bodis-Wollner u. Mitarb. 1977). Offensichtlich verschwinden sie erst dann endgültig, wenn ein bestimmtes Maß an kortikalem Substanzverlust erreicht ist (Celesia u. Mitarb. 1980).

Besonders auffällig ist die in den ersten Krankheitstagen, oft aber auch länger zu beobachtende Anosognosie für die Blindheit. Die Patienten klagen nicht über ihre Sehstörung, sie geben sogar vor, sie könnten gut sehen. Sie behaupten, sie seien gerade geblendet, ihre Brille sei beschlagen, sie müßten die Gläser wechseln. Da sie mit solcher Konfabulation lange über das Defizit hinwegreden können und sich, bei voller Gesundheit, wie sie meinen, auch nicht einfach untersuchen lassen, wird das ganze Ausmaß der Sehstörung oft erst nach einigen Tagen erkannt. Die Anosognosie kann als Hinweis darauf gewertet werden, daß es sich nicht um eine hysterische Blindheit handelt. Warum gerade Patienten mit kortikaler Blindheit über längere Zeit ihren Ausfall verneinen, ist nicht ausreichend geklärt. Es wird aber vermutet, daß zu der okzipitalen weitere Hirnregionen zumindest passager mit in die Läsion einbezogen sind (Critchley 1966). Wenn die Anosognosie von der Einsicht in die Sehstörung abgelöst wird, was nach Tagen oder Wochen regelmäßig geschieht, dann kommt es eher zum entgegengesetzten Verhalten: die Patienten werden jetzt ängstlich, sie wagen sich aufgrund ihrer Erblindung nicht hinaus und bewegen sich weit ungeschickter als jene, die aufgrund einer Erkrankung der Augen blind geworden sind. Fast immer müssen sie geführt werden, manche lassen sich sogar im Rollstuhl fahren. Sie sind kaum imstande, kompensatorisch Hilfsmittel zu nutzen.

7.2.2 Röhrensehen

Wenn das gesamte Gesichtsfeld bis auf einen kleinen, oft nicht mehr als 2–3 Grad messenden zentralen Bereich ausgefallen ist, spricht man von einem Röhren-, Tunnel-, Schlüsselloch- oder Trichtersehen. Der Patient hat den Eindruck, als ob er durch eine Röhre oder einen Tunnel blicke, als ob sein Blick von der gewohnten Weite wie durch einen Trichter auf eine kleine Öffnung eingeengt werde. Man hat von diesem Patienten den Eindruck eines permanent suchenden, ausgesprochen hilflosen und, wenn keine Anosognosie besteht, eines tief bedrückten Menschen.

Die klassische Beschreibung des Syndroms haben wir Förster (1890) zu verdanken. Es handelte sich um einen Patienten, der zuerst eine Hemianopsie nach links, wenig später auch eine nach rechts erlitten und als visuelle Restfunktion das Röhrengesichtsfeld mit guter Sehschärfe zurückbehalten hatte. Förster wollte mit seinem Bericht vor allem auf die vor Ischämien gut gesicherte foveale/makulare Kortexrepräsentation aufmerksam machen, die er zu Recht als Ursache des Röhrensehens ansah. Gleichzeitig gab er einen hervorragenden Bericht über die erstaunliche Hilflosigkeit solcher Patienten.

Untersuchung und richtige Einschätzung der Ausfälle gestalten sich nicht einfach. Die Patienten können zwar in dem erhaltenen Feld gut sehen, haben darin gelegentlich sogar eine normale Sehschärfe zurückbehalten, benehmen sich aber ähnlich ungeschickt wie völlig Erblindete, zumindest hilfloser als Augenkranke mit vergleichbarer Gesichtsfeldeinengung. Offenbar fordert das erhaltene foveale Feld permanent dazu auf, die mehr oder weniger zufällig ins Visier geratenen Teile oder Bruchteile eines Objektes auch zu erkennen, d.h. dem entsprechenden Objekt zuzuordnen, und verhindert damit, auf Informationen durch andere Reize – auf Gehörtes oder Getastetes – zu achten. Erkannt werden kann aber nur, was mit ausreichend kennzeichnenden Details in den engen Kegel des erhaltenen Gesichtsfeldes paßt. Weil es daran oft mangelt, versuchen die Patienten, die Gestalt additiv zu erfassen, das Objekt nach seinen visuellen Charakteristika abzutasten. Die sichtbaren Teile sind in ihrer rudimentären Form wahrscheinlich nur ausnahmsweise im visuellen Gedächtnis gespeichert, sie können deshalb nicht abgerufen, auch nicht innerlich ergänzt werden, wie man das von Patienten mit homonymer Hemianopsie kennt. Diese schwere Beeinträchtigung des Erkennens darf keinesfalls mit einer Simultanagnosie, bei der das gesamte Objekt – zumindest kurzfristig – visuell erfaßbar ist, gleichgesetzt werden. Auch handelt es sich keineswegs um eine Prosopagnosie, wenn diese Patienten Gesichter nicht mehr erkennen. Sie können ja immer nur ein Auge, nur die Nase oder den Ausschnitt eines Haaransatzes sehen: zu wenig, um das Individuelle eines Gesichts auszumachen (Stollreiter-Butzon 1950). Das Lesen fällt

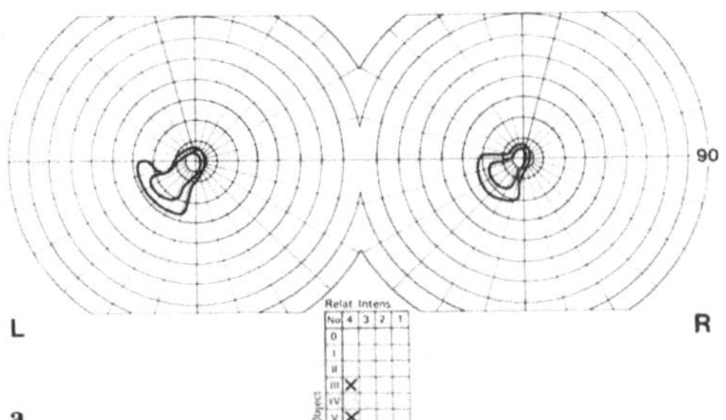

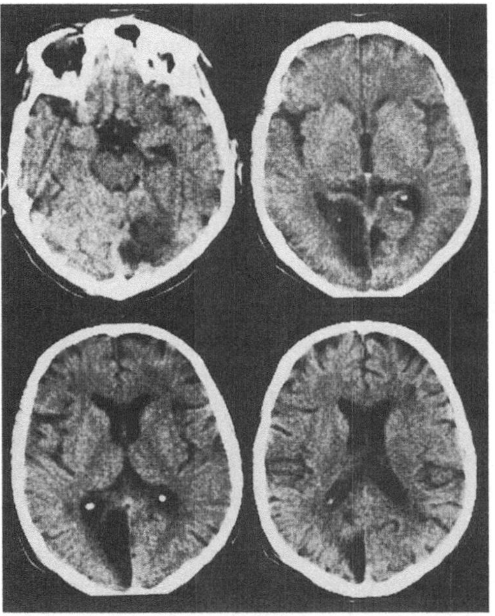

Abb. 18a, b. Patient Thomas B., 48 Jahre. Hirninfarkte okzipital beidseits. Kardiale Embolien. **a** Nach initialer Rindenblindheit entwickelt sich ein Röhrensehen. Geringe Sehreste im linken unteren Quadranten. **b** CT des Gehirns. Ausgedehnte hypodense Areale okzipital beidseits

je nach Winkelgröße des zentralen Feldes mehr oder weniger schwer (Zihl u. von Cramon 1986a); oft ist es auf ein mühsames Buchstabieren reduziert. Auch hier liegt in der Regel keine echte Alexie vor. Die Visusprüfung darf deshalb nicht mit großen Buchstaben erfolgen, sie würden die Winkelgröße des Restfeldes überschreiten, könnten deshalb nicht erkannt werden und so den Eindruck erwecken, der Patient könne überhaupt nicht sehen. Die Pupillenreaktionen auf einfaches Streulicht sind normal oder gering verzögert. Die willkürlichen Augenbewegungen zeigen keine Auffälligkeiten, es sei denn, einer der Parietallappen ist von der Schädigung mitbetroffen.

Fast immer haben ausgedehnte Infarkte auf dem Boden einer Hirnarteriosklerose das Krankheitsbild hervorgerufen (Abb. 18). Deshalb lassen die Patienten neben der Sehstörung auch andere, in der Regel nur passagere Ausfallssymptome erkennen, die häufig benachbarten temporobasalen und parietalen Hirnregionen zugeordnet werden können: Gedächtnisstörungen, Anosognosie, Neglect und – unabhängig von der Einengung des Gesichtsfeldes – räumliche Orientierungsstörungen.

7.2.3 Zentralskotom

Das Zentralskotom ist das Gegenstück zum Röhrensehen. Das Sehen ist im Zentrum ausgeschaltet, in der gesamten Gesichtsfeldperipherie hingegen erhalten. Der Patient fühlt sich weniger beeinträchtigt und kann sich unvergleichlich sicherer bewegen als derjenige mit Röhrensehen (Poppelreuter 1917). Doch auch ihm gelingt es nicht – allerdings aus ganz anderen Gründen, nämlich mangelnder Sehschärfe –, Einzelheiten zu differenzieren, er ist unfähig, Gesichter zu erkennen, kann die Uhrzeit nicht ablesen, keine Schrift entziffern, findet die Schlüssel, das Schlüsselloch nicht.

Manche Zentralskotome suprachiasmatischer Genese sind so klein, daß ihr Verlust zunehmend ausgeglichen werden kann. Häufig sind die Skotome aber von einem größeren amblyopen Saum umgeben, in dem entweder Farb- oder Formerkennen oder aber auch beides reduziert oder ausgefallen ist (Bender u. Battersby 1958). Je

nach Größe dieser Zone, kann dann das Sehen weit mehr beeinträchtigt sein, als man nach der Größe des Zentralskotoms vermuten sollte. Da überwiegend der Funktionsbereich des Zapfen-, weniger der des Stäbchensehens ausgefallen ist, wird verständlich, warum die Patienten angeben, sie könnten Farben schlechter wahrnehmen und bei Dämmerung besser als bei Tageslicht sehen. Die Pupillen sind meist etwas weiter gestellt, ihre Lichtreaktion gelegentlich verzögert. Wohl mit dem Verlust beider Foveae erklärt sich die schwer beeinträchtigte Okulomotorik. Manche Patienten entwickeln einen unsystematischen, groben, gelegentlich pendelnden Nystagmus, mit dem sie versuchen, das Objekt an den Retinaort zu bringen, wo noch die beste Auflösung besteht.

Wenn sich Zentralskotome beidseits langsam entwickeln, und nicht apoplektiform auftreten, kommen sicher weit häufiger Erkrankungen der Papillen und der Nn. optici in Betracht. Doch darf man Erkrankungen der proximalen Sehbahnabschnitte nicht von vornherein ausschließen. Der Befund am Augenhintergrund kann die Diagnose erleichtern.

Beidseitige Zentralskotome sind am ehesten die Folge von okzipitalen Infarkten und hier vor allem – wie schon bei den parazentralen Skotomen beschrieben – Folge von globalen Hypoxien des Gehirns, etwa nach Blutdruckabfall. Die mit Gefäßen derart gut versorgte Makularegion der Kalkarina reagiert auf Hypoxie besonders empfindlich. Gelegentlich können durch stumpfe Traumen beide Okzipitalpole verletzt werden, oder ein Schußkanal liegt derart tangential, daß er jeweils nur die Pole zerstört. In seltenen Fällen schließlich liegt ein okzipitaler Tumor vor, der dann gerade so lokalisiert sein muß, daß er beide Bereiche der Makularepräsentation komprimiert und außer Funktion setzt.

7.2.4 Hemianopsia horizontalis inferior/superior

Fallen zwei horizontal benachbarte Quadranten aus, so resultiert eine obere oder eine untere horizontale Hemianopsie. Da der horizontale Meridian im Vergleich zum vertikalen anatomisch eine weniger strenge Begrenzung bildet, sind häufig entweder nur Teile der Quadranten ausgefallen, oder die Störung reicht im Gegenteil wahllos in die angrenzenden unteren oder oberen Quadranten hinein. Als Ursache kommen meist intra- oder supraselläre Läsionen, fast durchweg Raumforderungen (Cogan 1966; Walsh u. Hoyt 1969), gelegentlich aber auch retrochiasmatische Läsionen in Frage (Berkley u. Bussey 1950; Heller-Bettinger u. Mitarb. 1976; Newman u. Mitarb. 1984; Bogousslavsky u. Mitarb. 1987).

Meist sind diese Hemianopsien dann das Restitutionsergebnis nach zentraler Blindheit vaskulärer Genese. Da die Ischämien aus den bekannten anatomischen Gründen den Versorgungsbereich beider A. cerebri posteriores betreffen und da die Restfunktion der Kalkarina sowie der kortexnahen Sehstrahlung am ehesten das Resultat einer über die A. cerebri media garantierten Versorgung darstellt, sind entsprechend der unterschiedlichen Versorgungsschwerpunkte dieser beiden Arterien vornehmlich die oberen und nur ausnahmsweise die unteren benachbarten Quadranten ausgefallen.

Fall Katharina B.:
Die 63 Jahre alte Rentnerin litt seit Jahren an einem Hypertonus, vor einem Jahr war es zu einem Hirninfarkt mit passagerer rechtsseitiger Hemiparese gekommen. Sehstörungen waren der Patientin bisher nicht aufgefallen. 10 Tage vor der stationären Einweisung verspürte sie beim Bügeln plötzlich linksseitige Schläfenschmerzen, verlor die Orientierung und wußte nicht mehr, was sie zuerst tun sollte. Einige Tage später suchte sie den Hausarzt auf, weil sie sich in der Wohnung nicht mehr zurechtfand. Die neurologische Untersuchung ergab bei der wachen, aufmerksamen Patientin eine

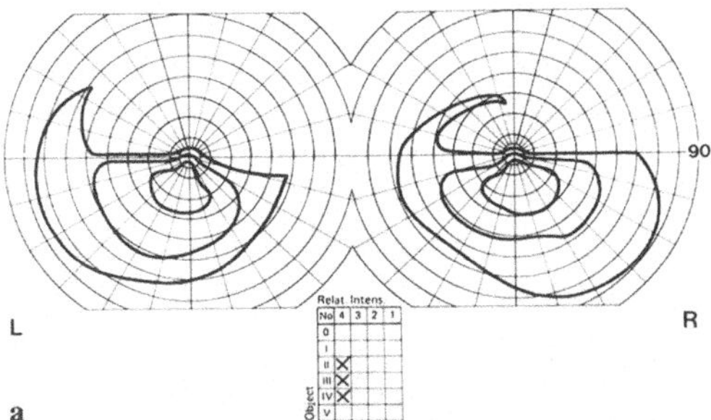

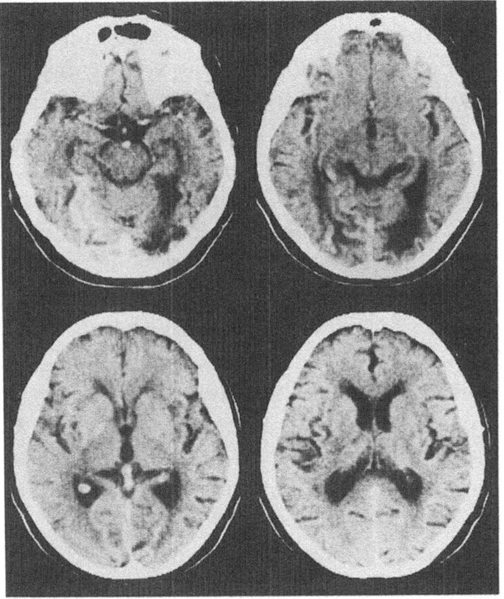

Abb. 19a, b. Patientin Katharina B., 63 Jahre. Hirninfarkte. **a** Obere horizontale Hemianopsie. **b** CT des Gehirns mit Kontrastdarstellung. Alter, demarkierter Infarkt rechts okzipito-basal. Luxusperfusion/Schrankenstörung links okzipital als Zeichen eines frischen Infarktes

schwere Störung des Kurzzeitgedächtnisses, eine Hemianopsia horizontalis superior (Abb. 19a), Visusreduktion rechts auf 0,1, links auf 0,4, Störung des Farbensehens und des Gesichtererkennens sowie Schwierigkeiten bei der räumlichen Orientierung. Im CT fanden sich neben kleinen Marklagerinfarkten zwei ausgehnte temporo-okzipital gelegene, die oberen Anteile des visuellen Kortex aussparende Infarkte der A. cerebri posterior (Abb. 19b).

Das foveale Sehen ist je nach Ausmaß der Schädigung beeinträchtigt, nach Traumen zeigt es häufiger Einbußen als nach Infarkten. Es versteht sich, daß die Bewegungsfreiheit des Patienten durch eine untere horizontale Hemianopsie weit mehr in Mitleidenschaft gezogen wird als durch eine obere.

Die Hemianopsia horizontalis inferior ist eher einmal Folge von Traumen oder von Tumorwachstum. Die beiden oberen Kalkarinalippen liegen relativ exponiert, sie werden von Schüssen wie von stumpfen Traumen eher getroffen. Untere Kalkarinaverletzungen, die eine obere horizontale Hemianopsie hervorrufen können, bieten wegen der hohen Gefahr einer Eröffnung der Sinus und nachfolgender ausgedehnter Blutung wenig Überlebenschancen (Teuber u. Mitarb. 1960). Damit Tumoren solche Gesichtsfeldausfälle hervorrufen können, müssen sie im Bereich der Mittellinie oder nahe daran liegen. Fast immer handelt es sich um Meningeome; Falxmeningeome verursachen untere, Tentoriummeningeome obere horizontale Hemianopsien.

Die horizontalen Hemianopsien sind zwar nicht häufig, aber sie eignen sich besonders gut für das Studium der visuellen Restfunktion in den erhaltenen Feldern und für die hirntopische Zuordnung der einzelnen Ausfälle. Diese Möglichkeiten sind um so höher einzuschätzen, je mehr die Sehfunktionen im Bereich der Fovea erhalten geblieben sind, die Ausfälle also nicht einfach auf eine Visusreduktion oder auf einen pathologischen Funktionswandel zurückgeführt werden können. Für die Hemianopsia horizontalis superior gilt dann folgendes: Beschränkt sich die Läsion auf die beiden unteren Gyri linguales, so ist allein mit dem Gesichtsfeldausfall ohne weitere Beeinträchtigung der visuellen Wahrnehmung oder des Erkennens zu rechnen (Bogousslavsky u. Mitarb. 1987). Sind auch die Gyri temporo-occipitales

medialis (fusiforme) geschädigt, so ist mit einer Achromatopsie und ebenso einer Prosopagnosie zu rechnen (Brazis u. Mitarb. 1981). Reicht die Schädigung weiter in den Temporallappen hinein und bezieht Teile der Gyri parahippocampales mit ein, so resultieren Störungen des Gedächtnisses. Jedes dieser Hirnareale kann auch isoliert und ohne Unterbrechung der primären Sehbahn geschädigt sein. Beidseitige Läsionen der Gyri temporo-occipitales rufen deshalb eine Achromatopsie und eine Prosopagnosie, beidseitige Läsionen weiter temporal gelegener Abschnitte Gedächtnisstörungen hervor. Für die Hemianopsia horizontalis inferior gilt: Wenn nur die beiden oberen Gyri linguales geschädigt sind, ergibt sich lediglich ein Ausfall der beiden Quadranten bei unbeeinträchtigtem Sehen in den erhaltenen Feldern. Während allerdings isolierte Läsionen der beiden Gyri linguales inferiores durchaus vorkommen können, werden ähnlich ausgestanzte Läsionen der Gyri linguales superiores kaum beobachtet. Infarkte, Tumoren, Schußverletzungen und stumpfe Traumen führen entweder schon durch das für eine beidseitige Quadrantenanopsie notwendige Ausmaß der Schädigung oder durch ein hinzutretendes Ödem in der Regel nicht allein zu reinen Anopsien, sondern zu komplexeren Ausfällen. Reicht die Schädigung dann weiter nach parietal, so kommen Störungen der Raumwahrnehmung, der Raumorientierung, der visuellen Aufmerksamkeit, der Augenbewegungen, des Lesens oder der Sprache hinzu. In schweren, allerdings seltenen Fällen, resultiert das sog. Balintsche Syndrom (Godwin-Austen 1965).

7.2.5 Gekreuzte Quadrantenanopsie

Fällt auf der einen Seite der obere und auf der anderen der untere Quadrant aus, so haben wir das Bild einer gekreuzten Quadrantenanopsie, wegen der Ähnlichkeit gelegentlich auch als Schachbrett-Gesichtsfeldstörung bezeichnet. Die Perimetrie ergibt auf den ersten Blick scheinbar unsystematische Befunde. Häufig decken erst mehrmalige Kontrollen, die meist schon wegen der reduzierten Mitarbeit des Patienten notwendig werden, die wahre Natur der Störung auf.

Fall Erika D.:
Die 84 Jahre alte, rüstige Frau wurde, vor dem Fernseher sitzend, plötzlich blind. Innerhalb weniger Sekunden hatte sich von oben nach unten vor beide Augen ein schwarzer Vorhang gezogen. Gleichzeitig traten heftige bitemporale Kopfschmerzen auf. Als die Patientin 2 Tage nach dem Ereignis in die Klinik kam, konnte sie im fovealen Gesichtsfeldbereich wieder gut sehen. Die kinetische Perimetrie ergab zunächst eine homonyme Hemianopsie rechts sowie eine homonyme Quadrantenanopsie links unten; 10 Tage nach dem Infarkt hatte sich die Hemianopsie rechts auf eine Quadrantenanopsie unten zurückgezogen (Abb. 20a). Der Visus betrug jetzt beidseits 0,6 (vor der Erkrankung 0,8). Das Farbsehen war in den erhaltenen Quadranten erloschen, im Farnsworth-Munsell-Test ergab sich eine schwere unsystematische Störung des Farbsehens. Im CT des Gehirns stellten sich relativ große okzipitale Hirninfarkte dar. Entsprechend den Gesichtsfeldausfällen lag der rechte Infarkt mehr okzipito-basal, der linke war etwas ausgedehnter und reichte weiter nach parietal (Abb. 20b).

Einige Besonderheiten sind solchen gekreuzten Quadrantenausfällen gemeinsam: sie überschreiten nicht den vertikalen Meridian, monokular ragt ein erhaltener temporaler Halbmond vom gesunden in den ausgefallenen Quadranten hinein, das zentrale Sehen ist erhalten. Die Minderung der fovealen Sehschärfe hängt vom Ausmaß der okzipitalen Schädigung ab. Normalerweise werden die Gesichtsfeldbefunde mit der kinetischen Perimetrie gewonnen. Erfahrungsgemäß deckt schon die statische Perimetrie wesentlich ausgedehntere Defizite, auch im scheinbar intakten Gesichtsfeld, auf. Damit kann eine funktionelle Schwäche der gesamten Sehrinde – und nicht nur jener Anteile, in de-

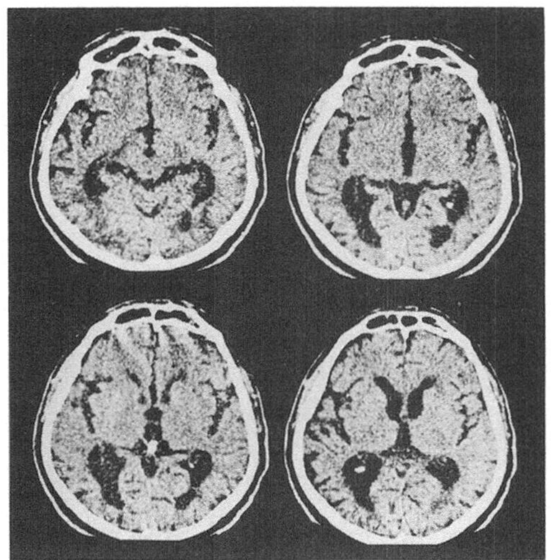

Abb. 20a, b. Patientin Erika D., 84 Jahre. Hirninfarkte. **a** Homonyme Quadrantenanopsie links oben wie rechts unten. **b** CT des Gehirns. Demarkierte Infarkte okzipital beidseits. Infarkt rechts liegt basaler als Infarkt links

nen die entsprechenden Quadranten repräsentiert sind – ermittelt werden. Wenn die Gesichtsfeldausfälle die Summe zweier, zeitlich getrennter Episoden darstellen, dann können die Orte der Läsion relativ weit auseinander, im CGL ebenso wie im visuellen Kortex liegen (Groenow 1891). Normalerweise sind die gekreuzten Quadrantenanopsien aber Folge eines einmaligen Infarktereignisses und das Restitutionsprodukt einer initialen kortikalen Blindheit. Die im gesamten Gesichtsfeld nachgewiesenen Defizite sind nur ein letzter Hinweis auf eine solche okzipitale Blindheit.

Die erhebliche Schädigung beider Okzipitallappen macht zusätzliche neuropsychologische Funktionsminderungen verständlich. Die Patienten klagen darüber, kompliziertere Bildzusammenhänge nicht mehr erfassen zu können. Ihre räumliche Orientierung ist eingeschränkt, sie leiden unter Achromatopsie oder der Schwierigkeit, Gesichter zu erkennen. Wie schon betont, sind es immer Infarkte, die derartige Ausfälle zur Folge haben können. Schußverletzungen beider Okzipitallappen hinterlassen Gesichtsfelddefekte, die dem Schußkanal entsprechen und deshalb nicht den vertikalen Meridian respektieren. Auch stumpfe Hirntraumen führen ebenso wenig wie intrakranielle Tumoren zu Gesichtsfeldausfällen mit dem beschriebenen Muster.

8 Pathogenese

Durchblutungsstörungen des Gehirns stellen zweifelsohne die häufigste Ursache homonymer Hemianopsien dar. Mit weitem Abstand folgen Tumoren und Schädel-Hirn-Verletzungen. Wie sich die Häufigkeit im einzelnen verteilt, läßt sich nicht ohne weiteres beantworten, da die verschiedenen Ergebnisse entscheidend von der Zusammensetzung des jeweiligen Krankengutes bestimmt sind (Tabelle 5). Handelt es sich vornehmlich um Patienten aus einer neurochirurgischen Klinik (Vliegen u. Koch 1974), so steigt erwartungsgemäß der Anteil an Tumoren und Traumen. Werden allein Patienten einer neurologischen Klinik berücksichtigt, so zeigt sich, wie groß die Bedeutung der Kreislauferkrankungen ist. Bemerkenswert ist aber, daß selbst in einem gemischten Sektionsgut Hemianopsien überwiegend als Folge von Infarkten erschienen (Lenz 1905, 1909). Die Häufigkeitsverteilung wird schließlich aufschlußreich, wenn nur Patienten berücksichtigt werden, die eine Hemianopsie ohne weitere neurologische Ausfälle erkennen lassen. Nach solchen Untersuchungen, die von Trobe und Mitarbeitern (1973) durchgeführt wurden, stellte sich heraus, daß der Anteil an Tumoren noch geringer (3%), jener an Gefäßerkrankungen entsprechend höher war (fast 90%).

Die sich aus unserem Krankengut ergebende Verteilung der Hemianopsien auf die jeweilige Pathogenese ist in Abb. 21 wiedergeben. Die Verhältnisse stimmen im wesentlichen mit jenen überein, die von Smith (1962) festgestellt wurden. Mit ⅔ aller Patienten fällt der Hauptanteil auf die Gefäßerkrankungen. Tumoren und raumfordernde Blutungen machen etwa ¼ aus. Der Rest verteilt sich auf seltenere Ursachen (Traumen, Folge von Hirnoperationen, Entzündungen, kongenitale Hirnschädigungen und unbekannte).

Ein Blick auf die Altersverteilung (Abb. 22) zeigt die Häufung in den Altersgruppen zwischen 50 und 70 Jahren und

Tabelle 5. Geschlecht und Manifestationsalter der Patienten sowie Pathogenese der homonymen Hemianopsie nach verschiedenen Untersuchungen. (A = Trobe u. Mitarb. 1973; B = Vliegen u. Koch 1974; C = Zihl u. von Cramon 1986a; D = Fujino u. Mitarb. 1986; E = eigene)

	A	B	C	D	E
Patientenzahl	104	324	258	140	274
Manifestationsalter	7–79	10–80		9–86	12–86
Männer/Frauen (%)	76/24	73/27	67/33	76/24	60/40
Pathogenese (%)					
Ischämie	89,0	33	69	70	67,9
Neoplasma/Blutung	3,0	22	15	17	23,0
Trauma	3,5	37	12	13	1,8
andere	4,5	8	4		7,3

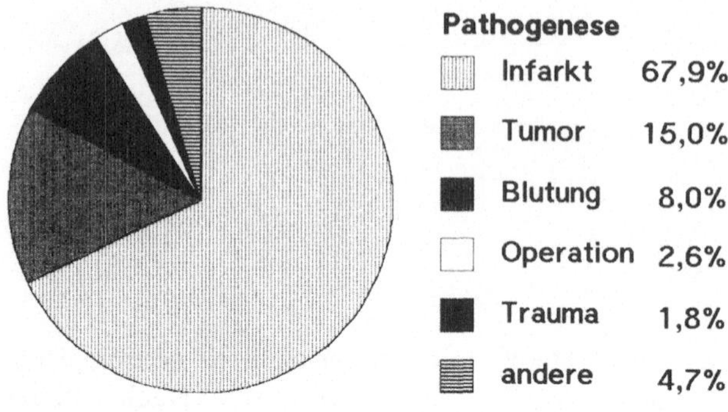

Abb. 21. Zentrale Sehstörungen und Verteilung der Pathogenese (n = 274)

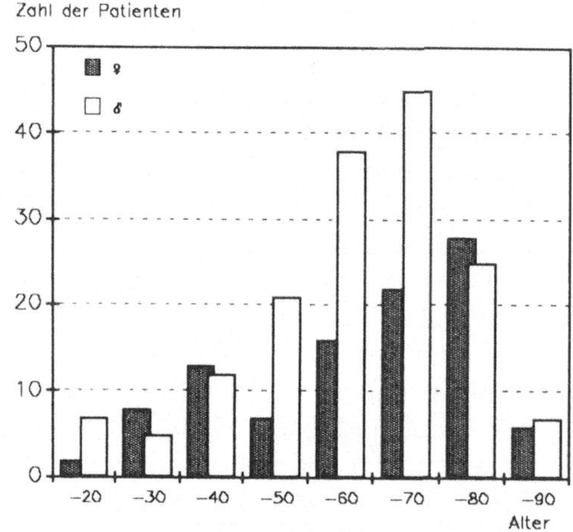

Abb. 22. Alters- und Geschlechtsverteilung der Patienten mit homonymer Anopsie (n = 262). 4 Patienten mit unbekanntem Beginn und 8 Patienten mit kongenitaler Hemianopsie sind in der Aufstellung nicht enthalten

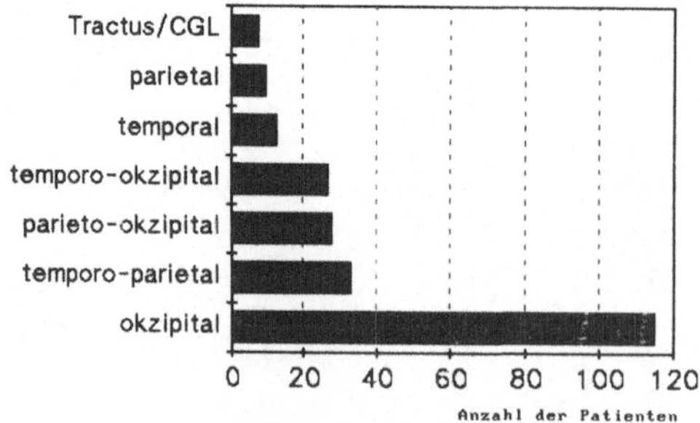

Abb. 23. Zentrale Sehstörung und Ort der Hirnläsion (n = 248)

damit die pathogenetisch heute eindeutige Bestimmung durch zerebrovaskuläre Erkrankungen. Aus der Aufstellung geht weiterhin hervor, daß das Morbiditätsrisiko für Frauen zwischen dem 20. und 40. Lebensjahr verhältnismäßig hoch ist, sogar das der Männer übersteigt, eine Beobachtung, die auch Zihl und von Cramon (1986a) sowie Hebel und von Cramon (1987) machen konnten. Diese altersabhängige Zunahme bei Frauen geht überwiegend auf das Konto von Infarkten, einem Risiko, welches mit hormonellen Veränderungen zusammenhängen muß (Eichholtz 1975). Nach der Menopause sinkt das Risiko der Frauen, einen Infarkt zu erleiden, deutlich ab, steigt dann langsam wieder an, erreicht das der Männer aber erst zwischen dem 70. und 80. Lebensjahr, also 10 Jahr später als jene.

Wenn wir die homonymen Hemianopsien unseres Krankengutes im Hinblick auf die Lokalisation der ihnen jeweils zugrunde liegenden Hirnschädigung vergleichen, so ergibt sich das in Abb. 23 wiedergegebene Bild. Die Zusammenstellung erfolgte nach den hauptsächlich betroffenen Hirnregionen (Befund der Computertomogramme). Wie erwartet, ist der Okzipitallappen in fast der Hälfte aller Fälle betroffen. Es folgen mit Abstand temporo-okzipitale und parieto-okzipitale Hirnanteile und an letzter Stelle Traktus und CGL.

8.1 Tumoren

Wie sich aus den verschiedenen Zusammenstellungen entnehmen läßt, fallen Tumoren pathogenetisch weit weniger ins Gewicht als zerebrovaskuläre Erkrankungen. Bezieht man die Pathogenese auf den Ort der Schädigung, dann ergibt sich allerdings ein etwas anderes Bild. Hemianopsien die auf Läsionen des Tractus opticus beruhen, sind fast ausschließlich, solche, denen eine Läsion des Temporallappens zugrunde liegt, überwiegend durch Tumoren hervorgerufen. Erst mit den parietalen und okzipitalen Abschnitten der Sehbahn verschieben sich die Verhältnisse – dann allerdings extrem – in Richtung der zerebrovaskulären Erkrankungen.

Wenn man das Charakteristische der durch Raumforderungen hervorgerufenen Gesichtsfeldausfälle herausarbeiten will, so stellen sich manche Hindernisse in den Weg. Es beginnt damit, daß die Patienten während der Untersuchung oft wenig geduldig und ablenkbar sind und die wichtigste Aufgabe, nämlich den Fixierpunkt einzuhalten, nur mit Mühe bewältigen können. Schon die ausführliche kinetische Perimetrie stellt Anforderungen, denen sie oft nicht gewachsen sind. Die Ausdauer, die gar eine statische Perimetrie verlangt, ist nur in Ausnahmefällen zu erwarten. Hinzu kommt, daß Tumoren gewöhnlich wachsen, ihre Raumforderung also, wenn auch mit unterschiedlicher Dynamik, zunimmt. Sie sind von einem Hirnödem wechselnder Ausdehnung umgeben. Die Befunde können sich demzufolge von Tag zu Tag, ja oft innerhalb von Stunden ändern, was ihre Dokumentation zusätzlich erschwert. Auf der anderen Seite hilft es diagnostisch weiter, wenn man sich gerade die Instabilität der Ausfälle und den Wechsel der Beschwerden zunutze macht (Bender u. Kanzer 1939). Schließlich erweist sich eine Zunahme des Gesichtsfeldausfalles als sensibler Indikator für das Wachstum des Tumors.

Es versteht sich, daß intrakranielle Tumoren vermöge ihrer Lokalisation und nicht so sehr aufgrund ihrer Histologie homonyme Hemianopsien hervorrufen. Aus der Form und Größe des Gesichtsfeldausfalles kann also nur im Ausnahmefall auf die Tumorspezies geschlossen werden. Man beobachtet zwar, daß die infiltrativ wachsenden Gliome, etwa die Astrozytome der Grade 1–2, über einen langen, manchmal

Jahre dauernden Zeitraum hinweg keine neurologischen Ausfälle, so auch keine homonymen Hemianopsien verursachen. Frühzeitige Ausfälle kann man von den schnell wachsenden Gliomen und von den Metastasen erwarten. Raumforderungen im distalen Anteil der Sehstrahlung weisen auf Gliome, solche im proximalen eher auf Meningeome hin.

Berücksichtigt man umgekehrt die Dynamik der Hemianopsie, so ergibt sich folgendes Bild: Hemianopsien, die sich relativ schnell und unvermittelt – ohne vorausgehende andere Ausfälle oder durch epileptische Anfälle angekündigt – entwikkeln, sprechen für das Vorliegen eines schnellwachsenden Tumors – eines Glioblastoms oder einer Metastase – oder für ein etwa durch ein Meningeom aus dem Gleichgewicht geratenes Hirnödem. Hemianopsien, die sich langsam, über viele Monate entwickeln und über lange Zeit von anderen neurologischen Symptomen, speziell epileptischen Anfällen, verdeckt sind, weisen eher auf langsam und infiltrativ wachsende Hirntumoren, etwa auf Astrozytome der Grade 1–2 oder auf Oligodendrogliome, hin.

In vielen Fällen sind die neurologischen Ausfälle, gemessen an der Größe des Tumors, wie sie sich etwa im CT darstellt, bescheiden. Wenn eine Hemianopsie eingetreten sein sollte, handelt es sich, wie man am Erfolg der antiödematösen Therapie sehen kann, meist nicht um den Ausdruck substantieller, sondern überwiegend funktioneller Läsionen. Irreversible Schäden treten in vielen Fällen erst nach länger andauernder Kompression oder dann ein, wenn das Hirnareal aufgrund einer Gefäßkompression ungenügend versorgt wurde und infarzierte. Die operative Entfernung eines nicht infiltrierend, sondern überwiegend verdrängend wachsenden Tumors, etwa eines Meningeoms, kann, wie wir wissen, zu einer völligen Restitution der gestörten visuellen Funktionen führen.

Die Mehrzahl der durch Tumoren hervorgerufenen Hemianopsien entwickelt sich schleichend und vom Patienten über lange Zeit unbemerkt. Das gilt in besonderem Maße für die suprageniculär gelegenen Tumoren. Die Störung beginnt stets in der Peripherie des Gesichtsfeldes, dort, wo die Schädigung weniger Neurone schon verhältnismäßig große Ausfälle hervorrufen kann. Sie schreitet dann langsam zum Zentrum fort. Je nach Sitz, Größe und Begleitödem des Tumors ergibt sich um das Skotom eine mehr oder weniger breite amblyope Zone, die schon an den langsam zu ihr abfallenden Inkrementschwellen zu erkennen ist. Unter antiödematöser Therapie, oder wenn der Tumor ohne nennenswerte Zerstörung von Neuronen der Sehbahn entfernt werden konnte, erholt sich das zentrale Gesichtsfeld zuerst, die Gesichtsfeldperipherie zuletzt.

Auch die einzelnen visuellen Funktionen erlöschen zumeist in einer bestimmten Reihenfolge, die in der Phase der Restitution dann umgekehrt wird. Zuerst treten Störungen des Farb-, dann solche des Formsehens auf, schließlich fällt in dem Skotom auch das Bewegungssehen aus (Bender u. Battersby 1958). Wegen der bekannten, allerdings nicht durchweg beobachtbaren, Anfälligkeit des Farbsehens hatten Wilbrand und Saenger (1917) angenommen, daß die Leitung über ein eigenes, besonders vulnerables System erfolge.

8.1.1 Tractus opticus und CGL

Nur bei 3% aller Patienten mit homonymer Hemianopsie, die Smith (1962) gesammelt hatte, konnte eine Läsion des Traktus festgestellt werden. Wir fanden gerade 3 Patienten (ca. 1%), bei denen eine Raumforderung im Bereich des Traktus oder CGL nachgewiesen werden konnte (1 Meningeom, 1 Aneurysma, 1 raumfordernde Thalamusblutung). Vor der Ein-

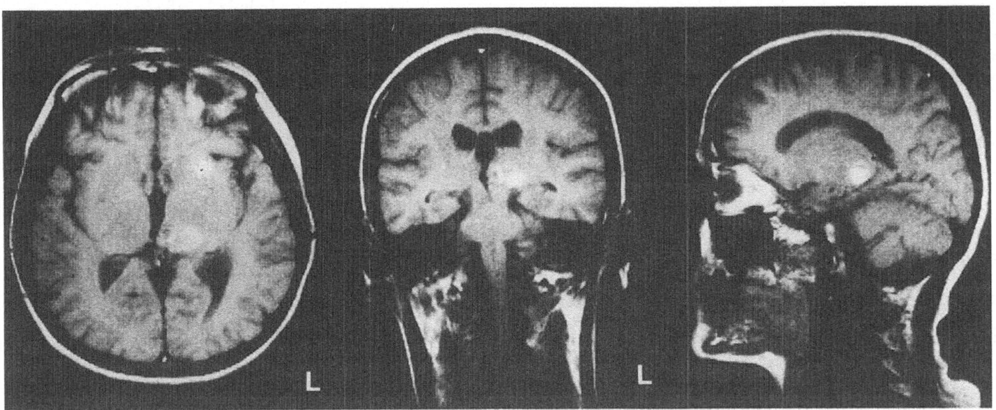

Abb. 24. Patientin Monika B., 44 Jahre. Thalamusblutung links. Kernspintomogramme des Gehirns in horizontaler, frontaler und sagittaler Schnittebene. Als Hinweis auf eine Blutung Darstellung einer signalintensiven Zone im Bereich des CGL links

führung der bildgebenden Verfahren konnte die Diagnose fast ausschließlich durch die operative Inspektion oder die Autopsie gestellt werden. Heute werden Traktus- oder CGL-Kompressionen im CT oder NMR schon früher als Ursache homonymer Hemianopsien erkannt.

Traktushemianopsien sind also überwiegend Folge von Raumforderungen. Dabei stellen Tumoren, die vom Tractus opticus selbst ausgehen, eine ausgesprochene Rarität dar. In der Regel, aber auch das ist vergleichweise selten, wird der Traktus von Raumforderungen komprimiert, die in seiner unmittelbaren Nachbarschaft liegen. Pathogenetisch sind an erster Stelle Tumoren der Hypophyse, Aneurysmen und Angiome zu nennen. Selten führen auch Tumoren des III. Ventrikels zu einer Kompression. Mediobasale, die Fissura transversalis erreichende Tumoren des Temporallappens oder der Stammganglien, meist Gliome, können ebenfalls den kurz vor Erreichen des CGL in unmittelbarer Nachbarschaft verlaufenden Traktus komprimieren und als frühen Hinweis auf ihr Wachstum eine Hemianopsie hervorrufen (Lillie 1930). Erste Zeichen der Kompression sind auch hier eine Quadranten- oder Hemiachromatopsie (Lillie 1925).

Fall Monika G.:
Eine 44 Jahre alte, bis dahin gesunde Frau bemerkt eine Woche vor der Klinikaufnahme erstmals Sehstörungen auf dem, wie sie meint, rechten Auge. Sie hat den Eindruck, als ob sich von rechts ein dunkelgrauer Vorhang vorgeschoben hätte. Sie sieht verschwommen, wenn sie die Augen länger belastet. Eine dissoziierte Empfindungsstörung auf der rechten Körperseite führt zur Aufnahme. Die neurologische Untersuchung ergibt eine homonyme Hemiachromatopsie rechts, einen feinschlägigen, unerschöpflichen Nystagmus, beim Blick nach links etwas ausgeprägter als beim Blick nach rechts. Die Pupillomotorik ist ungestört. Die visuell evozierten Potentiale sind regelrecht. Neben der Sensibilitätsstörung besteht eine leichte Hemiparese rechts. Vorübergehend kommt es zu einer vertikalen Blickparese und zu Doppelbildern. Im Kernspintomogramm des Gehirns stellt sich eine fast nußgroße raumfordernde Blutung links, im hinteren Thalamusabschnitt, in unmittelbarer Nachbarschaft zum CGL dar (Abb. 24). Bis auf eine leichte Sensibilitätsstörung verschwinden alle neurologischen Befunde wieder.

Wird die Hemianopsie von einer ipsilateral zur Läsion gelegenen Visusreduktion begleitet, was bei chiasmanahen Traktustumoren nicht ungewöhnlich ist, so bemerken die Patienten auch ihren Gesichtsfeldausfall relativ früh. Diese Ausfälle sind, solange keine komplette Hemianopsie besteht, inkongruent. Liegt die Raumforderung im Traktusabschnitt, dann fallen unterschiedlich einmal die homolateral und einmal die kontralateral zur Läsion liegenden Gesichtsfelddefekte größer aus (Kearns u. Rucker 1959; Savino u. Mitarb. 1978). Komprimiert der Tumor das CGL, so ist erfahrungsgemäß der homolateral zum betreffenden CGL liegende Gesichtsfeldausfall größer (Gunderson u. Hoyt 1971; Frisen u. Mitarb. 1978). Warum gelegentlich kontralateral zur Läsion eine Mydriasis beobachtet wird (Behr 1909), konnte bisher nicht eindeutig geklärt werden. Doch scheint ihr diagnostischer Wert eher begrenzt zu sein. Liegt die Läsion vor der Abzweigung der pupillomotorischen Fasern, dann reagieren die Pupillen bei Lichteinfall von der hemianopen Seite verzögert und unausgiebig. Besteht die Kompression länger, so kommt es zu einer Atrophie des N. opticus und der Papille, ipsilateral zu einer temporalen, kontralateral zu einer streifen- oder keilförmigen Papillenabblassung (Savino u. Mitarb. 1978).

Ähnlich sind die Befunde bei Kompression des CGL. Meist kommen hier verschiedene andere, häufig schwerwiegende neurologische Ausfälle hinzu: Blickparese, Hemiparese, Hemihypästhesie – Symptome, die den Gesichtsfeldausfall gelegentlich in den Hintergrund drängen. Pathogenetisch handelt es sich vornehmlich um Thalamusgliome, Blutungen oder Metastasen.

8.1.2 Temporallappen

Auch im Bereich des Temporallappens sind es nicht Infarkte, sondern vielmehr Tumoren – zumeist Gliome oder Metastasen –, die Hemianopsien hervorrufen (Smith 1962). Der Tumor, gleich welcher Histologie, muß schon eine erhebliche Größe erreicht haben, bevor Gesichtsfeldausfälle auftreten oder entdeckt werden. Allgemein gilt der Temporallappen für Tu-

morwachstum als eine klinisch relativ stumme Zone (Cushing 1921). Dafür kündigt die außerordentliche Epileptogenität dieses Hirnabschnittes den Tumor in der Regel schon früh, lange vor Eintritt der Hemianopsie, in Form von komplex-fokalen oder Grand-mal-Anfällen an.

Vom Patienten wird die Hemianopsie als Begleitphänomen nur ausnahmsweise bemerkt, durch die neurologische Untersuchung eher zufällig entdeckt. Auf die Schwierigkeiten der Perimetrie ist schon hingewiesen worden. Zuerst ist immer der obere Quadrant und meist nur ein Sektor davon betroffen (Kravitz 1931). Wenn der Ausfall auf den unteren Quadranten übergreift, dann reicht die Raumforderung schon weiter nach parietal oder okzipital. Tumoren, die im mesialen und anterioren Teil des Temporallappens liegen, verursachen eher kongruente, anfänglich allein den temporalen Halbmond betreffende Gesichtsfeldausfälle. Da der Halbmond zuerst nur monokular und zudem nur in der oberen Hälfte ausfällt, werden an die Perimetrie und die richtige Einschätzung der Befunde gewisse Anforderungen gestellt. Tumoren, die auch lateral vom Unterhorn liegen, verursachen eher inkongruente Gesichtsfeldausfälle. Tumoren, die von lateral zur Sehstrahlung vorwachsen, können zuerst den makularen Gesichtsfeldbereich treffen – meist als keilförmig im horizontalen Meridian liegender Defekt –, da diese Fasern am weitesten lateral liegen (Spalding 1952a). Die ipsilateral zum Tumor liegenden Gesichtsfeldausfälle sind meist größer als die kontralateralen. Bei fortgeschrittenem Tumorwachstum ist das makulare Sehen ausgelöscht, die Fovea bleibt aber ausgespart und der Visus nicht beeinträchtigt (Sanford u. Bair 1939). Liegt der Tumor im temporo-okzipitalen Übergangsbereich, dort, wo sich farbspezifische Zentren befinden, dann kann sich als erstes, vom Patienten in der Regel nicht bemerktes Symptom eine Achromatopsie des kontralateralen oberen Gesichtsfeldquadranten einstellen.

In der Nachbarschaft des ersten Abschnittes der temporalen Sehstrahlung liegt der Gyrus uncinatus. Die von dort ausgehenden komplex-fokalen Anfälle beginnen mit typischer gustatorischer oder olfaktorischer Aura. Visuelle epileptische Auren, etwa als „déjà vu", „jamais vu" oder als Palinopsie weisen ebenso wie jene komplexen visuellen Halluzination, die nicht im Halbfeld, sondern im gesamten Gesichtsfeld, wie die Patienten oft sagen, direkt vor den Augen erscheinen, auf eine temporal gelegene Störung hin (Penfield u. Perot 1963). Inwieweit anhand der Charakteristika visueller Auren eine genauere Herdlokalisation möglich wird, ist nicht ausreichend geklärt. Wenn die visuelle Aura allerdings im kontralateralen Halbfeld beginnt, auf dieses gar beschränkt bleibt, so ist ein Tumor mit temporo-okzipitalem oder okzipitalem Fokus anzunehmen. Je elementarer die Halluzinationen sind, desto okzipitaler ist der generierende Fokus lokalisiert, und umgekehrt, je komplexer ihre Struktur ist, desto eher handelt es sich um einen temporo-okzipital oder temporal gelegenen Herd. Meist kommt es gleichzeitig zu einer tonischen Blickwendung zur Seite der Halluzinationen. Sie ist überwiegend unwillkürlich, auch wenn der Patient gelegentlich angibt, er blicke absichtlich zur Seite, um die Halluzinationen besser beobachten zu können. Nach dem Anfall kann vorübergehend - manchmal für Tage - der Gesichtsfeldausfall größer sein oder überhaupt zum ersten Mal manifest werden (Salmon 1968). Der phänomenologische Wandel der Aura muß sorgfältig beachtet werden, da er in der Regel auf ein Tumorwachstum hinweist. Die visuellen Auren - isoliert oder im Rahmen komplex fokaler Anfälle - treten natürlich nicht nur im Gefolge von Tumoren auf, sie können ebenso auf Entzündungen, Angiome und, was allerdings selten ist, auf Hirninfarkte hinweisen.

8.1.3 Parietallappen

Hemianopsien, die durch Tumoren im Bereich des Parietallappens hervorgerufen werden, sind schon weitaus seltener. Das Wachstum dieser Tumoren macht sich zuerst in Störungen des unteren Quadranten bemerkbar. Wird der Gesichtsfeldausfall größer und liegt der Tumor auf der sprachdominanten Seite, so erschweren die sich einstellenden Sprachstörungen die genauere Bestimmung. Rechtsseitige Parietallappenläsionen verursachen eher Neglect und Störungen der visuellen Raumwahrnehmung. Je okzipitaler die Raumforderung liegt, desto kongruenter werden die Ausfälle. Die langsame Phase des optokinetischen Nystagmus verzögert sich oder fällt überhaupt aus, wenn sich das Reizmuster in Richtung des Tumorsitzes bewegt.

Die fortschreitende Gesichtsfeldeinengung wird meist von verschiedenen, intermittierend auftretenden, visuellen Fehlwahrnehmungen begleitet. So können viele Patienten über Halluzinationen im hemiamblyopen oder hemianopen Feld (Bachstez u. Mitarb. 1954), über Dysmorphopsien, monokuläre Doppelbilder, visuelle Perseveration berichten, tun es allerdings oft erst, wenn sie danach gefragt werden. Auf der anderen Seite sind dies nicht selten die eigentlichen Symptome, um derentwillen der Patient den Arzt aufsucht. Die visuellen Trugwahrnehmungen sind weniger das Produkt der parietalen Läsion, vielmehr die Folge von Irritation benachbarter, temporobasaler oder okzipitaler, Hirnanteile. Wahrscheinlich kann ein Großteil von ihnen - speziell die Photopsien - nur so lange auftauchen, wie supragenikuläre und kortikale visuelle Neuronen noch erhalten sind (Anastasopoulos 1952; Bender u. Mitarb. 1968).

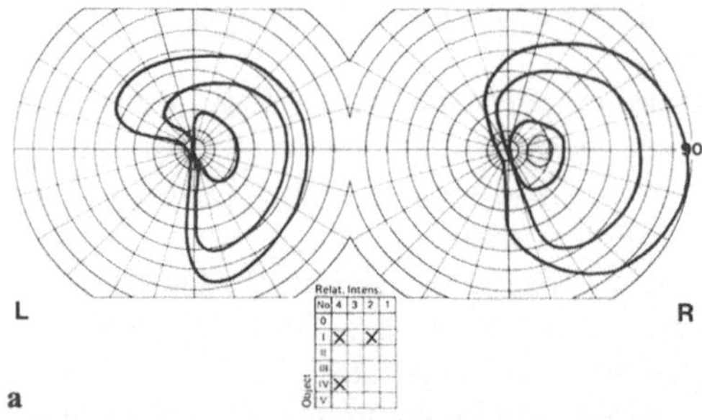

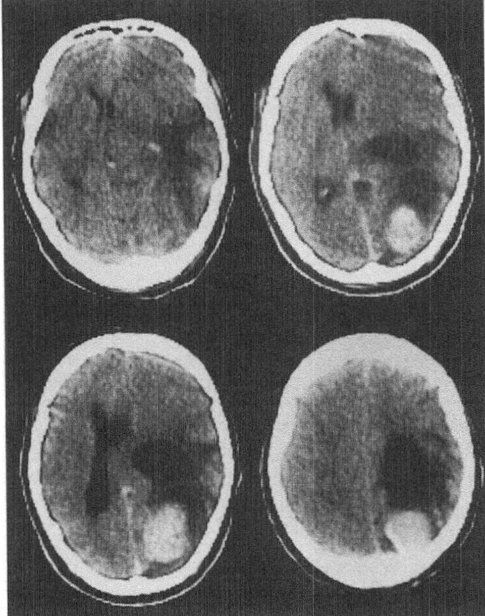

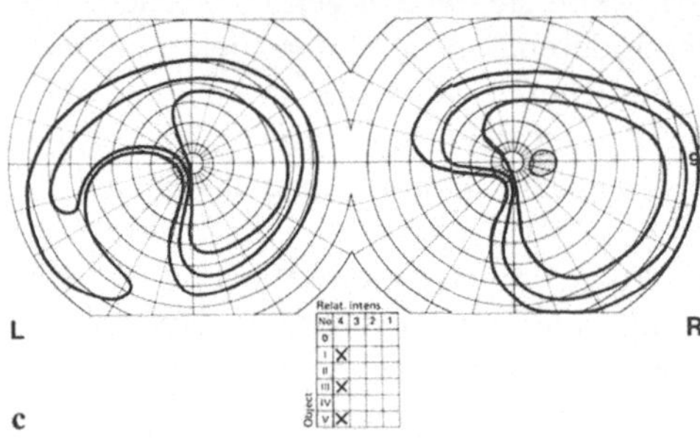

Abb. 25a–c. Patient David E., 40 Jahre. Meningeom rechts parieto-okzipital (Fallbericht s. Abschn. 9.2.2., S.110). **a** Gesichtsfelder vor der Entfernung des Meningeoms. **b** CT des Gehirns. Großes Meningeom rechts parieto-okzipital. Vorgelagert Zyste und breite Ödemzone. **c** Gesichtsfelder 30 Tage nach der Operation. Linker oberer Quadrant wieder zurückgebildet. Links unten Restitution der visuellen Funktion im Bereich des temporalen Halbmondes

8.1.4 Okzipitallappen

Tumoren des Okzipitallappens sind selten. In der Studie von Cairns (1927) machen sie weniger als 1% aller Hirntumoren aus. Meist entstehen sie nicht primär im Okzipitallappen, sondern wachsen vom Parietal- oder Temporallappen ein. Bei den intrazerebralen Tumoren handelt es sich zur Hälfte um Gliome (Horrax u. Putnam 1932). Nach der Untersuchung von Allen (1930) machen sich 30% dieser Tumoren zuerst durch epileptische Anfälle bemerkbar. Die Raumforderung wird durch die bildgebenden Verfahren in der Regel weit früher entdeckt als noch vor ein oder zwei Jahrzehnten. Homonyme Hemianopsien stellen sich aber erst im fortgeschrittenen Stadium ein, so daß ihnen, von Ausnahmen abgesehen, als diagnostisches Symptom keine so große Bedeutung mehr zukommt. Dafür nimmt auch hier die frühe Identifizierung und richtige Einschätzung von diskreten visuellen Reiz- und Ausfallsphänomenen – Symptome der passageren Amblyopie, monokulare Doppelbilder, visuelle Perseveration, visuelle Halluzinationen – an diagnostischer Bedeutung zu. Wenn sich entgegen der üblichen Erfahrung Gesichtsfeldausfälle früh manifestieren, so muß der Tumor unmittelbar in der Sehstrahlung oder im Bereich der Kalkarina liegen. Lokalisation und Form des Gesichtsfeldausfalles erlauben dann eine gewisse topische Zuordnung innerhalb des Okzipitallappens. Die Wahrscheinlichkeit, daß der Tumor weniger von basal, als von apikal vorwächst, ist groß; dementsprechend fallen die homonymen unteren Gesichtsfeldquadranten auch bei okzipital gelegenen Tumoren eher aus (Abb.25). Bleibt der temporale Halbmond lange Zeit unbeeinträchtigt, so liegt der Tumor im Bereich der Kortexkonvexität; sind zentrale Anteile des Gesichtsfeldes zuerst betroffen, dann ist mit einer polnahen Lage zu rechnen. Allerdings sind paramakulare

Skotome, wie man sie häufig nach Schußverletzungen und gelegentlich nach kleinen Infarkten des visuellen Kortex findet,
als Hinweis auf einen okzipitalen Tumor
kaum zu erwarten (Bender u. Battersby
1958).
Alle genannten Gesichtsfeldausfälle sind
kongruent. Der vertikale Meridian wird
normalerweise nicht überschritten, die horizontale Begrenzung liegt fast immer
schräg; ihr ist eine größere amblyope Zone vorgelagert. Das Fortschreiten der amblyopen Zone wie auch das Umsichgreifen
des kompletten Ausfalls sind sichere Hinweise für das Tumorwachstum. Die Fovea
bleibt immer ausgespart, der Visus ungestört. Die Makula bleibt je nach Größe des
Tumors und Dauer der Kompression für
mehr oder weniger lange Zeit erhalten,
kann aber schließlich auch ausfallen. Die
langsame Phase des optokinetischen Nystagmus verzögert sich, wenn der Tumor
oder sein Ödem den Parietallappen erreicht. Extrazerebrale Tumoren, vor allem
Meningeome, können von der Falx cerebri
oder dem Tentorium nahe der Mittellinie
ausgehen. In solchen, seltenen Fällen können ein- und auch doppelseitige Hemianopsien resultieren. Falxmeningeome führen dann zu einer Störung der unteren,
Tentoriummeningeome zu einer Störung
der oberen Quadranten.

8.2 Infarkte

Homonyme Hemianopsien sind am häufigsten Folge eines Hirninfarktes – 186 Patienten unseres Kollektivs. Nach den Arbeiten von Zihl und von Cramon (1986a)
und von Fujino und Mitarbeitern (1986)
sowie nach unserem Krankengut liegt die
Häufigkeit zwischen 60 und 70%. Männer
sind häufiger betroffen. Das Haupterkran-
kungsalter liegt zwischen dem 55. und
75. Lebensjahr, bei Frauen etwas später als

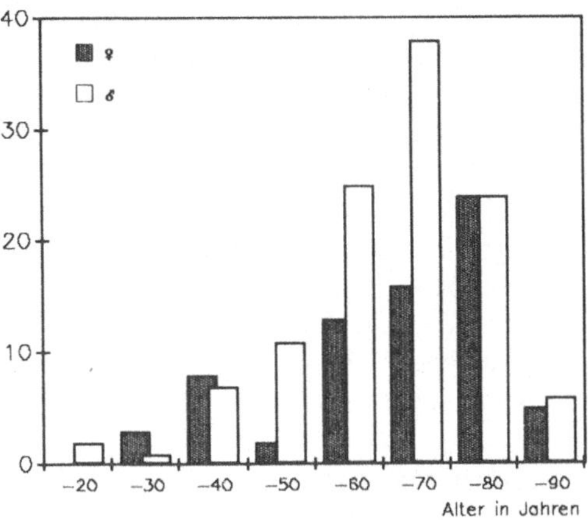

Abb. 26. Alters- und Geschlechtsverteilung der
Patienten mit homonymer Anopsie als Folge eines
Hirninfarktes (n = 186)

bei Männern. Dafür sind Frauen zwischen
dem 20. und 40 Lebensjahr einem etwas
höheren Risiko ausgesetzt als Männer
(Abb. 26).
Mehrere Bereiche der Sehbahn sind für
Ischämien anfällig, ohne daß dies stets
von der Güte der Blutversorgung abhinge.
Entsprechend machen sich Infarkte klinisch auf unterschiedliche Weise bemerkbar. Nach Infarkten im Versorgungsbereich der A. cerebri posterior rückt die
Hemianopsie als Ausfallssymptom ganz in
den Vordergrund; Infarkte der A. choroidea anterior oder der A. cerebri media rufen aufgrund ihrer kortikalen und penetrierenden Äste regelmäßig Paresen, Sensi-
bilitäts- oder Sprachstörungen hervor,
Symptome, hinter denen die Hemianopsie
zurücktritt. Vom Patienten wird sie dann
auch häufig spät oder nicht bemerkt, sogar
vom Arzt gelegentlich übersehen. Wenn
das Bewußtsein gestört oder die sprachliche Kommunikation eingeschränkt ist,
können meist keine quantitativen Messungen der Gesichtsfelder durchgeführt werden. In solchen Situationen muß sich der
Befund dann auf den Konfrontationstest
oder andere, noch weniger präzise Unter-

suchungen stützen. Nicht selten kann er nur aus dem Verhalten des Patienten, seiner Schreck- oder Lidschlußreaktion erschlossen werden.

Die Hemianopsie setzt i. allg. schlagartig ein. Gelegentlich besteht zunächst eine Quadranten-, dann erst eine Hemianopsie. Visuelle Prodrome, meist Photopsien als Hinweis auf transitorische Hypoxien im Bereich der Sehbahn, sind zwar möglich, doch uncharakteristisch und dem Patienten auch selten erinnerlich. Sowohl Photopsien als auch flüchtige Hemianopsien kann er zudem nicht anders denn als Sehstörung eines, und zwar des jeweils homolateralen, Auges wahrnehmen, so daß der Arzt sie fälschlicherweise als Zeichen einer retinalen Ischämie, etwa als Amaurosis fugax, interpretiert. Eher als Hemianopsie veranlassen Hemiparese oder Aphasie den Patienten, einen Arzt zu konsultieren, häufig erst auf Drängen seiner Angehörigen hin. Manche Patienten gelangen gar nicht zum Arzt, so daß man erst später und zufällig auf den Befund der Hemianopsie stößt.

Die Möglichkeit einer Rückbildung des Gesichtsfeldausfalles nach Hirninfarkt hängt von vielen Faktoren ab, in erster Linie vom Ausmaß der Ischämie, von der Vorschädigung des Gefäßbettes und des Gehirns und von evtl. Komplikationen, etwa in Form einer Hämorrhagie.

In einer Zufallsgruppe fanden wir keinen Einfluß des Erkrankungsalters auf die Rückbildung. Eine komplette Hemianopsie war prognostisch etwas ungünstiger (38 von 97) als eine inkomplette (27 von 45). Unter 30 Patienten mit Quadrantenanopsien als Erstbefund zeigten 15 eine Besserung. Nach der Lagerung der Isopteren unterschieden wir zwischen steilem und flachem Abfall. Steiler Abfall erwies sich als ein prognostisch ungünstiges, flacher als ein günstiges Zeichen. Als prognostisch günstiges Zeichen erkannten wir auch das Auftreten von lichtintensiven, bunten und unbunten Photopsien im hemianopen Feld (Kölmel 1984b). Eine Anosognosie stellte sich hingegen als ungünstiges Symptom heraus. Von 96 Patienten mit Anosognosie besserten sich nur 36. Bestand

keine Anosognosie (n = 66), konnte eher mit einer Rückbildung des Gesichtsfeldausfalles gerechnet werden (n = 39). Anosognosie wies demnach auf Vorschädigung des Gehirns oder auf ausgedehntere Schädigung und damit auf eine geringe Rückbildungschance hin.

Wenn es zu einer Rückbildung des Ausfalls kam, so war sie bei zwei Dritteln der Patienten 40 Tage nach dem Infarkt abgeschlossen. Nach diesem Zeitpunkt bestand immerhin noch bei einem weiteren Drittel der Patienten die Möglichkeit einer Besserung. Insgesamt kam es bei etwa 50% unserer Patienten zu einer Rückbildung des Gesichtsfeldausfalles. Diese Zahlen liegen etwas unter denjenigen, die Hier und Mitarbeiter (1983) mitgeteilt haben, sind jedoch wesentlich höher als die von Zihl und von Cramon (1985) ermittelten. Die unterschiedliche Rate von spontaner Besserung mag mit der unterschiedlichen Patientenselektion zusammenhängen; jene Patienten mit einer, nach den Befunden der kinetischen Perimetrie, kompletten Rückbildung der Ausfälle, die in unserer Untersuchung immerhin fast 12% ausmachten, konnten z. B. in die Studie von Zihl und von Cramon (1985) nicht aufgenommen werden.

8.2.1 A. choroidea anterior

Der Tractus opticus, der ja zu einem Teil von der A. choroidea anterior versorgt wird, bleibt durch sein dichtes Anastomosengeflecht vor Ischämien bewahrt. Pertuiset und Mitarbeiter (1962) berichteten von einem Patienten, der nach einem Verschluß der A. choroidea anterior eine Traktusmalazie mit inkongruenter homonymer Hemianopsie erlitten hatte. Unter 21 Patienten mit Traktus-Hemianopsien fanden Savino und Mitarbeiter (1978) keinen, bei dem der Schaden auf eine Ischämie hätte zurückgeführt werden können.

Ähnlich günstig muß die Blutversorgung des CGL sein. Nach operativem Verschluß der A. choroidea anterior behielt nur einer von 12 Patienten eine obere Quadrantenanopsie zurück (Cooper 1954; Morello u. Cooper 1955). Diese optimale Blutversorgung gilt aber nur unter der Voraussetzung eines gesunden Hirnkreislaufes. Bei zunehmender Hirnarteriosklerose kann auch die Versorgung des CGL so gedrosselt werden, daß eine Ischämie im Bereich der A. choroidea anterior bleibende Ausfälle hervorruft. Die A. choroidea anterior versorgt, bevor sie das CGL erreicht, das Pallidum und den hinteren Anteil der inneren Kapsel; der Thalamus wird nur unbedeutend mitversorgt. Nach dem CGL, dessen laterale Hälfte es vornehmlich versorgt, erreicht das Gefäß auch den Truncus opticus mit dem ersten Abschnitt der Sehstrahlung. Entsprechend dem Versorgungsareal können deshalb Infarkte je nach dem zur Verfügung stehenden Kollateralkreislauf schwere neurologische Ausfälle – kontralaterale Paresen und Sensibilitätsstörungen, gelegentlich auch Aphasien – hervorrufen (Masson u. Mitarb. 1983), so daß die Hemianopsie, die nur bei einem Viertel der Fälle, dann aber stets in Kombination mit den genannten anderen Störungen auftritt, von diesen überlagert wird und gelegentlich unbemerkt bleibt. Nach rechtsseitigen Infarkten der A. choroidea anterior kann bei manchen Patienten ein „thalamisches" Neglect (Watson u. Mitarb. 1981; Cambier u. Mitarb. 1983) für die linke Raumseite beobachtet werden. Die Gesichtsfelddefekte spiegeln in ihrer Regellosigkeit die außerordentlich variable Blutversorgung des CGL wider. Inkomplette Hemianopsien sind fast durchweg inkongruent. Die Inkongruenz wird mit den noch nicht unmittelbar angelagerten visuellen Neuronen identischer Netzhauptpunkte begründet. Quadrantenanopsien betreffen vornehmlich den oberen Quadranten.

Selten kann wohl auch der untere Quadrant betroffen sein, doch ist seine Repräsentation im CGL, ähnlich wie im visuellen Kortex, besser als jene des oberen vor ischämischer Läsion geschützt. Komplette homonyme Hemianopsien lassen nur noch den fovealen Bereich aus und können deshalb zu einer schweren Behinde-

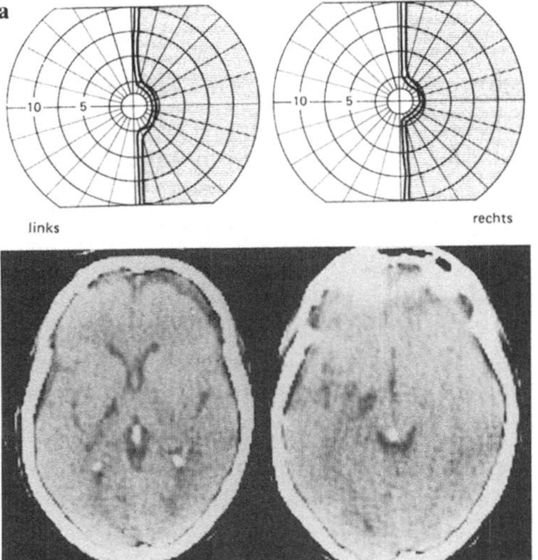

Abb. 27a, b. Patientin Angelika Sch., 56 Jahre. Die operative Entfernung eines Karotisaneurysmas links macht die Unterbindung der A. choroidea anterior notwendig. Postoperativ homonyme Hemianopsie rechts, Hemiplegie rechts ohne Beteiligung des Gesichtes, Hemihypalgesie und Thermhypästhesie rechts. **a** Kampimetrie. Entfernung der Patientin vom Schirm 2 m. Marker 2 und 10 mm. Im Bereich der Makula etwa 2 Grad großes Restgesichtsfeld. Visus bds. 1,0. **b** CT des Gehirns. Keilförmige hypodense Zone im Bereich der Capsula interna und des Thalamus links

rung führen. Infarkte der A. choroidea anterior galten lange Zeit als nur autoptisch klärbar (Duke-Elder 1954). Die verbesserten bildgebenden Verfahren stellen aber auch diese Läsionen gut dar. Die infarzierte, hypodense Zone beschränkt sich lakunär auf den Bereich des CGL oder reicht lateral vom Thalamus keilförmig durch innere Kapsel und Globus pallidus bis zum CGL und zum Beginn der Sehstrahlung (Abb. 27).

Unter unseren 5 Patienten mit A.-choroidea-anterior-Infarkt und homonymen Anopsien fanden sich nur 2, bei denen es zu einer – inkompletten – Rückbildung des Ausfalls kam. Damit zeichnet sich ein etwas ungünstigeres Besserungsresultat ab, als nach Infarkten im Okzipitalhirn.

8.2.2 A. cerebri media

Entsprechend dem großen Versorgungsgebiet der A. cerebri media können Infarkte in ihrem Bereich an ganz unterschiedlichen Abschnitten der Sehbahn Hemianopsien hervorrufen. Hemianopsien nach rechts, die durch linksseitige Infarkte verursacht sind, lassen sich aufgrund der häufig bestehenden Sprachstörungen schwerer quantifizieren als Hemianopsien nach links. Aber auch rechtsseitige Infarkte können, wenn eine Anosognosie oder ein Neglect besteht, eine quantitative Perimetrie erschweren. Totalinfarkte der A. cerebri media, gleich ob rechts oder links, rufen – stets im Verhältnis zur Situation des gesamten Hirnkreislaufes – ein schweres Krankheitsbild hervor. Oft besteht eine zentrale Blicklähmung mit Déviation conjuguée zur Seite der Läsion. Hemianopsien können oft nur aufgrund einer fehlenden Reaktion auf schnell sich dem Auge nähernde Objekte vermutet werden. Die Prognose der Media-Infarkte verschlechtert sich allgemein, wenn zu den üblichen Ausfällen eine Hemianopsie hinzukommt (Haerer 1973).

Kleinere, lakunäre Infarkte penetrierender Äste der A. cerebri media können das temporale Marklager und die dort verlaufenden anterioren Anteile der Sehstrahlung schädigen. Der Anatomie entsprechend, resultiert dann eine obere Quadrantenanopsie (Wybar 1945). Infarziert der mittlere, teilweise im parietalen Hirnparenchym liegende Abschnitt der Sehstrahlung, so imponiert viel eher eine untere Quadrantenanopsie (Smith 1962; Niesel 1973). Der optokinetische Nystagmus weist eine Verzögerung der langsamen Phase auf, wenn sich das Streifenmuster aus dem hemianopen Feld, d.h. in Richtung der Hirnläsion bewegt.

Schließlich können kortikale parieto-okzipitale Endäste der A. cerebri media von der Ischämie betroffen sein. Wenn die Versorgung über die A. cerebri posterior nicht ausreicht, kommt es zu einer Infarzierung der okzipitalen Kortexkonvexität mit Einschluß der oberen Kalkarina. Die Folge ist eine homonyme Quadrantenanopsie nach unten. Gelegentlich kann ein solcher Infarkt auch den gesamten Okzipitalpol treffen, was sich in einer inkompletten oder auch kompletten homonymen Hemianopsie äußert. Die Makula bleibt vom Ausfall so gut wie immer verschont.

8.2.3 A. cerebri posterior

Auch die A. cerebri posterior steht in einem engen Kollateralverbund mit anderen Arterien. Normalerweise erhält sie ihren Hauptzufluß aus der A. basilaris. Gelegentlich ist ihr Zufluß über die A. communicans posterior dem aus der A. basilaris gleichwertig. Und bei bis zu 20% aller Menschen soll sie nach ihrem fetalen Typ überwiegend oder allein aus der A. carotis interna über die A. communicans posterior gespeist werden (Krayenbühl u. Yasargil 1957; Alpers u. Mitarb. 1959). Ein Verschluß des Gefäßes kann – bei gesundem Gefäßsystem – folgenlos überstanden werden (Hunt u. Hess 1967; Drake u. Amacher 1969). Wenn es zu einer Infarzierung mit entsprechenden Ausfällen kommt, so müssen entweder größere Emboli – sie lösen sich meist von thrombotischen Auflagerungen der vorgeschalteten A. basilaris und vertebralis (Castaigne u. Mitarb. 1973) –, eine ungünstig angelegte Kollateralversorgung oder eine Vorschädigung des Gefäßbettes vorliegen (Hoyt u. Newton 1970).

In unserem gesamten Krankengut betreffen 15% aller Hirninfarkte das Versorgungsgebiet der A. cerebri posterior. Nach größeren Zusammenstellungen liegt der Prozentsatz bei etwa 10 (Valk 1980; De Reuck u. Mitarb. 1981). Nach der Höhe des Gefäßverschlusses und der Größe des infarzierten Areals lassen sich Totalinfarkte, stumpfnahe und Endstrominfarkte voneinander abgrenzen (Zülch 1961; Kleihues u. Hizawa 1966; Kaul u. Mitarb. 1974). Totalinfarkte werden oft nicht überlebt. Endstrominfarkte betreffen vor allem das Versorgungsgebiet der A.temporo-occipitalis und calcarina (Kinkel u. Mitarb. 1984); Kernsymptom ist die homonyme Hemianopsie. Inkomplette Hemianopsien betreffen mehr den oberen als den unteren Quadranten. Liegt ein stumpfnaher Infarkt vor, so kommt es neben der Hemianopsie meist zu flüchtigen Ausfallssymptomen wie Amnesie, Aphasie und Hemiparese. Sollte eine Hemiparese jedoch andauern, so muß auf eine über das Gebiet der A.cerebri posterior hinausgehende Hirnarteriosklerose oder auf einen weiteren Infarkt im Bereich ihrer frühen penetrierenden Äste geschlossen werden (Benson u. Tomlinson 1971; Johansson 1985). Endstrominfarkte verursachen, je nach Lokalisation und Ausdehnung, Hemianopsie, Quadrantenanopsie – meist nach oben –, Skotome, Hemiamblyopie und verschiedene neuropsychologische Störungen. Das autonome Versorgungsgebiet konzentriert sich um die basale Okzipitalrinde bis hin zum Pol mit dem angrenzenden Mark. Die untere Kalkarinalippe ist dementsprechend weitaus häufiger von Infarkten betroffen als die obere. Sind kleinere Äste der A.calcarina infarziert, kommt es zu homonymen parazentralen Skotomen. Die Fovearepräsentation wird im wesentlichen ausgespart; die der Makula bleibt, abhängig vom Infarktgebiet – nach Totalinfarkten mehr, nach Endstrominfarkten weniger –, erhalten. Der – wenn auch häufig funktionell unterwertige – Erhalt des makularen Sehens läßt sich mit dem großen Kortexareal, welches es einnimmt, und mit dessen Kollateralversorgung über die A.cerebri media erklären. Die Gesichtsfelder der kompletten und in-

kompletten Hemianopsien wie Quadrantenanopsien sind kongruent.

Die Möglichkeit der Rückbildung hängt von der Dauer der Ischämie und der Effizienz eines Kollateralkreislaufes ab. Nach Totalinfarkten kann sich im Verhältnis mehr Hirngewebe erholen als nach Endstrominfarkten, weil die Möglichkeit der Kollateralversorgung in den distalen Gefäßabschnitten geringer wird.

Etwa ⅔ aller Patienten verspüren als Initialsymptom, gelegentlich auch als Prodrom, äußerst heftige halbseitige Kopfschmerzen, die sie um und hinter das Auge und an die Schläfe kontralateral zum Gesichtsfeldausfall, homolateral zum Infarkt lokalisieren. Solche Beschwerden sind zunächst ungewöhnlich, da Kopfschmerzen im Gefolge von Hirninfarkten häufig als atypisch oder als mild bis unbedeutend beschrieben werden (Mohr u. Mitarb. 1978; Portenoy u. Mitarb. 1984). Auf die hohe Inzidenz von Kopfschmerzen, speziell bei Infarkten im Bereich der A.cerebri posterior, hat aber schon Fisher (1968) hingewiesen. Die Schmerzen setzen in der Regel mit der Hemianopsie ein, ihre Stärke steht angeblich in keinem Zusammenhang mit dem Ausmaß der Ischämie oder dem Umfang des neurologischen Defizits (Mohr u. Mitarb. 1978; Edmeads u. Mitarb. 1979). Die Schmerzprojektion in den Bereich des N.ophthalmicus um Auge, Stirn und Schläfe wird mit der Innervation des Tentoriums durch den gleichnamigen Nerv erklärt. Ein Teil der arteriellen Versorgung des Tentoriums erfolgt über kleine Äste der A.cerebri posterior, und es wäre denkbar, daß es sich um einen ischämisch ausgelösten Schmerz handelt. Die Kopfschmerzen treten bisweilen so plötzlich und so heftig auf, daß in den ersten Stunden und Tagen die differentialdiagnostische Abgrenzung zur Subarachnoidalblutung und auch zur Migräne Schwierigkeiten bereitet. Vielleicht hilft dann der Meningismus weiter, den man nach einem

Infarkt nicht findet, oder auch die Erfahrung, daß bei der Migräne die Ausfälle – so auch die Hemianopsie – den Kopfschmerzen meist vorausgehen. Im Falle eines Infarktes treten Kopfschmerzen und Hemianopsie gleichzeitig auf. Nach etwa 2 Tagen läßt der Schmerz nach, spätestens um den 5. Krankheitstag verschwindet er. Gelegentlich gibt die sorgfältige Schmerzanamnese den entscheidenden Hinweis auf den Zeitpunkt, an dem die Hemianopsie tatsächlich eingetreten ist; auch kann sie darüber Aufschluß gewähren, ob schon vorher transitorische Ischämien im gleichen Kreislauf durchgemacht wurden.

Die ersten Symptome werden häufig als Benommenheit und als unsystematischer Schwindel geschildert. Auch Übelkeit und Erbrechen, kurzfristige Zustände des Verwirrtseins, örtliche und situative Orientierungsstörungen, Gedächtnisstörungen treten auf. Es ist nicht ungewöhnlich, daß initial gar nichts mehr gesehen werden kann, ein Befund, der auf eine passagere Ischämie in beiden A. cerebri posteriores zurückgeführt werden muß. Vor beiden Augen liegt dann ein dunkler, flimmernder Schleier, von dem gelegentlich noch erinnerlich ist, daß er sich von einer Seite wie Scheuklappen vor die Augen gezogen hatte. Nach Sekunden oder wenigen Minuten hellt sich das Zentrum wieder auf und die eigentliche Hemianopsie kristallisiert sich heraus. Oft warten die Patienten aber den weiteren Verlauf erst einmal ab, bevor sie zum Arzt gehen. Was sie schließlich dazu bewegen vermag, ist weniger der Gesichtsfeldausfall als die daraus resultierende „Ungeschicklichkeit": das Anrempeln von Personen wie das Übersehen von Gefahren, die Schwierigkeiten beim Lesen. Manche sind durch die Kopfschmerzen, andere durch eine unangenehme Lichtempfindlichkeit, wieder andere durch Photopsien beunruhigt.

Die Hälfte aller Patienten beobachtet Photopsien im hemianopen Feld, die manchmal unmittelbar nach Eintritt der Hemianopsie, selten kurz zuvor, häufig 1 oder 2 Tage später erstmals erscheinen und bis auf Ausnahmen nach 2 Wochen wieder verschwinden. Es handelt sich um unregelmäßig oder periodisch auftretende Lichtblitze, bunt oder unbunt, häufig stationär und nur mit der Blickbewegung synchron bewegt, selten mit eigener Bewegung. Diese Photopsien sind Ausdruck von Spontanentladungen noch funktionstüchtiger Neurone, Lebenszeichen der geschädigten Sehrinde. Solange sie auftreten, kann kein völliger Untergang der neuronalen Substanz vorliegen. Musterähnliche, bunte oder sehr lichtintensive Photopsien haben sich als prognostisch günstiges Zeichen erwiesen (Kölmel 1984b).

Da die beiden A. cerebri posteriores aus der unpaaren A. basilaris entspringen und von ihr im wesentlichen gespeist werden, sind beidseitige Infarkte des Okzipitallappens nichts Ungewöhnliches (Kleihues 1966a; Bogousslavsky u. Mitarb. 1986a). Die Ursache sind Arteriosklerose der A. basilaris oder große Emboli, die an der Bifurkation hängenbleiben, dort auseinanderbrechen und in beide A. cerebri posteriores gelangen. Gelegentlich wurden ischämische, meist reversible Reaktionen beider Posteriores als Komplikation nach angiographischer Darstellung des Vertebraliskreislaufes beobachtet (Silverman u. Mitarb. 1961). Im schlimmsten Fall resultiert eine kortikale Blindheit. Da dann meist parietale und okzipitotemporale Hirnstrukturen in die Hypoxie miteinbezogen sind, ergibt sich in den ersten Tagen, wenn nicht länger, ein schweres Krankheitsbild: Anosognosie, Störungen des Lang- und Kurzeitgedächtnisses wie bei den transienten globalen Amnesien, vermehrt als Realität erlebte visuelle Halluzinationen und Neigung zu Konfabulation. Alle diese Symptome sind rückläufig, verschwinden aber, mit unterschiedlichen

Schwerpunkten, nicht völlig, wenn die Erblindung persistiert. Die Pupillen sind etwas weiter als normal, ihre Reaktion auf einfaches Streulicht ist unverändert oder leicht vermindert.

Symonds und Mackenzie (1957) gaben in ihrer Übersicht an, daß ein Viertel aller Patienten blind bliebe. Falls damit der Verlust jeglichen Sehens gemeint ist, erscheint uns diese Zahl zu hoch. Alle unsere 8 Patienten mit bilateraler kompletter Hemianopsie zeigten eine Rückbildung der Ausfälle; Gloning und Mitarbeiter (1962) machten vergleichbare Erfahrungen. Das foveale Sehen erholt sich zuerst, meist kann auch die volle Sehschärfe wieder erreicht werden. Wenn damit allerdings die Restitution abgeschlossen ist, bewegen sich die Patienten aufgrund schwerer Orientierungsstörungen weiterhin gleich Blinden. Die unteren Quadranten, die ebenfalls von der A. cerebri media versorgt werden, erholen sich eher. Nicht selten kommt es zumindest nach den Befunden der kinetischen Perimetrie zu einer kompletten Restitution. Wenn die Patienten weiterhin über unbestimmte Sehstörungen, schnelle Ermüdbarkeit der Augen, Lichtempfindlichkeit, also über Ambloypie klagen, dann deckt in vielen Fällen die ausführliche statische Perimetrie oder die Farbperimetrie Defizite im Gesichtsfeld mit unterschiedlichen Schwerpunkten auf.

Solche Untersuchungen empfehlen sich auch dann, wenn Patienten nach einer längeren Narkose, nach Operationen am offenen Herzen, nach Atemstörungen (Frangieh u. Mitarb. 1984), allgemeinem Blutdruckabfall bei Herzstillstand (Hoyt u. Walsh 1958) oder im Schock über unbestimmte Sehstörungen klagen.

Einer unserer Patienten wachte aus der Narkose mit quälenden Sehstörungen auf. Er hatte den Eindruck, von der Operationslampe geblendet worden zu sein. Der Visus seiner Augen war zwar regelrecht, aber die Farbwahrnehmung gestört.

Die statische Perimetrie deckte im unmittelbaren zentralen Bereich sowie parafoveal kongruent erhöhte Inkrementschwellen auf.

Da bei solchen Zwischenfällen meist von einem zuvor unversehrten Hirnkreislauf ausgegangen werden kann, trifft die Hypoxie speziell die Randzonen, die letzten Wiesen arterieller Versorgung. Eine solche Randzone stellt der obere Okzipitalpol dar, der von Endästen der A. cerebri media und posterior versorgt wird. Dementsprechend sind die Folgen einer generellen Hypoxie nicht Ausfälle im mittleren oder peripheren Gesichtsfeld, sondern im Bereich der Fovea und unmittelbar daneben. Die parafovealen oder paramakularen Skotome schränken das Sehen vor allem im Nahbereich ein und behindern deshalb besonders das Lesen. Die Prognose ist abhängig von der Dauer der Hypoxie und dem Zustand des Gefäßbettes i. allg. nicht ungünstig. Unbestimmte amblyope Beschwerden können aber bleiben.

Eine schnell sich entwickelnde intrakranielle Raumforderung – meist handelt es sich um Blutungen – kann die A. cerebri posterior an den Tentoriumrand pressen. Starke Drosselung des Blutflusses führt dann zum Okzipitalhirninfarkt (Kirshner u. Mitarb. 1982). Im schlimmsten Fall wird durch die transtentorielle Herniation auch die kontralaterale Posterior komprimiert, und es kommt, meist als Zeichen akuter Lebensbedrohung, zu einem beidseitigen Infarkt (Kearns 1980).

8.3 Migräne

Visuelle Reiz- und Ausfallssymptome sind neben den Kopfschmerzen die chrakteristischen Zeichen einer Migräne (Bücking u. Baumgartner 1974; Hachinski 1973). Von den verschiedenen Reizsymptomen – Photopsien, komplexe Halluzinationen,

Dysmorphopsien, visuelle Perseveration – erlangte schon früh das sog. Fortifikationsmuster besondere Beachtung (Charcot 1886). Dieses Muster setzt sich aus meist unbunten, sehr hellen, leicht oszillierenden Strichen zu einem Zackenkranz zusammen, der normalerweise ganz klein und zunächst noch unbemerkt in unmittelbarer Nähe der Fovea erscheint, erst langsam, dann immer schneller der Gesichtsfeldperipherie zustrebt und derweil ständig an Größe gewinnt. Es ist anzunehmen, daß mit dem Zackenmuster eine ganz bestimmte Funktionsarchitektur des visuellen Kortex nach außen projiziert wird (Richards 1971). Die Ausbreitung im Gesichtsfeld entspricht jener über den visuellen Kortex, möglicherweise der Area 17. Die visuelle Aura der Migräne mag durch eine zerebrale Ischämie ausgelöst sein, ihr Ablauf ist aber Ausdruck eines rein neuronalen Phänomens, nämlich einer anfänglichen Entladungsaktivität und einer anschließenden Depolarisation. Die Zeichen der Depolarisation machen sich in Ausfallssymptomen bemerkbar. So zieht der zur Gesichtsfeldperipherie strebende Zackenkranz eine teils schmale, teils aber auch sehr breite, leicht flimmernde Zone hinter sich her, in deren Bereich nichts gesehen werden kann. Dieses Skotom, das subjektiv wie nach Blendung entstanden erlebt und deshalb auch in Zusammenhang mit der regelmäßig einsetzenden Lichtempfindlichkeit gebracht wird, weitet sich bisweilen zu einer homonymen Hemianopsie aus. Homonyme Hemianopsien können als Accompagnée-Symptom auch ohne vorausgehende Photopsien den Anfall einleiten. Fleckförmige Skotome oder Hemianopsien sind wohl die geläufigsten Ausfallssymptome, es werden aber auch Quadrantenanopsien, horizontale Hemianopsien, Röhrensehen oder komplette Blindheit berichtet. Alle Ausfälle werden positiv, nämlich dunkel oder grau, leicht schimmernd gesehen. Spätestens nach einer Stunde sind sie verschwunden, die typischen, normalerweise kontra-, gelegentlich ipsi- oder auch bilateralen Kopfschmerzen haben schon vorher eingesetzt. Wenn die Hemianopsie länger als einen Tag anhält, was selten einmal vorkommt, kann die Diagnose vorübergehend Schwierigkeiten bereiten. In der Regel helfen neben der typischen Anamnese die charakteristischen Veränderungen im EEG weiter. Im Gegensatz zum Okzipitalhirninfarkt findet man bei der Migraine accompagnée fast regelmäßig einen deutlichen, relativ ausgedehnten Verlangsamungsherd kontralateral zum Gesichtsfeldausfall.

In seltenen Fällen bilden sich die im Rahmen eines Migräneanfalls aufgetretenen Ausfälle, am häufigsten die homonyme Hemianopsie, nicht mehr oder nur unvollständig zurück, so daß die Vermutung naheliegt, die Migräne sei pathogenetisch für den Ausfall verantwortlich (Spaccavento u. Solomon 1983; Broderick u. Swanson 1987). In einer besonderen Risikogruppe sollen sich junge Menschen befinden, deren Anamnese auf eine Migraine accompagnée hinweist, und vor allem junge Frauen, die unter Migräne leiden und zusätzlich Antikonzeptiva einnehmen (Bartleson 1984). Es wird diskutiert, ob nicht die persistierende homonyme Hemianopsie wie auch andere Ausfälle Folge eines von der Migräne induzierten angiospastischen Hirninfarktes sei (Heyck 1983). Sowohl die Angiographie (Rascol u. Mitarb. 1979; Dorfman u. Mitarb. 1979) als auch die Computertomographie (Hungerford u. Mitarb. 1976) ließen Befunde erkennen, die tatsächlich auf Infarkte in den entsprechenden Hirnregionen hinwiesen. Die zufällige Koinzidenz zweier Krankheiten mit hoher Prävalenz wäre aber ebenso denkbar. Der Infarkt nähme dann die Symptome der Migräne an oder löse seinerseits einen Migräneanfall aus. Meist entsprechen die Kopfschmerzen nicht genau einer Migräne. Sie setzen oft vor den Ausfällen ein, wie man es weniger vom Posteriorinfarkt, wohl aber von der Migräne her kennt.

Auch die arteriovenösen, häufig im Okzipitallappen sitzenden Malformationen, verursachen halbseitige Kopfschmerzattacken mit passageren Ausfällen, Symptome, die aber nur selten einer typischen Migräne entsprechen. Troost und Mitarbeiter (1975) fanden dann eher fokale epileptische Anfälle und pathologisch-anatomisch Infarkte oder Blutungen.

Fall Ilona F.:
Ilona war im 12. Lebensjahr auf dem Eis ausgerutscht und mit dem Hinterkopf auf den Boden aufgeprallt. Unmittelbar nach dem Sturz verspürte sie linksseitige Kopfschmerzen und bemerkte eine über mehrere Stunden anhaltende homonyme Hemianopsie rechts. Seit diesem Trauma litt sie zuerst selten, dann aber immer häufiger unter anfallsartigen linksseitigen Kopfschmerzen, die von Photopsien im rechten oberen Quadranten eingeleitet und von über Stunden anhaltender homonymer Hemianopsie rechts gefolgt waren. In ihrem 19. Lebensjahr kam es nach einem Migräneanfall zu keiner Rückbildung mehr, die Hemianopsie blieb von nun an für immer bestehen. Angiographisch stellte sich ein ausgedehntes, inoperables, okzipito-temporo-parietal links gelegenes Angiom dar (Abb. 28).
Auch in den nächsten Jahren kam es immer wieder zu anfallsweisen, linksseitigen, heftigsten Kopfschmerzen. Während solcher Anfälle schob sich das hemianope Feld weiter an das zentrale Sehen heran. Auch blinkten im rechten oberen Quadranten Photopsien auf.

Es versteht sich von selbst, daß die pathogenetische Abklärung solcher vermeintlicher Migräne mit bleibenden neurologischen Ausfällen vermehrter Sorgfalt bedarf. Bei jüngeren Patienten verbirgt sich dahinter selten eine arteriovenöse Mißbildung, bei älteren Patienten handelt es sich eher um einen Infarkt, wobei die Migräne keine ursächliche Rolle mehr spielt.

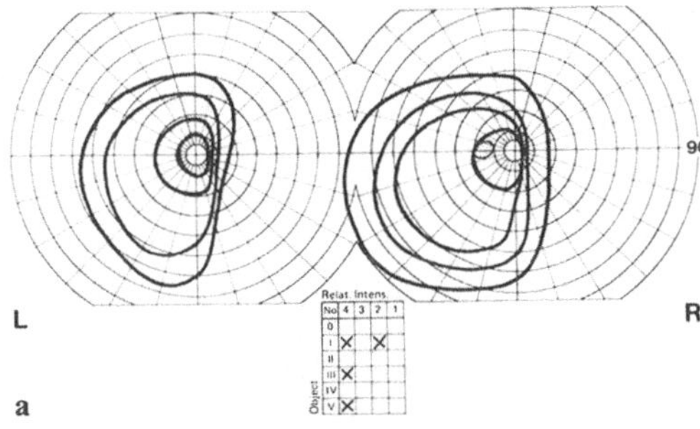

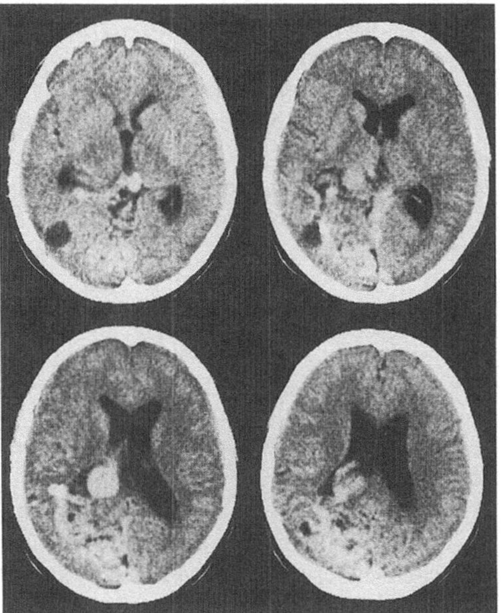

Abb. 28a, b. Patientin Ilona F., 19 Jahre. Migraine accompagnée mit homonymer Hemianopsie nach rechts und Kopfschmerzen links temporo-frontal. Jetzt keine Rückbildung der Hemianopsie mehr. Jedoch weiterhin Migräne. **a** Gesichtsfelder im Anfallsintervall. Homonyme Hemianopsie rechts. Mäßig steiler Abfall der Isopteren in den hemianopen Bereich. **b** Im CT des Gehirns ausgedehnte angiomatöse Mißbildung links okzipito-parieto-temporal

8.4 Hirnverletzungen

Schädel-Hirn-Traumen als Ursache homonymer Hemianopsien haben trotz der zunehmenden Verkehrsunfälle heute nicht mehr jenen klinischen Stellenwert – nur bei 5 (1,8%) Patienten unseres Krankengutes war die Hemianopsie traumatisch bedingt –, wie er ihnen zu Beginn des Jahrhunderts zukam, wo durch den Weltkrieg eine große Zahl von Hirnverletzten in Lazaretten und Krankenhäusern aufgenommen werden mußten. Freilich ist unser Wissen über die Anatomie der Sehbahn zum großen Teil den Befunden zu verdanken, die damals durch die systematischen Untersuchungen an Hirnverletzten gesammelt wurden (Inouye 1909; Holmes 1918a,b; Henschen 1911, 1923). In dieser Tradition hatte zuletzt noch einmal Spalding (1952a,b) die Topographie der Sehstrahlung, das große Areal der Makularepräsentation im Okzipitalpol und die Lokalisation des horizontalen Meridians in der Tiefe der Fissura calcarina bestimmt.

Aber nicht nur den perimetrisch faßbaren Ausfällen und den entsprechenden, unter topischen Gesichtspunkten erhobenen, hirnpathologischen Befunden galt das wissenschaftliche Interesse, man bemühte sich zunehmend um die vielfältigen Klagen der Patienten, um die zunächst nicht faßbaren Sehstörungen. Die exemplarischen Untersuchungen von Poppelreuter (1917) sowie von Goldstein und Gelb (1918), Gelb und Goldstein 1920 und von Gelb (1923, 1926) an Hirnverletzten sind für das Verständnis neuropsychologischer und psychophysischer Defizite wegbereitend geworden. Poppelreuters Bemühungen waren von dem Wunsch getragen, die zwar deutlich vorgebrachten, aber doch schwer meßbaren Beschwerden der Hirnverletzten durch Befunde zu objektivieren und damit die gerechte Versorgung auch solcher Kriegsfolgen zu fördern.

8.4.1 Stumpfe Traumen

Stumpfe Traumen des Schädels und Gehirns haben aufgrund der Verkehrsunfälle die Bedeutung der Schußverletzungen zurückgedrängt. Solche Traumen haben als Prädilektionsorte die Hutkrempenlinie, und Schädigungen des Okzipitalgehirns sind deshalb nichts Ungewöhnliches. In den meisten Fällen ist der Kortex betroffen. Mit einer ausgedehnteren Verletzung auch des Marklagers und entsprechend schlechterer Prognose muß nur nach schweren Traumen, häufig dann mit Fraktur des Schädels, nachfolgendem Ödem und raumfordernder Blutung gerechnet werden. Zentrale Sehstörungen treten nach Kontusion des Okzipitallappens direkt oder als Folge eines Kontre-Coup auf. Temporale oder parietale Kontusionen führen nur ausnahmsweise zur Schädigung der Sehbahn und zu entsprechenden Gesichtsfeldausfällen. Da die okzipitale Konvexität mehr als die okzipitobasale Hirnregion äußeren Gewalteinwirkungen exponiert ist, findet man häufiger homonyme Quadrantenanopsien nach unten als nach oben. Beidseitige Läsionen des Okzipitalgehirns mit entsprechend beidseitigen Quadrantenausfällen, in der Regel dann ebenfalls nach unten, sind möglich. Der Gesichtsfeldausfall kann bis hart an die Fovea heranreichen und die Leseleistung, auch wenn nur ein Quadrant betroffen sein sollte, erheblich beeinträchtigen. Die Prognose ist i. allg. gut, wenn nicht eine Impressionsfraktur Kortex und Mark irreversibel zerstört haben.

Meist bildet sich die Hemianopsie zumindest nach dem mit der kinetischen Perimetrie erhobenen Befund ganz zurück. Als Zeichen eines Funktionsdefizits bleiben aber oft diffuse Beschwerden zurück, die als schnelle Ermüdung der Augen, Blendphänomene, passagere Skotome, als Symptome einer zentralen Asthenopie beschrieben werden. Die Farbperimetrie, die statische Perimetrie, evtl. auch die Flicker-fusionsperimetrie und die Messung der Kontrastsensitivität sollten dazu beitragen, diese Beschwerden zu objektivieren.

Bei Kindern kann das Gehirn, zumal der Okzipitallappen, auch auf leichteren Schlag hin mit einem wenige Minuten bis mehrere Stunden andauernden Funktions-verlust reagieren. So führt gelegentlich schon ein als geringfügig erachtetes Trauma zu einer Erblindung. Die Kinder sehen dann ein graues oder helles, diffuses Flimmern vor beiden Augen. Es wurde vermutet, daß die Störung durch Vasospasmen im Bereich des N. opticus und des Chiasmas, also ischämisch ausgelöst sei (Bodian 1964). Im Hinblick auf die über den okzipitalen Ableitepunkten auftretenden EEG-Veränderungen erscheint eine neuronale Desintegration im okzipitalen Kortex, d. h. eine passagere Rindenläsion (Griffith u. Dodge 1968), eher wahrscheinlich. Die Prognose ist gut. In allen bisher beschriebenen Fällen kam es zu einer völligen Restitution des Sehens.

8.4.2 Schußverletzungen

Schußverletzungen durchtrennen neuronale Fasern oder zerstören kortikale Zentren und setzen damit irreversible Schäden. Zu den Verletzungen der Nervensubstanz kommen Zerstörungen von Blutgefäßen mit entsprechenden Infarkten und raumfordernden Hämatomen. Meist entwickelt sich unmittelbar nach der Verletzung ein erhebliches, raumforderndes Hirnödem, später dann eine vom Schußkanal ausgehende Entzündung. Die Folge sind neurologische Ausfälle, die zunächst weit über das zu erwartende Maß hinausgehen. Je basaler der Schußkanal liegt, desto größer wird die Gefahr, daß der Verletzte nicht überlebt. Verletzungen des Tentoriums und breite Eröffnung der Sinus oder gar Verletzungen des Hirnstamms führen fast unweigerlich zu einem fatalen Ausgang.

Die Sehbahn kann in ihrem gesamten Abschnitt verletzt werden, freilich sind manche Abschnitte, so z. B. der Tractus opticus oder das CGL nur ausnahmsweise betroffen, weil ihre Zerstörung kaum jemals überlebt wird. Eher werden die Verletzungen überstanden, wenn die Einschußstelle scheitelnaher liegt oder das Projektil nicht bis zum Hirnstamm vordringt. Am häufigsten handelt es sich deshalb um Verletzungen des Temporal-, Parietal- oder Okzipitallappens. Liegt der Schußkanal mehr tangential oder überwiegend im Hinterkopfbereich, so sind auch Läsionen an mehreren Abschnitten der Sehbahn, etwa bilaterale, möglich. Temporale Läsionen hinterlassen überwiegend inkongruente Skotome im oberen, parietale Läsionen zunehmend kongruente Skotome im unteren Quadranten. Da im temporalen Abschnitt der Sehstrahlung die Fasern des fovealen und makularen Sehens lateral liegen, können speziell die um den horizontalen Meridian lokalisierten Skotome sektorenförmig bis hart an das foveale Sehen heranreichen (Spalding 1952a). Im okzipitalen Kortex sind die oberen Kalkarinaanteile häufiger betroffen, zum einen weil sie mehr exponiert liegen, zum anderen weil bei Verletzungen der unteren Kalkarina die Sinus mitbetroffen sein können und die Chance des Überlebens sinkt. Entsprechend häufiger findet man untere Quadrantenanopsien, und wenn beide Okzipitalpole verletzt wurden, auch untere, horizontale Hemianopsien. Verletzungen des okzipitalen Pols sind fraglos häufiger als solche des Interhemisphärenspaltes, so daß weit mehr Skotome nahe der Fovea als in der Gesichtsfeldperipherie, etwa gar im temporalen Halbmond (Kronfeld 1932) gefunden werden. Die perimetrisch faßbaren Restdefekte haben seltener die Form einer Hemi- oder Quadrantenanopsie. Sie sind meist irregulär und klein, überschreiten auch natürliche anatomische Grenzen wie den Horizontal- und selbst den Vertikalmeridian, entsprechen im besten Fall allein den Fasern, die in der Schußrichtung zerstört wurden. Unmittelbar neben der Fovea liegende, auch mehrere Skotome zugleich werden ebenso beobachtet, wie im Halbfeld oder im gesamten Gesichtsfeld verstreut liegende Skotome. Das Isopterengefälle um die Skotome ist meist steil. Subtilere Untersuchungen, etwa mit der Flickerfusions- oder Farbperimetrie ergeben nur dann eine größere amblyope Zone um das Skotom, wenn Parenchym in der Umgebung des Schußkanals etwa durch eine Entzündung angegriffen wurde. Die Fovea ist ausgespart, ihre Funktion jedoch eingeschränkt (Körner u. Teuber 1973), wenn der Gesichtsfelddefekt unmittelbar an sie heranreicht. Die Skotome sind negativ, werden also als ein Nichts erlebt. Wenn sie eine bestimmte Größe nicht überschreiten und nicht unmittelbar an die Fovea heranreichen, werden sie gut kompensiert, im Laufe der Zeit nicht mehr als störend oder auch gar nicht mehr bemerkt (Teuber u. Mitarb. 1960). Die Pupillenreaktion ist vermindert, wenn das Skotom mit gebündeltem Licht belichtet wird.

Ausgedehntere Verletzungen der Dura oder durch Infektionen verkomplizierte Heilung vergrößern die Möglichkeit, eine posttraumatische Epilepsie zu entwickeln. Diese Epilepsien beginnen fast regelmäßig mit Photopsien oder mit komplexeren visuellen Trugwahrnehmungen im kontralateralen erhaltenen, aber amblyopen oder auch hemianopen Feld, führen alsdann zu einer Kopfdrehung vom Herd weg und schlimmstenfalls zu einer Generalisierung mit tonisch-klonischem Anfall. Komplexe visuelle Halluzinationen haben gelegentlich die Situation zum Thema, die zur Verletzung führte (Foerster 1929), ein Phänomen, welches auch als Erregungsfang bezeichnet wurde (von Uexküll 1909; Pateisky 1957).

8.5 Neurochirurgische Eingriffe

Chirurgische Eingriffe am Gehirn können je nach der Region, an der sie durchgeführt werden, Hemiamblyopien oder Hemianopsien zur Folge haben. Stereotaktische Eingriffe am Thalamus und Pallidum sollten auf jeden Fall keine Sehstörungen nach sich ziehen (Smith u. Mitarb. 1961). Die Entfernung maligner Tumoren erfolgt möglichst total, und bei dieser Entscheidung wird in der Regel eine homonyme Hemianopsie als Folge in Kauf genommen. Schwieriger wird die Beantwortung der Frage, welches neurologische Defizit, so auch ein Gesichtsfeldausfall, dem Patienten zugemutet werden kann, wenn der Eingriff der Beseitigung eines nicht oder kaum wachsenden Tumors dienen soll. Sorgfältige Risikoabwägung verlangt schließlich auch die chirurgische Entfernung eines epileptogenen Fokus. Schon die frühen elektrischen Reizversuche am Gehirn hatten, um eine unnötige Entfernung von gesunder Hirnsubstanz zu vermeiden, zum Ziel, den epileptischen Fokus so eng wie möglich einzugrenzen.

Eingriffe am Okzipitallappen werden aus ganz verschiedenen Gründen notwendig. Vor der Entfernung eines örtlich begrenzten Hämangioms oder eines epileptogenen Areals wird man Nutzen und Risiken, d.h. auch die resultierenden Ausfälle abwägen müssen. Die Operation versucht in jedem Fall, den Kortex nicht über den Sulcus parieto-occipitalis und nicht über die Area 19 hinaus abzutragen. Die okzipitale Lobektomie wird i.allg. gut toleriert. Es resultiert eine komplette homonyme Hemianopsie mit fovealer Aussparung (Huber 1962). Der im hemianopen Feld liegende Teil der Fovea zeigt allerdings Funktionseinbußen. Die Sehschärfe verändert sich nicht. Die neuropsychologischen Defizite halten sich in Grenzen. Die Stereoskopie ist reduziert, weitere Störungen sollten nicht bestehen.

Fall Angelika S.:
Das 18jährige Mädchen wird somnolent aufgefunden. Im CT des Schädels erkennt man eine Blutung links okzipital. Die Blutung wird mitsamt einem Tumor operativ entfernt (Abb. 28 b). Postoperativ besteht eine komplette homonyme Hemianopsie nach rechts. Nur die Fovea ist erhalten, der Visus wie erwartet unverändert. Die Isopteren fallen zum blinden Bereich schroff ab (Abb. 29 a). Die Patientin erholt sich gut und bewegt sich heute so, als ob keinerlei Einschränkung des Sehens bestünde. Das Lesen gelingt flüssig. Sämtliche Neglect-Tests fallen normal aus.

Operationen, die bis zum Splenium corporis callosi vordringen, die Teile des Parietal- oder basale Teile des Temporallappens mitentfernen mußten, lassen neben der Hemianopsie zunehmend, z. T. erhebliche neuropsychologische Defizite zurück (Denckla u. Bowen 1973). Auf der anderen Seite erstaunt, wieviele Patienten auch solche Ausfälle gut kompensieren können.

Je nach Umfang und nach operativem Vorgehen führt auch die temporale Lobektomie zu einer homonymen Hemianopsie. Es liegen zahlreiche Erfahrungen an Patienten vor, bei denen dieser Eingriff durchgeführt wurde, um eine medikamentös nicht zu beherrschende Temporallappenepilepsie zu bessern. Nach den Ergebnissen von Marino und Rasmussen (1968) ist mit Gesichtsfeldausfällen zu rechnen, wenn die Exzisionslinie in der Sylvischen Furche 4 cm, an der temporalen Basis 5 cm oder weiter vom Temporalpol entfernt liegt. In keinem Fall kann aber das Ausmaß der Hemianopsie nach der Schnittlinie vorausgesagt werden. Wenn ein Gesichtsfeldausfall eintritt, so ist an allererster Stelle, nämlich bei ¾ der Patienten, nur der obere Quadrant betroffen (Jensen u. Seedorff 1976). Der Ausfall erreicht unmittelbar den vertikalen Meridian, wo es zu einem schroffen Abfall der Isopteren kommt. Die untere Begrenzung des Ge-

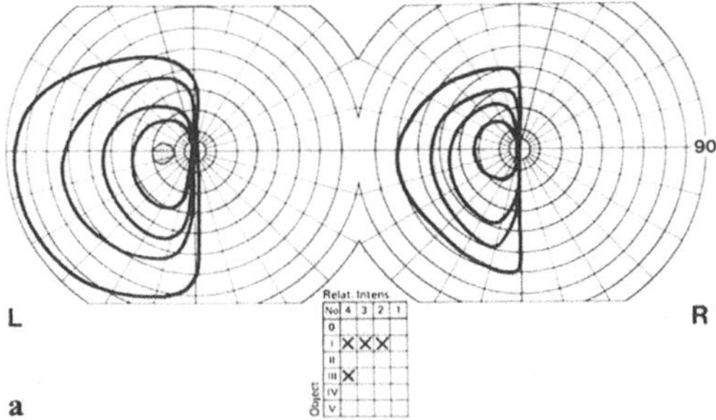

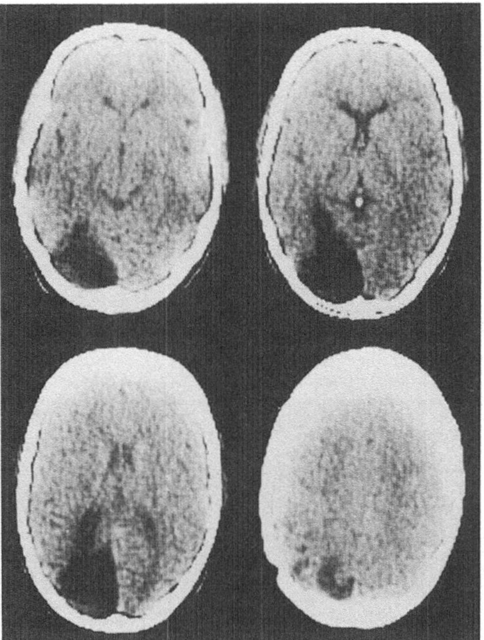

Abb. 29 a, b. Patientin Angelika S., 20 Jahre. Zustand nach operativer Resektion eines okzipital links gelegenen Oligodendroglioms. **a** Komplette homonyme Hemianopsie nach rechts. Steiler Abfall der Isopteren. Foveales Restgesichtsfeld etwa 2 Grad. **b** Scharf begrenzte, liquor-isodense Zone links okzipital. Zustand nach Ablatio eines großen Teils des Okzipitallappens

sichtsfelddefektes hält sich meist nicht an den Horizontalmeridian, sondern liegt schräg über oder unter ihm. Die Isopteren fallen hier langsamer ab.
Je weiter parieto-okzipital die Resektionslinie angesetzt wird, desto eher ist ein Aus-

fall auch des unteren Quadranten zu erwarten. Da rechtshirnige Resektionen bei linkshirniger Sprachdominanz erfahrungsgemäß großzügiger durchgeführt werden, fallen die Hemianopsien nach links entsprechend größer aus als jene nach rechts (Jensen u. Seedorff 1976). Die Gesichtsfeldausfälle sind, soweit es sich nicht um Hemianopsien handelt, häufiger inkongruent, was auf die im Temporallappen noch relativ entferntliegenden Neurone identischer Netzhautpunkte hinweist. Andere Untersucher finden nach solchen Operationen auch überwiegend kongruente Gesichtsfeldausfälle, Diskrepanzen, die nur z.T. mit unterschiedlichen Perimetriemethoden erklärt werden können (Walker u. Walsh 1968). Es versteht sich, daß die Gesichtsfeldausfälle um so eher kongruent sind, je weiter die Lobektomie nach pa-

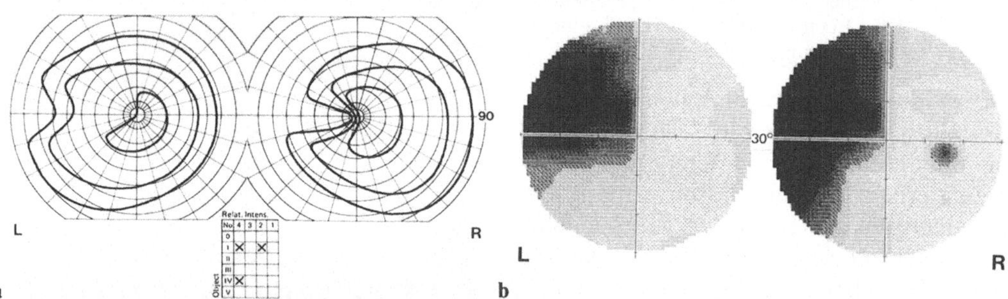

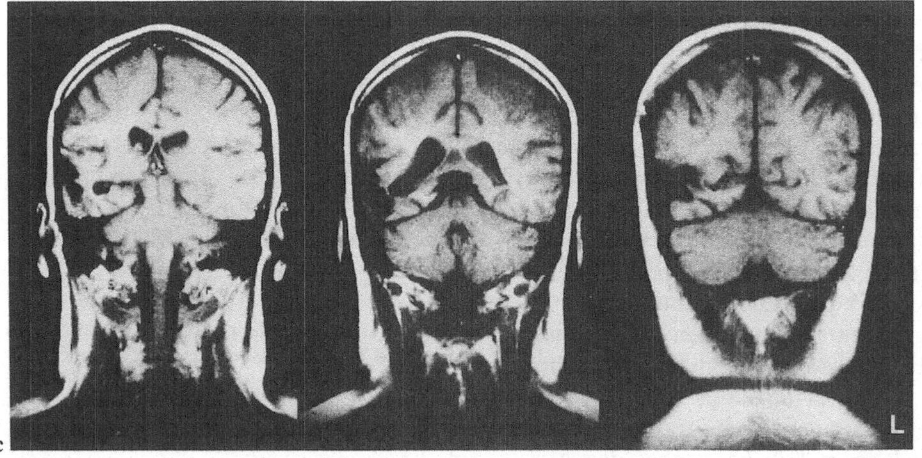

Abb. 30a–c. Patientin Marianne F., 41 Jahre. Zustand nach Resektion eines Astrozytoms, Grad 2, rechts temporo-okzipital (Fallbericht s. Abschn. 9.2.1.1, S.108). **a** Kinetische Perimetrie. Sektorenförmige, überwiegend im Bereich des horizontalen Meridians liegende, homonyme Anopsie. Ausfall des nasalen Gesichtsfelds ist größer als jener des temporalen und reicht bis unmittelbar an die Fovea. **b** Statische Perimetrie über ein Feld von 30 Grad. Doppelte Eingabelung der Schwellenwerte. Rechtes und linkes Auge getrennt untersucht. Abstand der Stimuli 6 Grad. Größe III nach Goldmann. Hintergrundbeleuchtung 31,5 asb. Gesamtzahl der Meßwerte re.396, li.420. Im Vergleich zur kinetischen Perimetrie erweist sich der Ausfall als größer, entspricht am ehesten noch dem Isopter I/2. Schwerpunkt der Störung im linken oberen Quadranten. Ausfall im homolateral zur Hirnläsion liegenden Gesichtsfeld erneut größer als im kontralateralen. **c** Kernspintomogramm des Schädels in frontalen Schnittebenen. Substanzdefekt rechts temporo-okzipital, keilförmig von der lateralen Kortexkonvexität bis an das Hinterhorn reichend

rieto-okzipital reicht. Die anteriore oder mehr mesiale Lobektomie zerstört gleiche Portionen identischer Neurone des oberen Quadranten. Es resultiert eine relativ kongruente Quadrantenanopsie. Vereinzelt ist nur die obere Hälfte des temporalen Halbmondes betroffen. Die mehr lateral gelegte Lobektomie trifft auf ungleiche Portionen. Die Fasern der ipsilateralen Retinahälfte liegen offensichtlich zum einen noch in maßgeblicher Distanz zu den homologen Fasern der kontralateralen Retinahälfte, zum anderen lateraler als jene. Fasern der ipsilateralen Netzhaut werden zuerst zerstört, es folgen vermehrt inkongruente Quadrantenanopsien (Babb u. Mitarb. 1982), und der größere Gesichtsfelddefekt liegt, wie man dies auch nach Schußverletzungen kennt (Spalding 1952a), auf der ipsilateralen Seite (Abb.30). Immerhin ein Drittel der Patienten weist nach temporaler Lobektomie keinerlei Gesichtsfeldausfall auf. Das bedeutet, daß die Meyersche Schleife sich nicht in jedem Fall um das Temporalhorn winden muß, sondern offensichtlich schon vorher nach okzipital abdrehen kann. Dementsprechend korreliert der Umfang der Resektion nicht in jedem Fall mit der Größe des nachfolgenden Gesichtsfeldausfalles.

In den letzten Jahren wurde durch die bildgebenden Schichtenuntersuchungen und durch spezielle EEG-Ableitungen die Eingrenzung des epileptischen Fokus verbessert (Talairach u. Szikla 1980; Wieser 1982). Von der mehr oder weniger großzügigen temporalen Lobektomie konnte man in zahlreichen Fällen etwa mit der Hippokampo-Amygdalektomie zu einer selektiveren Entfernung des als Fokus geltenden Gewebes übergehen und eine Verletzung der Sehstrahlung weitgehend vermeiden. Dementsprechend kleiner und seltener werden Gesichtsfeldausfälle.

Unter den 16 Patienten unseres gesamten Krankengutes, bei denen eine solche Operation – teils Temporallappenresektion, teils selektive Fokusentfernung – durchgeführt worden war, fanden wir nur drei, die eine durch die Ablatio hervorgerufene homonyme Quadrantenanopsie nach oben davongetragen hatten.

Die meisten Patienten nehmen ihren Gesichtsfeldausfall, v.a. wenn es sich um eine obere Quadrantenanopsie handelt, zunächst nicht wahr. Erst die Perimetrie und die entsprechende Aufklärung macht ihnen die postoperative Einengung des Gesichtsfeldes bewußt. Der Visus bleibt immer ungestört, die Fovea und größere Teile der Makula erhalten.

8.6 Entzündungen

Entzündungen als Ursache einer homonymen Hemianopsie haben klinisch nachrangige Bedeutung. Wir konnten sie nur bei 3 (1,1%) unserer Patienten feststellen. Gelegentlich stellt sich eine Sarkoidose des Zentralnervensystems heraus. Ihre Entzündungsherde bevorzugen innerhalb der Sehbahn den Tractus opticus, weil er im Liquorbereich liegt, aber auch intrazerebrale, temporale oder okzipitale Sarkoide mit entsprechenden Hemianopsien wurden beschrieben (Everts 1947; Norwood u. Kelly 1974; McLaurin u. Harrington 1978). Mit der Kernspintomographie läßt sich der Entzündungsherd gut lokalisieren. Auch andere Entzündungen, wie etwa die progressive multifokale Leukenzephalopathie (Rosenbloom u. Uphoff 1983), die subakute, sklerosierende Panenzephalitis (Gravina u. Mitarb. 1978) oder die Toxoplasmose sind bisher kaum Ursache homonymer Hemianopsien gewesen. Durch die Zunahme der Patienten mit Erkrankungen des Immunsystems gewinnen aber manche nosokomialen Erreger an Bedeutung, so daß gelegentlich an entsprechende Enzephalitiden und ebenso an durch sie hervorgerufene zentrale Sehstörungen gedacht werden muß.

Homonyme Hemianopsien bei Encephalomyelitis disseminata sind zwar nicht ausgeschlossen, wie gelegentlich vermutet wird, aber doch sehr selten. Bei etwa 1–2% aller Patienten kann mit solchen Sehstörungen gerechnet werden (Boldt u. Mitarb.1963; Kahana u. Mitarb. 1971; Haw-

kins u. Behrens 1976). Etwas im Widerspruch zu der seltenen klinischen Manifestation stehen die pathologisch-anatomischen Befunde: in etwa 50% aller Patienten lassen sich MS-Plaques im Bereich der Sehbahn nachweisen (Stavitsky u. Rangell 1950). Es wird vermutet, daß die durch suprachiasmatische Läsionen hervorgerufenen Sehstörungen zu gering sind, als daß sie mit der herkömmlichen kinetischen Perimetrie erfaßt werden könnten. Verzögerte Latenzen der visuell evozierten Potentiale mögen zwar auf die Tatsache einer Läsion der Sehbahn hinweisen, sie erlauben jedoch keine sichere Ortsbestimmung. Auch ist anzunehmen, daß die Läsion nur weniger Fasern der Sehstrahlung, vor allem der außerhalb der Makula liegenden, keine erkennbare Veränderung der visuell evozierten Potentiale hervorruft. Die statische Perimetrie erweist sich auch hier der kinetischen ebenso wie den visuell evozierten Potentialen überlegen (Meienberg u. Mitarb. 1982). Die verbesserten bildgebenden Verfahren decken zunehmend auch kortexnahe Plaques mit weitreichendem Ödem auf. Die homonymen Sehstörungen bei MS sind daher nicht allein auf Plaques innerhalb des Traktus oder des CGL, wie gelegentlich vermutet, sondern auch auf Läsionen innerhalb der temporalen, parietalen oder auch okzipitalen Sehstrahlung zurückzuführen (Beck u. Mitarb. 1982).

Fall Michael K.:
Die von dem 21 Jahre alten Studenten plötzlich bemerkten Lesestörungen erweisen sich perimetrisch als homonyme Quadrantenanopsie nach links unten. Der Visus ist normal, ebenso der Spiegelbefund des Augenhintergrundes. Während der 5 Wochen, die die Anopsie anhält, kommen und gehen verschiedene andere neurologische Symptome. Im Liquor finden sich mit Pleozytose, autochthoner IgG-Vermehrung und oligoklonalen IgG-Banden für multiple Sklerose typische Befunde. Im Kernspintomogramm stellen sich ein großes signalintensives Areal rechts okzipito-parietal und zwei kleine Areale einmal im parietalen Marklager und einmal im Bereich der Basalganglien links dar

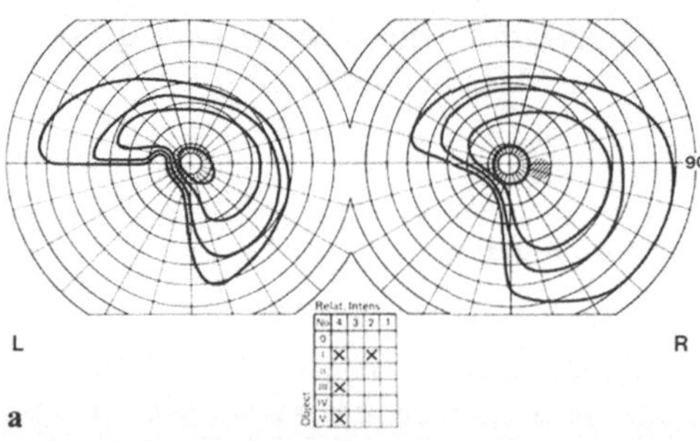

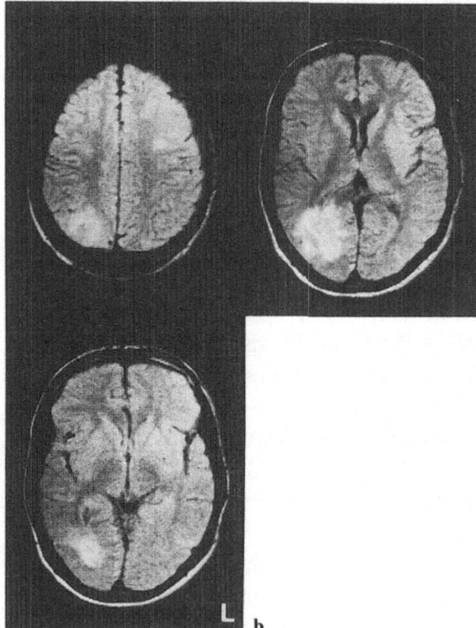

Abb. 31a, b.   Patient Michael K., 21 Jahre. Multiple Sklerose. **a** Homonyme kongruente Quadrantenanopsie links unten. **b** Kernspintomogramme des Gehirns. Große signalintensive, Mark und Rinde einnehmende Zone rechts parieto-okzipital. Weitere kleine Zone im Marklager hochparietal links

(Abb. 31). Nach 8 Wochen läßt sich kein Gesichtsfeldausfall mehr nachweisen, weder mit kinetischer noch mit statischer Perimetrie.

8.7 Kongenitale oder perinatale Hirnschäden

Homonyme Hemianopsien als Folge eines kongenitalen oder perinatalen Hirnschadens galten vor der Einführung des Computertomogramms als selten. Mit den bildgebenden Verfahren konnten aber solche Schäden immer häufiger aufgedeckt werden (Roger u. Mitarb. 1977).
Die Entdeckung des Gesichtsfeldausfalles ist mehr oder weniger dem Zufall oder der Sorgfalt des Arztes überlassen, die Patienten bemerken ihre visuelle Einschränkung jedenfalls nicht und können dementsprechend auch nicht auf sie aufmerksam machen. Inwieweit Verzögerungen der psychomotorischen Entwicklung, Ungeschicklichkeit und Lernschwierigkeiten auf die Existenz des Ausfalls schon in der frühen Kindheit hinweisen könnten, bleibt unklar. Häufig zeigen die Patienten neben der Hemianopsie keine weiteren neurologischen Defizite.

Fall Erdal A.:
Der 24 Jahre alte, intelligente Kleinunternehmer will den Führerschein für Lastkraftwagen erwerben, soll aber wegen eines leichten Strabismus divergens - das rechte Auge steht nach außen - noch einmal genauer ophthalmologisch untersucht werden. Die Perimetrie ergibt eine fast komplette homonyme Hemianopsie rechts (Abb. 32a). Der Patient hört zum ersten Mal von diesem Ausfall, hat aber kein Verständnis dafür. Er fühlt sich gesund, weiß nichts über Schwierigkeiten, seinen Personenkraftwagen zu steuern, liest schnell und flüssig auch unbekannte Texte. Im Computertomogramm des Gehirns stellt sich ein erweitertes Hinterhorn links dar (Abb. 32b).

Der Großteil der Patienten entwickelt allerdings spätestens bis zum 20. Lebensjahr eine temporale Epilepsie mit komplex-fokalen Anfällen, und diese Anfälle sind es

dann meist, die zur Entdeckung der Sehstörung führen. Entweder handelt es sich um eine Hemi- oder obere Quadrantenanopsie. Die Gesichtsfeldausfälle sind kongruent, was auf eine okzipital lokalisierte Läsion hinweist. Gelegentlich beobachtet man einen Strabismus divergens. Das der Hemianopsie ipsilaterale Auge steht nach außen und fixiert nicht foveal. Dieser Befund weist zum einen auf den Einfluß des visuellen Kortex auf die binokuläre Fu-

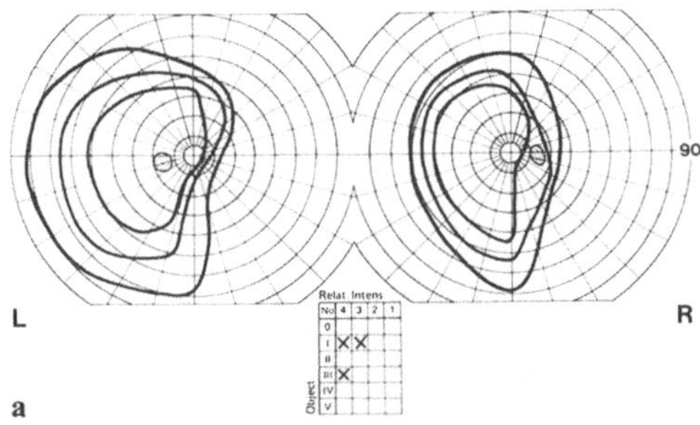

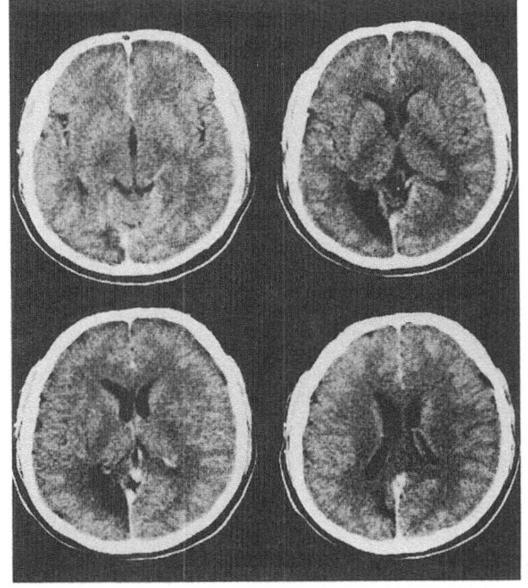

Abb. 32a, b. Patient Erdal A., 24 Jahre. Kongenitale Hemianopsie. **a** Homonyme, fast komplette Hemianopsie rechts. Mäßig steiler Abfall der Isopteren in den hemianopen Bereich. **b** CT des Gehirns. Erweiterung des Hinterhorns links, möglicherweise als Hinweis auf einen kongenital erlittenen Hirninfarkt im Bereich der A. cerebri posterior

sion hin (Bishop 1973), zum anderen legt er die Vermutung nahe, daß die eine Sehrinde der anderen funktional gleichwertig sein muß, wenn es zu einer Fusion beider Foveae kommen soll. Der optokinetische Nystagmus ist meist ungestört, obwohl die im CT sichtbare Hirnatrophie den Parietallappen gelegentlich miteinbezieht. Am Augenhintergrund erkennt man eine Abblassung der Papillen (Bajandas u. Mitarb. 1976), was auf eine transsynaptische, über das CGL hinausgehende neuronale Degeneration hinweist.

Unter unseren Patienten mit homonymer Hemianopsie fanden wir 8 (ca.3%), bei denen eine kon- oder perinatale Hirnschädigung angenommen werden mußte. In jedem Fall wies die Anamnese auf Komplikationen während der Geburt hin. Die Gesichtsfelddefekte, 5mal obere Quadranten- und 3mal Hemianopsien, waren jeweils kongruent. Von einer Ausnahme abgesehen litten alle Patienten unter einer temporalen Epilepsie mit komplexfokalen Anfällen. Bei 4 Patienten enthielt die Aura des Anfalls ein Déjà-vu- oder ein Jamais-vu-Erlebnis.

Im Pneumenzephalogramm sieht man den Befund gleich einer Porenzephalie, eine Erweiterung des Hinterhorns und eine Atrophie des Okzipitallappens. Das Computertomogramm weist häufig auf einen Defekt hin, der in etwa dem Versorgungsgebiet der A. cerebri posterior, demnach einem Infarkt entspricht. Es wird vermutet, daß während der Geburt intrakranielle Raumforderungen – im wesentlichen subdurale Hämatome (Remillard u. Mitarb. 1974) – passager zu einer transtentoriellen Herniation des Temporallappens führen. Am meisten gefährdet sind deshalb die mesialen Anteile des Temporallappens, nämlich Unkus, Ammonshorn und Hippocampus. Die geschädigten Gebiete sklerosieren in der folgenden Zeit und erweisen sich bald als penetranter epileptogener Fokus (Earle u. Mitarb. 1953). Nimmt die transtentorielle Herniation größere Ausmaße an, so kommt es zu einer Strangulation der A. cerebri posterior und nach einer kritischen Zeit zu einer ischämischen Schädigung des Okzipitallappens.

Die Kompression im Tentoriumschlitz kann seltener auch die unmittelbar nach der Bifurkation der A. cerebri posterior abgehenden thalamogenikulären Äste betreffen (Lindenberg u. Walsh 1964; Fite 1967). Im ungünstigsten Fall kommt es auch hier zu ischämischen Läsionen, nämlich des CGL, gelegentlich auch des Thalamus und des Crus cerebri. Die Hemianopsie ist meist inkomplett, inkongruent, der untere Quadrant ist häufiger betroffen als der obere. Am Augenhintergrund erkennt man die Papillenatrophie als Zeichen der neuronalen Degeneration.

9 Visuelle Halluzinationen und Illusionen

Läsionen der Sehbahn – gleich welcher Lokalisation – schränken die Möglichkeiten, die visuelle Außenwelt wahrzunehmen, ein oder machen sie ganz zunichte. Gleichzeitig, oft aber auch als Vorbote des drohenden Verlustes, kommt es teils versteckt, teils aufdringlich, zu einer Fülle von endogenen Erscheinungen, von visuellen Trugwahrnehmungen, die allesamt auf eine Desintegration des neuronalen Netzwerkes zurückgeführt werden können. Das gestörte oder unterbrochene physiologische Zusammenspiel von Potentialaufbau, von Entladung und Hemmung vermehrt die Bereitschaft zu spontaner Entladung entsprechend unversehrt gebliebener Neurone oder führt aufgrund des Fortfalls physiologischer Afferenzen zu einer produktiven Verselbständigung verschiedener Regelkreise innerhalb des visuellen Systems.

Seit Esquirols Abhandlung (1838) trennen wir unter den Trugwahrnehmungen die Halluzinationen von den Illusionen. Diese phänomenologische Differenzierung bewährt sich auch vor dem Hintergrund zentraler Sehstörungen. Aus klinischer Sicht lassen die beiden Möglichkeiten visueller Trugwahrnehmung jeweils typische Eigenschaften erkennen, und es ist anzunehmen, daß dieser unterschiedlichen Spezifität auch ein unterschiedliches pathophysiologisches Korrelat zugrunde liegt. Alles das, wie Lessel (1975) vorschlägt, zu den Halluzinationen zu rechnen, was der Patient meint zu sehen, der Gesunde aber nicht sieht, ist sicher zu vereinfacht und für das Verständnis solcher Phänomene

wenig hilfreich. Die Halluzinationen sind das Produkt rein endogener, wie sich zeigt, eher pathologischer Erregungs- oder Entladungsmuster, und auf keinen äußeren Reiz zurückzuführen. Die Illusionen hingegen stellen häufig ein individuell determiniertes, nicht immer pathologisches Umformungsprodukt äußerer Reize dar.

Sieht man von Ausnahmen ab, so berichtet kaum ein Patient unaufgefordert über seine Fehlwahrnehmungen. Manche übergehen sie einfach oder sind verständlicherweise von der eigentlichen Sehstörung, dem Gesichtsfeldausfall derart überwältigt, daß sie keinen Sinn mehr für solche Begleitphänomene haben. Andere wiederum befürchten aufgrund ihrer nicht beherrschbaren Trugwahrnehmungen, am Rande des Irreseins zu stehen, und scheuen sich deshalb, jemanden ins Vertrauen zu ziehen. Einige unserer Patienten wurden von ihrem Bettnachbarn, dem sie sich anvertraut hatten, sozusagen an den Arzt verraten. Die behutsame Befragung, die sich aber nicht darauf beschränken darf, ob etwas Auffälliges beobachtet werden konnte, sondern konkrete Beispiele anbieten muß, vermag dann bei etwa der Hälfte aller Patienten eine Fülle von Trugwahrnehmungen ans Licht zu bringen. Da die meisten Halluzinationen und Illusionen nur innerhalb einer bestimmten Zeitspanne, jeweils während der Aus- oder Rückbildung der homonymen Hemianopsie, oft nur für Tage oder auch weniger, manchmal nur morgens oder nur abends (Engerth u. Mitarb., 1935) auftauchen und zudem von vielen Patienten verdrängt oder ein-

Tabelle 6. Halluzinationen und Illusionen bei 112 Patienten (41%)

Photopsien	85 (31,0%)
komplexe Halluzinationen	32 (11,7%)
monokuläre Diplopie	11 (4,0%)
Palinopsie (incl. Polyopie)	19 (6,9%)
andere	10 (3,6%)

(Zahlreiche Patienten hatten verschiedene visuelle Trugwahrnehmungen)

fach vergessen werden, wird verständlich, warum retrospektive Untersuchungen eine geringere Inzidenz ergeben müssen. Die in Tabelle 6 aus unserem Krankengut zusammengestellten Ergebnisse, zu 85% prospektive Untersuchungen, sollen einen Eindruck vermitteln, wie häufig mit welchen Trugwahrnehmungen zu rechnen ist. Die Kenntnis visueller Trugwahrnehmungen im Umfeld zentraler Sehstörungen bereichert die diagnostischen Aussagen und führt schließlich auch zu einem besseren Verständnis für das, was in dem Patienten vorgeht und von ihm verarbeitet werden muß.

9.1 Visuelle Halluzinationen

Visuelle Halluzinationen können einfacher oder komplexer Natur sein. Die einfachen Halluzinationen, die Photopsien oder Phosphene, im englischen Sprachgebrauch auch „crude" oder „unformed halluzinations" bezeichnet, beeinhalten die Wahrnehmung bunter oder unbunter Lichter: Punkte, Sterne, Striche, Linien, Kurven, Kreise, Funken, Blitze, Flammen. Wir sprechen von komplexen Halluzinationen, „formed halluzinations", wenn ohne erkennbaren äußeren Reizzusammenhang unbelebte oder belebte Objekte oder Personen aus der eigenen Vorstellungswelt visuelle Gestalt annehmen oder wenn gar kürzere oder längere szenische Abläufe ge-

sehen werden. Man sollte immer versuchen, zwischen einfachen und komplexen Halluzinationen zu trennen, was in der Regel, jedoch nicht in jedem Fall in der gebotenen Strenge gelingt.

Um echte Halluzinationen handelt es sich, wenn der Patient sie als Wirklichkeit verkennt, um Pseudohalluzinationen, wenn er bemerkt, daß sie subjektiv unwirklich ohne Vermittlung über die Außenwelt in seinem eigenen Inneren entstanden sind (Kandinsky 1881; Jaspers 1973). Visuelle Halluzinationen, die im Gefolge zentraler Sehstörungen auftreten, werden vom Patienten in der Regel als irreal erkannt, sind ihrem Charakter nach also Pseudohalluzinationen. Nur Veränderungen des Wach- oder Bewußtseins können seine Fähigkeit einschränken, Echtheit von Trug zu unterscheiden. Er gerät dann in Versuchung, sich so zu verhalten, als ob das Gesehene, zumal wenn es sich um komplexe Halluzinationen handeln sollte, der Realität entspräche.

Da ganz unterschiedliche Erkrankungen des Gehirns, nicht nur der Sehbahn, von visuellen Halluzinationen begleitet sein können, wird es manchmal schwierig, die diagnostische und ebenso die lokalisatorische Bedeutung des jeweiligen Symptoms richtig einzuschätzen. Die Ende des 19. Jahrhundert von Henschen (1890/92) aufgestellte, gegen alle Angriffe (Schröder 1925) vehement verteidigte (Henschen 1925), streng lokalistische Vorstellung hatte zum Inhalt, visuelle Trugwahrnehmungen seien fast uneingeschränkt Erregungsvorgänge des Okzipitalgehirns. Sie konnte in ihrer Strenge ebenso wenig aufrecht erhalten werden, wie die Auffassung von Weinberger und Grant (1940), daß nämlich visuellen Halluzinationen jede lokalisatorische Bedeutung abzusprechen sei. Die Zahl der Mitteilungen überzeugt davon, daß allein schon die Unterscheidung der Halluzinationen in solche, die vor dem gesamten und jene, die nur im halbseitigen

Gesichtsfeld auftreten, von großem lokalisatorischen Wert ist. Wenn noch mehr Details zur Krankheit bekannt sind, etwa daß die Halluzinationen nicht nur halbseitig, sondern darüber hinaus im hemianopen Feld auftauchen, gewinnt die Berücksichtigung dieser scheinbar unwesentlichen Phänomene zunehmend an klinischer Bedeutung.

Halbseitig auftretende visuelle Halluzinationen kennen wir bei Migräne (Bücking u. Baumgartner 1974), im Laufe fokaler oder fokal eingeleiteter epileptischer Anfälle (Henschen 1890/92, 1911; Laehr 1896; Horrax 1923; Russel u. Whitty 1955; Janz 1969; Palem u. Mitarb. 1970), schließlich im homonymen Feld als Manifestation verschiedener Erkrankungen (Higier 1894; Eskuchen 1911; Gloning u. Mitarb. 1967). Einzelne Migränephotopsien, auch visuelle Halluzinationen bei epileptischen Anfällen wurden bereits in früheren Kapiteln beschrieben. Im folgenden soll das Gewicht auf jene visuellen Trugwahrnehmungen gelegt werden, die als Vorbote oder als Begleitphänomen von Erkrankungen der suprachiasmatischen Sehbahn beobachtet werden, aber weder zu dem Krankheitsbild der Migräne noch zu dem der Epilepsie Beziehungen erkennen lassen.

9.1.1 Photopsien

Photopsien stellen sich auf den ersten Blick in einer derartigen Vielfalt dar, daß man ihnen nicht ohne weiteres allgemeingültige, klinische Bedeutung beimessen mag. So finden wir aufschlußreiche Einzelbeschreibungen breit in der Literatur verstreut, jedoch keine Versuche einer Phänomenologie und einer entsprechenden systematischen Zuordnung zu Gesichtsfelddefekten oder Krankheitsbildern, sieht man einmal von den Ansätzen bei Pötzl (1928) und bei Gloning und Mitar-

beiter (1967, 1968) ab. Unter 241 Patienten mit homonymen Hemianopsien fanden Gloning und Mitarbeiter (1967) 55, die Photopsien wahrnahmen - ob auf das hemianope Feld beschränkt, geht aus der Arbeit nicht eindeutig hervor. Unter diesen 55 Patienten gab es 37, die weiße oder unbunte, 6, die bunte und 12, die sowohl unbunte als auch bunte Photopsien wahrnahmen.

In einer von uns vorgenommenen Untersuchung, die 125 Patienten mit homonymer Hemianopsie verschiedener, doch überwiegend vaskulärer Pathogenese einschloß, fanden wir 52, die halbseitig Photopsien wahrgenommen hatten (Kölmel 1984b). Wenn man die Beschreibung der Patienten als natürliche Maßgabe aufgriff, so bot sich eine phänomenologische Ordnung der Photopsien nach ihren Struktur- und Farbmerkmalen sowie nach ihrer Lichtintensität an. Danach ließen sich 5 Gruppen unterscheiden: bunte Muster, bunte Felder, bunte Nebel, unbunte blendende und unbunte nichtblendende Photopsien. Alle diese Photopsien zeigten eine Translokation mit der Augenbewegung, verhielten sich demnach wie retinale Nachbilder. Weder Augenbewegungen, noch Augenschließen oder -öffnen übten irgendeinen Einfluß auf sie aus.

Die bunten Muster und die unbunten blendenden Photopsien wurden von Patienten wahrgenommen, die sich nach dem neurologischen Befund, der Pathogenese, dem Befund im CT und schließlich nach der Prognose des Gesichtsfeldausfalles als einer homogenen Gruppe zugehörig erwiesen. Fast durchweg (92%) handelte es sich um Patienten, die einen Hirninfarkt erlitten hatten.

Fall Friedrich S.:
Dem 72 Jahre alten, rüstigen Mann wird es morgens plötzlich schwindlig und schwarz vor den Augen. Nach etwa einer Minute kann er wieder sehen. Da er aber die räumliche Orientierung verloren hat, wird er ins Krankenhaus gebracht. Ob-

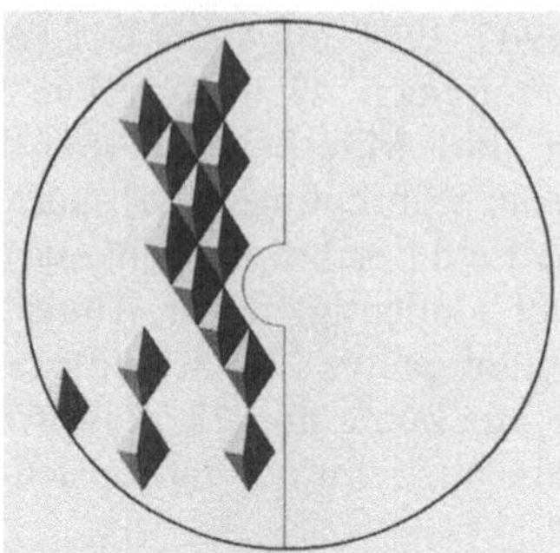

Abb. 33. Patient Friedrich S., 72 Jahre. Territorialinfarkt okzipital rechts. Blendend helle, bunte Muster im linken Gesichtsfeld noch vor Eintritt der Hemianopsie. Die Flächen der Tetraeder tragen jeweils die Farben Rot, Grün, Blau und Gelb

wohl zu diesem Zeitpunkt der neurologische Befund schon wieder regelrecht ist, erfolgt die stationäre Aufnahme. In der nun folgenden Nacht wird der Patient von grellen, bunten Flecken aufgeschreckt, die auf der linken Seite auftauchen. Es handelt sich um plastisch erscheinende, im Raum schwebende Pyramiden, deren Seitenteile jeweils gelb, grün, blau und rot glänzen. Diese Pyramiden lagern in vertikalen und horizontalen Ketten aneinander, so daß ein streng geometrisches Muster entsteht (Abb. 33). Durch ihr Blinken und Schillern, ihr permanentes Wandern, Kommen und Gehen, ist der Patient derart beunruhigt, daß er noch in der Nacht einen Arzt ans Bett ruft. Am 3. Krankheitstag verschwinden die Photopsien, dafür wird erstmals eine homonyme Hemianopsie nach links festgestellt. Im CT ergibt sich der Befund eines inkompletten Infarktes im Bereich der rechten A. cerebri posterior.

Auch in den Computertomogrammen anderer Patienten mit gleichen oder ähnlichen Photopsien fanden sich okzipital kleine, umschriebene Läsionen, die überwiegend den Kortex des Interhemisphärenspaltes und das angrenzende Marklager betrafen. Wie in dem geschilderten Fall können diese Photopsien der Hemianopsie vorausgehen. Da sich der Gesichtsfeldausfall zudem in der Mehrzahl der Fälle (18 von 28) völlig oder bis auf Reste zurückbildet, weisen sie darauf hin, daß die Hemianopsie eher Ausdruck einer Funktionsstörung, weniger einer Substanz-

schädigung ist. Solange sie auftauchen, kann mit einer Rückbildung des Gesichtsfeldausfalles gerechnet werden. Die geometrischen Strukturen und die immer wieder gleichermaßen beschriebenen vier Grundfarben weisen auf das Sichtbarwerden einer funktionellen Neuronenarchitektur hin. Aufgrund ihrer Ähnlichkeit mit den Fortifikationslinien des Migräneanfalls, liegt es nahe, die Photopsien wie jene (Bücking u. Baumgartner 1974) auf Entladungen richtungsspezifischer Neurone im Bereich der Area 17 zurückzuführen. Ebenso kann aufgrund der Farbigkeit auf die Entladung farbspezifischer Neurone entweder in Area 17 oder in solchen Feldern geschlossen werden, in denen man gehäuft farbspezifische Neurone vermutet (Zeki 1978 a, b).

Als ein prognostisch günstiges Zeichen erwiesen sich auch jene Photopsien, die von den Patienten als unbunte oder bunte Nebel beschrieben wurden. Schließlich ergab sich in Analogie zu den Stimulationsversuchen von Marg und Dierssen (1965), daß bunte, eckige Felder eher einem kortikalen, runde Punkte oder Kreise eher einem subkortikal Entladungsort zuzuordnen sind (Kölmel 1984 b).

Im Hinblick auf die Pathogenese der homonymen Hemianopsien ergab sich folgendes (Tabelle 7): Die Hirninfarkte waren in der Untersuchung zwar überrepräsentiert, dennoch zeichnete sich ab, daß Photopsien bevorzugt im Laufe solcher Krankheiten auftreten. Ihr Erscheinen ist eng an das Infarktereignis gekoppelt und

Tabelle 7. Pathogenese der Hemianopsie und Auftreten von Photopsien (n = 125)

	Photopsien	keine Photopsien
Hirninfarkt	42	50
Raumforderung	9	21
andere Genese	1	2

in der Regel auf eine kurze Zeit begrenzt – nach 10 Tagen wurden nur noch selten Photopsien beobachtet.

Wenn Hirntumoren die Sehbahn im suprachiasmatischen Abschnitt komprimieren, so gehören Photopsien zwar auch zu einer der ersten klinischen Symptome. Sie gehen aber meist dem Gesichtsfeldausfall voraus und verschwinden dann wieder, wenn er eingetreten ist (Foerster 1929; Sanford u. Bair 1939). Mit dem Wachstum des Tumors kommt es als Ausdruck der Kompression zu Spontanentladungen visueller Neurone, die sich als Photopsien äußern. In diesem Stadium vermag die kinetische Perimetrie häufig keine, die Farb- oder die statische Perimetrie dafür erste Funktionsdefizite im Halbfeld nachzuweisen. Wächst der Tumor weiter, so geht der funktionelle Ausfall in eine substantielle Läsion über. In diesem Stadium können keine Photopsien mehr auftauchen, weil das generierende oder das wahrnehmende Substrat dazu fehlt. Wenn weiterhin Photopsien im hemianopen Feld auftauchen, dann sind sie Teil eines epileptischen Anfalls – was selten ist –, oder aber Hinweis dafür, daß etwa infolge infiltrierenden oder extrazerebralen Wachstums noch keine ausgedehnte Zerstörung visueller Neurone eingetreten ist. Wir fanden, daß die extrazerebralen Tumoren – es handelte sich durchweg um Meningeome (n = 8) – dreimal so häufig Photopsien produzierten wie die infiltrierend wachsenden Gliome.

Sind Hirntraumen die Ursache von Hemianopsien, so treten Photopsien häufig in der Frühphase, also unmittelbar nach der Verletzung auf. Manchmal kehren diese zuerst erlebten Photopsien später als visuelle Aura und Teil eines epileptischen Anfalls wieder zurück.

Die klinische Einordnung der photopsiengenerierenden Erregung, zumal im Zusammenhang mit Hirninfarkten, ist nicht einfach. Es fragt sich, wann die Photopsien als einfaches, sich selbst beendendes Ent-

ladungsphänomen und wann sie als Teil eines epileptischen Anfalls angesehen werden müssen. Barolin und Mitarbeiter (1975) haben sie als fokale ischämische Anfälle von den epileptischen im Rahmen einer Epilepsie trennen wollen. Tatsächlich entschieden die Photopsien in unserem Krankengut nicht darüber, ob für diese Patienten ein höheres Risiko bestand, später an einer Epilepsie zu erkranken. EEG-Befunde konnten bisher nicht zu einer genaueren Differenzierung beitragen, zumindest ist über Ableitungen während des Auftretens von Photopsien nicht viel bekannt. Inoue und Mitarbeiter (1987) konnten bei 4 Patienten während der Photopsieepisoden EEG-Ableitungen vornehmen. Bei 3 Patienten, die einen Hirninfarkt erlitten hatten, zeigten sich keinerlei Veränderungen. Ein 4. Patient litt aufgrund eines okzipito-parietal rechts gelegenen Mißbildungstumors an Grand-mal-Anfällen, die von einer visuellen Aura eingeleitet wurden. In dieser Aura sah er rhythmisch aufblitzendes, regenbogenfarbenes Licht im linken unteren Gesichtsfeldquadranten. 5 Tage nach der operativen Entfernung des Tumors nahm er im jetzt blinden Quadranten mehrmals über längstens 15 min Photopsien wahr, die jenen der Aura glichen. Er war dabei bewußtseinsklar, hatte keinerlei Einschränkungen seiner intellektuellen oder somatischen Funktionen. Zeitgleich mit den Photopsien ließen sich im EEG über den temporo-okzipitalen Ableitepunkten rechts „sharp waves" und „sharp-slow waves" nachweisen. Nach dem EEG mußte es sich also um epileptische Phänomene handeln. Es zeigt sich aber auch, wie schwierig die Abgrenzung zwischen Photopsien als epileptisches oder als unspezifisches Erregungssymptom des Okzipitallappens werden kann. In Analogie zu den Früh- und Spätanfällen nach Hirntraumen (Janz 1982; Paillas u. Mitarb. 1970) vertreten Inoue und Mitarbeiter (1987) die Auffassung, daß die Zeit darüber entscheide, ob solche visuellen Trugwahrnehmungen als einfaches Erregungs- oder als selbständiges epileptisches Phänomen eingestuft werden müssen.

Nach rein phänomenologischen Gesichtspunkten machen wir die Erfahrung, daß die Photopsien, die im hemianopen Feld auftreten und wohl als Ausdruck spontaner Neuronenentladung, jedoch nicht als Epilepsieäquivalent eingeschätzt werden sollten, eine vergleichsweise undramatische Inszenierung erleben. Die Erscheinungen dauern oft nur Bruchteile von Sekunden an. Wenn die Photopsien länger zu sehen sind, dann stehen sie meist ruhig und wenig lichtintensiv an einem Ort des Gesichtsfeldes. Eigenbewegungen sind, falls sie überhaupt auftreten, stereotyp, Drehbewegungen werden nur ausnahmsweise beschrieben. Gewiß, die Übergänge zu epileptischen Photopsien können fließend sein. Diese sind aber lebendiger und erleben, auch wenn sie nur für Sekunden erscheinen sollten, einen phänomenologischen Wandel. Blasse Photopsien werden hell, unbunte plötzlich bunt. Die bunten wechseln ihre Farbe – Rot soll vorherrschen (Köhler 1960) – und verändern ihre Bewegung. Aus der Ruhe heraus beginnen sie sich zu drehen und breiten sich dann häufig über das Gesichtsfeld aus. Meist kommt es zu einer Drehbewegung der Augen und des Kopfes. Ein Großteil der visuellen Auren münden in einen Grand-mal-Anfall, der über die Diagnose dann endgültig entscheidet. Die von Russel und Whitty (1955) an 60 Patienten mit visuellen Auren herausgearbeitete Unterscheidung, daß kontinuierliche Lichterscheinungen auf striäre, unterbrochene Lichterscheinungen hingegen auf prästriäre Erregung hinweisen sollen, kann wohl kaum als allgemeingültig akzeptiert werden. Darauf haben schon die unterschiedlichen Ergebnisse von Reizversuchen in diesem Kortexbereich (Foerster 1929; Penfield u.

Rasmussen 1950) hingewiesen. Bleibt noch einmal darauf hinzuweisen, daß Photopsien im Rahmen eines epileptischen Anfalls meist nicht im hemianopen, sondern – nach den Befunden der kinetischen Perimetrie – im noch funktionstüchtigen Feld auftauchen. Sie können dann wohl ähnlich der Migräne vorübergehend eine homonyme Quadranten- oder auch eine Hemianopsie zurücklassen, ein Ausfall, der sich aber schnell, spätestens nach Stunden wieder zurückgebildet hat (Russel u. Whitty 1955).

Nach unseren Befunden an Patienten mit Photopsien im hemianopen Feld ohne klinischen Hinweis auf das Vorliegen einer Epilepsie, ergab sich aus der Morphologie der Photopsien folgendes zur Lokalisation der Schädigung und zur fraglichen Generation: die besonders streng geometrisch strukturierten Photopsien, speziell die Muster, weisen auf eine im Bereich der Area striata lokalisierte Erregung hin. Die Photopsien in Form von geraden Strichen, Balken oder Rechtecken werden eher kortikal, die in Form von Kurven oder Kreisen eher subkortikal generiert. Je weniger Ordnung die Photopsien erkennen lassen, desto schwieriger wird ihre lokalisatorische Zuordnung (Kölmel 1984 b).

9.1.2 Komplexe Halluzinationen

Etwa 12% aller Patienten berichtet von komplexen visuellen Halluzinationen, von Menschen, Gesichtern, Händen, Tieren, von scheinbar unwichtigen Gegenständen, von bekannten und fremden Ländern. Ihre Visionen treten nie vor oder zeitgleich mit Einsetzen des Gesichtsfeldausfalles auf. Immer verstreichen mehrere Stunden, meist 1–2 Tage, selten mehr als 1 Woche. Die Halluzinationen verschwinden regelmäßig, wenn sich der Gesichtsfeldausfall zurückbildet. Bleibt er aber bestehen, so werden sie im Laufe von Tagen, Wochen, vereinzelt auch erst nach Monaten seltener, verlieren sich dann aber meist ganz. Die Patienten sind während der Halluzinationen bewußtseinsklar, bringen die Erscheinung in Zusammenhang mit der Sehstörung und erkennen schnell die fehlende Realität.

Diese Wahrnehmungen entsprechen ohnehin nicht der vollen Wirklichkeit. Sie sind farblos oder farbarm, meist in verschiedene Grau- oder Brauntöne getaucht. Die Patienten haben häufig den Eindruck, als ob die halluzinierten Objekte oder Personen kleiner als in Wirklichkeit seien. Manchmal erscheint ihnen eine Welt der Zwerge, eine Welt der Alice im Wunderland, teilweise so überdeutlich vor den Augen und mit einer solchen Hartnäckigkeit, daß Ähnlichkeiten mit den im französischen Schrifttum (Lhermitte 1951; de Morsier 1967; Routsonis 1970) als Charles-Bonnet-Syndrom bezeichneten visuellen Halluzinationen erkennbar werden, unter denen besonders ältere Menschen leiden können. Wenn Personen auftauchen, so wird zumeist behauptet, die Gesichter seien nicht recht zu erkennen, ein Eindruck, der als endogene Prosopagnosie bezeichnet werden kann. Viele Patienten klagen auch darüber, daß sie den Wahrnehmungen passiv ausgeliefert seien, und fast alle berichten, daß sie ein bestimmtes Objekt oder eine bestimmte Szene stereotyp oftmals gesehen hätten.

Fall Elisabeth W.:
Vielleicht ist es wichtig zu wissen, daß die 62 Jahre alte, vitale Frau in ihrer Kindheit viel gehänselt und ihr etwas zu groß geratenes rechtes Auge als Glubschauge bezeichnet wurde. Sie erlitt jetzt eine intrazerebrale Blutung links okzipital (Abb. 34c) mit homonymer Hemianopsie rechts. Am 2. Krankheitstag sah sie erstmals, dann wiederholt bunte Kugeln und andere geometrische Muster, die sich teilweise aus einem teppichähnlichen Grund herauslösten. Die Kugeln nahmen angeblich den Aspekt wohlgeformter Augen an (Abb. 34a). Unabhängig davon nahm die Patientin immer wieder viele, in Reih und Glied stehende kleine, stereotyp aussehende Männer wahr, die ihr

zuwinkten oder die den Mund aufrissen (Abb. 34b). Diese Erscheinungen, von denen sie genaue Zeichnungen anfertigen konnte, traten vielmals, teilweise 40- oder 50mal am Tag auf, wurden gegen den 6. Krankheitstag seltener und waren nach etwa 3 Wochen verschwunden.

Photopsien und komplexe Halluzinationen treten nicht gleichzeitig auf, die einen können aber die anderen ablösen. Es kommt jedenfalls nicht zu solch fließenden Übergängen, wie man sie von Deprivationsversuchen, halluzinatorischer Psychose oder nach der Einnahme von Halluzinogenen (Krill u. Mitarb. 1960) kennt. Manche Halluzinationen stehen starr, andere lassen Eigenbewegung erkennen, wieder andere wecken die Erinnerung an ein bestimmtes, schon vor längerer Zeit gesehenes Objekt oder an eine bestimmte tatsächlich erlebte Szene oder vermitteln gar den Eindruck, man habe eben gerade sein eigenes Abbild gesehen. Nach solchen Eigentümlichkeiten versuchten wir eine Phänomenologie in unbewegte, bewegte, palinoptische und heautoskopische Halluzinationen durchzuführen. Nosologische oder etwa lokalisatorische Hinweise ergaben sich aus diesen Unterscheidungen nicht. Wir vermuten allerdings, daß die perlschnurartig aneinandergereihte, identische Reduplikation eines Objektes oder einer Person den letzten Hinweis auf eine funktionelle Neuronenarchitektur darstellt (Kölmel 1984b).

Der Zusammenhang der hemianopischen komplexen Halluzinationen mit der persönlichen Erfahrungswelt ist nicht von der Hand zu weisen, und es ist anzunehmen, daß für die Entstehung visueller Halluzinationen ähnliche Gesetze gelten, wie für die Träume (Gloning u. Mitarb. 1967). Das dunkle Gesichtsfeld, dem die Wahrnehmung der Außenwelt verschlossen bleibt, dient als Projektionsfläche für die innere Welt. Es bietet sich danach an, den Inhalt komplexer Halluzinationen ebenso psychodynamisch zu interpretieren, wie jene

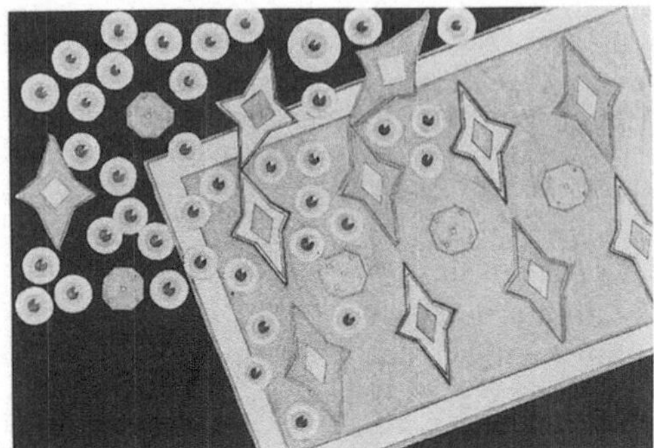

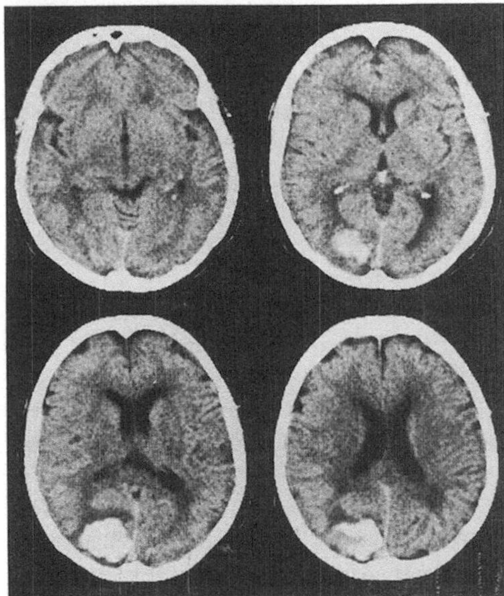

der Träume. Die visuellen Erlebnisse erscheinen zunächst kaum kenntlich verschlüsselt und tauchen scheinbar sinn- und beziehungslos auf, lassen nach genauerer Analyse der Biographie aber doch immer den eindeutigen Bezug zu der ganz persönlichen Wunsch-, Angst- und Vorstellungswelt des Betroffenen erkennen. Ohne Veränderung des Bewußtseins, ohne Schlaf, ohne Hypnose ergibt sich damit bei dem hellwachen Patienten die Möglichkeit, einen kurzen, wenn auch fragmentarischen Einblick in seine unbewußte Erlebniswelt zu bekommen.

Über die zu fordernde Lokalisation der Hirnschädigung bestehen keine eindeutigen Vorstellungen. Henschen (1925) hielt die laterale Konvexität des Okzipitallappens für die Sammelstätte visueller Erinnerungsbilder, die von hier durch entsprechende Reize, z.B. auch durch Wegfall des physiologischen Einstromes, freigesetzt würden. Reizversuche am Menschen, wie sie Penfield und Perot (1963) durchgeführt haben, wiesen darauf hin, daß speziell parietale oder temporale, rechtsseitige eher als linksseitige Hirnareale dafür in Frage kommen. Stimulation temporobasaler und temporomesialer Hirnanteile, die sich gerade für komplexe visuelle Halluzinationen als bedeutungsvoll herausstellen sollten (Wieser 1982), wurden damals noch nicht durchgeführt. Hoff und Pötzl (1937b) vertraten die Auffassung, daß hemianopische Halluzinationen, wenn sie rein visuell bleiben, auf eine Störung des

---

Abb. 34a–c. Patientin Elisabeth W., 62 Jahre. Intrazerebrale Blutung, homonyme Hemianopsie rechts. **a** Photopsien im hemianopen Feld rechts. **b** Komplexe Halluzinationen. Mehrere Reihen, identisch aussehender männlicher Oberkörper. Entweder sind nur die Männer mit aufgerissenem Mund oder nur die mit der rechten Hand winkenden zu sehen (Zeichnungen der Patientin). **c** CT des Gehirns: intrazerebrale Blutung links okzipital

Okzipitallappens hinweisen. Tatsächlich war nach der Zusammenstellung von Lance (1976) die Schädigung fast durchweg auf das Okzipitalgehirn begrenzt. Auch wir fanden bei allen Patienten den Schwerpunkt der Hirnschädigung okzipital (Kölmel 1985). Es fiel aber auf, daß diese Schädigung ausgedehnter war als bei Patienten, die keine Halluzinationen wahrnahmen. Zusätzlich fand sich nämlich häufig ein z.T. bis nach temporal reichendes Hirnödem und neben der okzipitalen eine weitere, in der Regel temporal oder parietal gelegene Hirnschädigung. Vereinzelt wurde angenommen, daß in Analogie zu den Reizversuchen von Penfield und Perot (1963) visuelle Halluzinationen eher von rechtsseitig gelegenen Hirnschädigungen ausgingen (Teuber 1961; Lance 1976). In anderen Arbeiten konnte keine sichere Seitendifferenz gefunden werden (Kölmel 1985).

Zwei morphologische Befunde mögen zum Entstehen komplexer visueller Halluzinationen beitragen: zum einen die okzipitale Läsion, die die Hemianopsie verursacht und den physiologischen Informationsfluß nach parietal und temporal unterbricht, zum anderen die weiter rostral, dann überwiegend im parietalen oder temporalen Marklager liegende Läsion - auch in Form eines Ödems -, die für die Freisetzung visueller Bilder verantwortlich ist.

Im Gegensatz zu verschiedenen Photopsien tauchen komplexe Halluzinationen im hemianopen Feld auf, ohne daß daraus irgendeine Prognose zur Krankheit ersichtlich wäre. Auch haben sie keinen eindeutigen Bezug zur Größe des Gesichtsfeldausfalles, doch scheint ein Mindestmaß an visuellem Defizit notwendig zu sein. Ungeklärt bleibt, warum so viele Patienten mit homonymer Hemianopsie und ähnlichem zerebralen Schädigungsmuster keine komplexen Halluzinationen erleben. Man muß annehmen, daß die prämorbide Persönlichkeit unabhängig von der Hirnläsion entscheidenden Einfluß darauf ausübt, ob nun visuelle Halluzinationen im hemianopen Feld freigesetzt werden oder nicht.

Alle Patienten machen die Erfahrung, daß die komplexen Halluzinationen gerade dann verschwinden, wenn sie sie genauer betrachten wollen. Manche bedienen sich sogar dieses Mechanismus, um die Halluzinationen abzuschütteln. Komplexe Halluzinationen im hemianopen Feld werden demnach durch sakkadische Augenbewegungen ausgelöscht. Da den visuellen Auren epileptischer Natur eine durch Willkürbewegungen der Augen nicht oder doch nur ausnahmsweise beeinflußbare Eigendynamik innewohnt, bietet sich mit diesem unterschiedlichen Verhalten eine Möglichkeit der Differenzierung an. Der Löscheffekt der Sakkade hängt wahrscheinlich mit ihrem Weckeffekt zusammen. Unmittelbar nach der Sakkade kommt es zu einer verstärkten Aufnahmeleistung des visuellen Systems, weil das zuvor Gesehene, gleich ob objektiv exogen oder subjektiv endogen, gelöscht wurde.

Komplexe Halluzinationen im hemianopen Feld lassen sich als Reiz- wie als Entkopplungsphänomen interpretieren und damit sowohl von der visuellen Aura des epileptischen Anfalls als reinem Reizsymptom als auch von der visuellen Halluzination, die nach infrachiasmatischer Schädigung der Sehbahn hervorgerufen sind (Jakob 1949), als reinem Entkopplungsphänomen unterscheiden. Bleibt noch darauf hinzuweisen, daß komplexe Halluzinationen, die im unversehrten Gesichtsfeld auftauchen, eher Ausdruck einer epileptischen Aura (Gloning u. Mitarb. 1968) sind. Sie treten dann auch nicht lateralisiert, sondern direkt vor den Augen auf (Penfield u. Perot 1963).

9.2 Illusionen

Auch das Spektrum der illusionären Fehlwahrnehmungen, die im Zusammenhang mit Läsionen der Sehbahn auftreten können, ist breit. Es reicht von den Formen der Perseveration bis hin zu den verschiedensten Möglichkeiten der veränderten Objektwahrnehmung: Mikro- oder Makropsie, Teleopsie oder Pelopsie, Platyopie, Dysmorphopsie, Schief- oder Verkehrtsehen. Im Gegensatz zu den drogeninduzierten oder psychotischen Illusionen sind diese Trugwahrnehmungen schlichter und werden bei vollem Bewußtsein erlebt.

9.2.1 Visuelle Perseveration

Wenn die visuelle Wahrnehmung weiterbesteht, obwohl der entsprechende äußere Reiz verschwunden ist, sprechen wir von Perseveration. Unmittelbar nach dem Verschwinden des äußeren Reizes oder nach einer bestimmten Latenz setzt der Eindruck ein, als bestünde dieser Reiz weiterhin, als Ganzes, als Teil desselben, unverändert oder verändert, aber doch noch als Quelle des Truges erkennbar. Einen frühen Hinweis auf visuelle Perseveration als neuropathologisches Symptom finden wir in Lissauers (1890) Beschreibung der Seelenblindheit. Dieser Patient perseverierte jeweils eine visuelle Wahrnehmung, die seine Aufmerksamkeit gefunden hatte. Weitere Fallberichte kann man bei Holmes (1931), bei Adler (1944) oder bei Robinson und Watt (1947) lesen. Holmes berichtete über eine Frau, die, wie sich später autoptisch zeigte, aufgrund einer angiomatösen Fehlbildung eine okzipital rechts gelegene Massenblutung erlitten hatte. Diese Patientin mit inkompletter homonymer Hemianopsie nach links erlebte mehrmals visuelle Perseveration. Sie sah eine Person, die etwa eine halbe Stunde zuvor von links nach rechts an ihr vorbeigegangen war. Die illusionäre Erscheinung unterschied sich weder in der Größe noch in der Bewegung vom Original, nur Konturen und Farbe sollen etwas schwächer gewesen sein. Diese klassische Beschreibung einer visuellen Perseveration wurde später von Critchley (1951) als Palinopsie bezeichnet, da zwischen Sichten des Originals und Auftauchen des Trugbildes eine längere Latenz verstrichen war. Andere Formen der visuellen Perseveration konnten aber auch unmittelbar, sogar zusammen mit dem Original auftreten und dann den Eindruck des Doppelt- oder Mehrfachsehens hervorrufen.

9.2.1.1 Palinopsie

Wenn das Original verschwunden und ein dem Original gleichendes oder ähnelndes Trugbild zu sehen ist, spricht man von Palinopsie. Nach dem Zeitraum, der zwischen Sehen des Originals und Auftauchen des Trugbildes verstreicht, lassen sich unmittelbare Perseveration, Palinopsie und halluzinatorische Palinopsie abgrenzen (Kölmel 1982).

Bei unmittelbarer Perseveration besteht Kontinuität in der Wahrnehmung von Realität und Illusion. Das perseverierte Bild hält sich an die Koordinaten der Retina, jedenfalls verhält es sich wie retinale Nachbilder und wird synchron mit den Augen translokalisiert. Mit einer Kopfneigung kippt auch das perseverierte Bild. Seine Konturen und Farben gleichen dem Original. Es tritt mit solcher Deutlichkeit auf, verdeckt auch die hinter ihm liegende wirkliche Sehwelt, daß es vom Patienten im ersten Augenblick als Realität verkannt wird. Normalerweise zeigt es keine Eigenbewegung. Bilder, die sich gleich dem Original bewegt haben sollen, sind aber beschrieben worden (Cleland u. Mitarb. 1981). Nach Minuten, meist jedoch früher, oft schon nach wenigen Sekunden, verschwindet das Trugbild plötzlich, nachdem kurz zuvor seine Farben blasser und seine Umrisse undeutlicher geworden sind. Die Verwandtschaft zu physiologischen Nachbildern ist nicht zu übersehen, und es wäre deshalb denkbar, daß verlängerte Nachbildzeiten, etwa als Ausdruck einer verzögerten Hemmung ihren Beitrag zum Entstehen visueller Perseveration leisten. Untersuchungen über das Verhalten der Nachbilder bei betroffenen Patienten ergaben aber keine übereinstimmenden Befunde. Man fand entweder keine (Bender u. Mitarb. 1968), oder aber auch auffallend verlängerte Nachbilder (Kinsbourne u. Warrington 1963; Blythe u. Mitarb. 1986). Gleich welche Einflüsse etwa verlängerte Nachbildzeiten auf die unmittelbare Perseveration haben sollten, zwischen beiden bestehen charakteristische Unterschiede. Nachbilder erscheinen vor hellem Hintergrund in den Gegenfarben, die Trugbilder sollen hingegen unabhängig von dem als Projektionsfläche dienenden Hintergrund in den originalen Farben auftauchen. Perseverierte Bilder können, wenn auch nur stereotyp, Eigenbewegung zeigen. Nachbilder sind immer unbeweglich. Während diese von der Intensität und Dauer des ursprünglichen Reizes abhängig sind, lassen jene keinen solchen Zusammenhang erkennen.

Bei der zweiten Form visueller Perseveration, der eigentlichen Palinopsie, schiebt sich zwischen visueller Aufnahme eines Objektes und seinem erneuten, dann illusionären Auftauchen eine Latenz, die meist nur Minuten, selten mehr als 1 h andauert. Es handelt sich also um ein echtes „Wieder"-sehen. Jede einzelne Episode von Palinopsie kann bis zu Minuten dauern, ja sich gelegentlich über einen ganzen Tag hinziehen. Meist treten nicht ganzheitliche Bilder, sondern nur einzelne Details, wie ein Kopf oder ein Auge, Arme, Vorder- oder Hinterteil, einzelne Zahlen usf.

auf. Sie lassen im Gegensatz zu Nachbildern keine Größenveränderung in Abhängigkeit zur Entfernung der Projektionsfläche erkennen. Häufig ergeben sie wie durch Zufall sinnvolle Zusammenhänge mit der realen Umwelt des Patienten.

Eine unserer Patientinnen suchte z. B. die Kaffekanne. Sie erschien dann nicht in der Luft oder an der Wand, sondern immer dort, wo sie hätte auch stehen können, auf dem Regal, auf dem Tisch. Eine Patientin, die nach einem Taxi Ausschau hielt, sah plötzlich auf jedem vorbeifahrenden Auto Taxischilder aufleuchten. Ein anderer sah einen zweiten Kopf seines Bettnachbarn nur dort am Rumpf, wo er auch hingehört hätte.

Pötzl (1954) hat dieses auffällige Verhalten der Palinopsie als kategoriale Einordnung bezeichnet. Möglich wäre, daß die kategoriale Einordnung allein die Folge einer bestimmten Blicklogik ist. Man sucht die Kaffekanne nur dort, wo sie auch stehen könnte, das Taxischild, wo es normalerweise angebracht ist. Obwohl keine entsprechenden Untersuchungen vorliegen, wäre anzunehmen, daß die palinoptischen Bilder auch bei Neigung des Kopfes nicht ebenfalls schief stehen, sondern ihre kategoriale Ordnung beibehalten. Jedenfalls weisen solche Eigenheiten darauf hin, daß nicht nur Nachbilder bei ausgefallener oder mangelnder Hemmung wahrgenommen werden, sondern daß auch retinaunabhängige, hirneigene Prozesse zu Palinopsie führen.

Schließlich kennen wir eine dritte Variante visueller Perseveration, bei der sich zwischen Aufnahme des äußeren Reizes und erneuter Wahrnehmung eine lange, Tage oder sogar Wochen dauernde Latenz schiebt. Solche Trugbilder zu den Illusionen zu rechnen, fällt schwer, und Pötzl (1954) wollte deshalb auch von halluzinatorischer Palinopsie, einem Mixtum aus Illusion und Halluzination sprechen. Ihre Bilder lassen sich im Gegensatz zu jenen der echten Palinopsie durch Blickbewegung auslöschen, eine Eigenschaft, die wir ebenfalls nur von den komplexen Halluzinationen kennen. Das Déjà-vu-Erlebnis vermittelt zwar das Gefühl, als ob man eine bestimmte Szene schon einmal gesehen hätte. Da es aber allein bei diesem Gefühl ohne visuelle Darstellung bleibt, handelt es sich nicht um eine echte Perseveration.

Alle Formen visueller Perseveration treten paroxysmal und üblicherweise halbseitig auf. Zur gleichen Zeit besteht eine homonyme Einschränkung der Sehfunktion auf derselben Seite, manchmal auch nur in Form einer Hemiamblyopie. Bei allen von uns beobachteten Patienten fanden sich allerdings homonyme Quadranten- oder Hemianopsien. Alle Patienten sehen das perseverierte Bild zwar lateralisiert, aber doch fast direkt vor sich, also nicht etwa in der Peripherie des gestörten Gesichtsfeldes, sondern in der Grenzzone zwischen ausgefallenen und erhaltenem Feld. Feldman und Bender (1970) waren der Meinung, daß visuelle Perseveration, ähnlich wie wir das von den Photopsien her kennen, nur dann eintreten könne, wenn eine homonyme Hemianopsie in Entwicklung begriffen sei, daß sie also bei kompletter homonymer Hemianospie nicht mehr auftreten könne, weil das generierende Substrat dazu fehle. Die Bindung der Illusionen an perzipierendes wie generierendes Substrat weist auf eine prognostische Bedeutung auch dieser Trugwahrnehmungen hin.

Wie bei Photopsien und komplexen Halluzinationen ergeben sich Schwierigkeiten, wenn es darum geht, eine Abgrenzung zwischen visueller Perseveration epileptischer und nichtepileptischer Genese vorzunehmen. EEG-Ableitungen konnten selbst in Fällen, wo man davon ausging, daß es sich um epileptische Erscheinungen handelt, keine entsprechenden Entladungen (Jacobs u. Mitarb. 1973) aufzeichnen. Wir waren der Auffassung, daß epileptische Palinopsie nicht an Hemianopsien gebunden sei (Swash 1979) und nicht halbseitig, sondern vor dem gesamten Gesichtsfeld auftrete, wie in zwei Fallberichten von Critchley (1951) geschildert. In einem iktalen EEG, das wir erstmals bei einer Patienten ableiten konnten, fanden sich allerdings während halbseitiger halluzinatorischer Palinopsie Spitzenpotentiale.

Fall Marianne F.:
Ein links fokal eingeleiteter Status epilepticus führte dazu, daß bei der 41 Jahre alten Patientin ein temporo-okzipital rechts gelegenes Astrozytom Grad II entdeckt wurde. Nach der Operation des Tumors bestand ein inkongruenter, sektorenförmiger homonymer Gesichtsfeldausfall im Bereich des linken horizontalen Meridians (Befund der kinetischen und der statischen Perimetrie: Abb. 30, S. 92). Das Farbensehen war im gesamten oberen Quadranten ausgefallen.
Drei Monate nach der Operation kam es erstmals und dann über Wochen zu Anfällen von Palinopsie. Unabhängig davon erlebte die Patientin auch isolierte, von dem Gefühl des Unbeschreibbaren eingeleitete olfaktorische Auren, die der fokalen Symptomatik der großen Anfälle vor der Operation entsprachen.
Neben echter Palinopsie (Abb. 35) kam es auch immer wieder zu halluzinatorischer Palinopsie, wobei alle Trugwahrnehmungen im linken Gesichtsfeld, aber unweit des Zentrums auftauchten. Die Patientin erblickte dann regelmäßig in ihrem linken Gesichtsfeld eine rote Steinmauer, die sie real erstmals 2 Wochen zuvor gesehen hatte. Diese Mauer wanderte mit dem Blick und erschien auch bei geschlossenen Augen. Manchmal war sie nur für Sekunden, manchmal auch über mehrere Minuten zu sehen. Verschiedene Provokationsmethoden vermochten keine Palinopsie auszulösen. Als die Patienten wieder einmal die Steinmauer sah, konnten im EEG über dem rechten parieto-okzipitalen Ableitepunkt Sharp-slow-wave-Komplexe gefunden werden.

Verschiedene kasuistische Mitteilungen wiesen darauf hin, wie unterschiedlich die Pathogenese visueller Perseveration sein kann, nämlich Epilepsie (Swash 1979), intrakranielle Raumforderung (Critchley 1951), Hirninfarkt (Meadows u. Munro 1977; Kömpf u. Mitarb. 1983), Migräne (Klee u. Willanger 1966), Hirntrauma (Kinsbourne u. Warrington 1963). Die

a

b

Abb. 35a, b. Patientin Marianne F., 41 Jahre. Zustand nach Resektion eines temporo-okzipital rechts gelegenen Astrozytoms (Gesichtsfelder s. Abb. 30a, b) Palinopsie. **a** Patientin erblickt ein reales Taxi links. **b** Wenig später hat die Patientin den Eindruck, als ob alle Autos, selbst Motorradfahrer ein Taxi-Schild trügen

Hirnschädigung liegt immer kontralateral zur Seite der Perseveration und offensichtlich bevorzugt auf der rechten Hemisphäre (Critchley 1951; Meadows u. Munro 1977; Kölmel 1982). Critchley nennt als Ort der Schädigung das Okzipitalhirn. Le Beau und Wollinetz (1958) lokalisierten sie nach okzipital und in angrenzende Hirnregionen. Robinson und Watt (1947) und später Pötzl (1954) engen den Ort der Schädigung auf die Area 19 ein, weil sie hier eine Schaltstelle für höhere visuelle Leistungen vermuteten. Computertomographische Befunde ergaben immer okzipitale, daneben auch okzipito-parietale und okzipito-temporale Hirnläsionen (Meadows u. Munro 1977; Michel u. Troost 1980; Cleland u. Mitarb. 1981; Kölmel 1982). Wir vermuten, daß der Pathomechanismus für die verschiedenen Formen visueller Perseveration nicht identisch und dementsprechend auch an die Schädigung unterschiedlicher Substrate gebunden ist.

9.2.1.2 Polyopie

Die Polyopie halten wir für eine Sonderform der visuellen Perseveration. Der Patient sieht ein fixiertes Objekt mehrmals, nicht wahllos im Raum verteilt, sondern perlschnurartig aneinandergereiht (Hoff u. Pötzl 1937; Bender u. Mitarb. 1968; Kömpf u. Mitarb. 1983). Das Phänomen tritt auf, wenn sich das Objekt oder der Patient bewegen. Augenbewegungen allein rufen es nach unserer Erfahrung nur ausnahmsweise hervor. Zirkuläre Polyopie, wie sie Gloning und Mitarbeiter (1957) beschrieben haben, Bilder, die sich um ein unbewegtes Original herumgruppieren, wären nur dann als echte Polyopie denkbar, wenn der Betrachter zuvor selbst eine kreisende Kopfbewegung durchgeführt hätte.

Je nach Geschwindigkeit der Bewegung und dem Ausmaß der Störung, kann das Objekt zweimal oder mehrmals auftauchen. Die Entfernung der äußeren Bilder dieser Sequenz entsprechen der Entfernung, die der Patient oder das Objekt zurückgelegt haben oder aber der Winkelgröße der Blicksakkade. Eines der äußeren Bilder entspricht dem ursprünglichen, das andere dem neuen, tatsächlichen retinalen Abbildungspunkt. So versteht sich, daß die außenliegenden Bilder kräftiger, die zwischen ihnen liegenden, identischen und größengleichen Bilder schwächer konturiert sind. Solche Polyopien, die immer auch monokular wahrzunehmen sind, dürfen nicht mit bestimmten komplexen Halluzinationen verwechselt werden, bei denen es zu einer mehrfachen Reduplikation eines Objektes oder einer Person ohne entsprechenden äußeren Reiz kommt. Vielleicht hilft bei der Entscheidung auch die Tatsache, daß illusionäre Bilder immer an der Grenze von gesundem und amblyopen oder anopen Gesichtsfeld, also eher nahe der Mittellinie oder des Fixierpunktes auftauchen, sich dann vereinzelt in die Peripherie des geschädigten Gesichtsfeldes bewegen. Augenbewegungen löschen sie nicht. Komplexe Halluzinationen entstehen hingegen in der Peripherie des meist anopen Gesichtsfeldes, um sich dann, nicht in jedem Fall, langsam zum Gesichtsfeldzentrum zu bewegen und zu verschwinden, bevor sie es erreicht haben. Augenbewegungen löschen komplexe Halluzinationen.

Zur Pathophysiologie der Polyopie gibt es keine klaren Vorstellungen. Während der Sakkade wird normalerweise das letzte Retinabild gelöscht, damit die ungehinderte Aufnahme des aktuell fixierten Bildes möglich wird. Dieser Löscheffekt, der teils in die Retina (Krüger u. Fischer 1973) lokalisiert wird, aber auch über andere Mechanismen, z.B. über Weckreaktionen oder als Folge der Augenbewegungen, denkbar ist, scheint gestört zu sein. Überstarke und zu lang andauernde Nachbilder können das Ihre dazu beitragen.

Eine lokalisatorische Zuordnung des Phänomens ist verständlicherweise schwierig. Wir haben es häufig in sehr frühen Stadien zentraler Sehstörung, d.h. im Stadium der Amblyopie geschildert bekommen, manche Autoren auch in Phasen der Rückbildung (Gloning u. Mitarb. 1957; Bekeny u. Peter 1961). Der Anteil an okzipitalen Tumoren - meist Meningeome - war wie nach den Erfahrungen von Hoff und Pötzl (1935b) vergleichsweise hoch.

9.2.2 Monokuläre Diplopie

Doppelbilder sind gewöhnlich Folge von Augenmuskellähmungen. Schließt man ein Auge, so verschwindet eines der Bilder und damit auch das Doppeltsehen. Monokulare Doppelbilder nimmt man auch dann wahr, wenn ein Auge geschlossen wird. Den Ophthalmologen ist dieses Phänomen wohlbekannt, solange es auf einer Störung der brechenden Medien oder auf einer Veränderung, etwa einer Vorwölbung der Retina beruht (Lepore 1986). Wenn keine pathologischen Augenbefunde vorliegen und der Patient dennoch über monokulare Doppelbilder klagt, sollte man erst nach Ausschluß einer Erkrankung der zentralen Sehbahn an eine weitere Möglichkeit, etwa an ein Konversionssyndrom denken (Schilder 1920). Selbstverständlich treten die monokularen Doppelbilder, wenn sie Folge zentraler Sehstörungen sind, auf beiden Augen auf, was bedeutet, daß sie weder nach Schließen des einen noch des anderen Auges zum Verschwinden gebracht werden können.

Fall David E.:
Ein 40jähriger Baggerführer fühlte sich in den letzten Wochen immer wieder unsicher. Einmal wollte er auf eine Stufe treten, fiel aber zu Boden, weil er seinen Fuß daneben gesetzt hatte. Wenig später tauchte plötzlich unmittelbar neben dem Lastwagen, den er mit dem Bagger beladen sollte, ein zweiter auf. So sehr er sich auch Mühe gab, er schloß abwechselnd das eine und das andere Auge, es gelang ihm nicht, den echten auszumachen. Die Last fiel neben den richtigen Wagen. Er bemerkte dann langsam, daß immer das rechte Doppelbild der Realität entsprach. Dennoch entwickelte sich das Autofahren zu einer Tortur. Immer wieder verdoppelten sich die vor ihm fahrenden Wagen, auch der Mittelstreifen. Der Abstand der Doppelbilder war nicht konstant. Meist strebten sie langsam auseinander. Beim Fernsehen erschien immer häufiger links, das Original leicht überlappend, ein zweites, fast identisches Bild. Ein Augenarzt konnte ihm nicht helfen. Erst als sich ein Neglect für die linke Raumseite und nach Wochen schließlich auch eine Gesichtsfeldeinschränkung links bemerkbar machte, wurde seine Frau unruhig und brachte ihn in eine Klinik. Die Diagnose

einer intrakraniellen Raumforderung konnte gestellt und computertomographisch ein großes, parieto-okzipital rechts gelegenes Meningeom mit weit nach parietal und temporal reichendem Ödem nachgewiesen werden. Perimetrisch fand man eine inkomplette homonyme Hemianopsie links (Abb. 25, S. 78).

Solche Doppelbilder als Folge einer zentralen Sehstörung gelten als selten. Ausführlich erfahren wir erstmals bei Quensel (1927) über diese Form visueller Illusion. Es handelte sich um einen jungen Mann, der einige Jahre nach einer okzipitalen Schußverletzung im hemianopen Feld, relativ weit von der Fovea entfernt, Doppelbilder wahrnahm. Später widmete auch Bender (1945) diesem Phänomen einen eigenen Artikel. Nach unseren Erfahrungen spiegeln die wenigen Mitteilungen nicht die Häufigkeit des Symptoms. Viele Patienten können davon berichten, tun dies aber wie bei allen Halluzinationen und Illusionen erst, wenn sie daraufhin angesprochen werden. Meist handelt es sich dann um ein wenige Male und kurz hintereinander weg auftretendes und kaum beeinträchtigendes Phänomen, das von ganz anderen, weit schwerwiegenderen Sehstörungen verdeckt wird. Nur wenn monokulare Diplopie hartnäckig auftritt, was tatsächlich recht selten vorkommt, wird es wohl auch als Ausdruck der Krankheit wahrgenommen und entsprechend mitgeteilt.

Über auffällige, teils sehr lästige Diplopie konnten immerhin 11 unserer Patienten (4%) berichten. Alle hatten eine ausgedehnte, von okzipital nach parietal oder temporal reichende Schädigung. Nach der Pathogenese – zur einen Hälfte handelte es sich um Tumoren, Blutungen, Hirnödem, zur anderen um inkomplette Okzipitalhirninfarkte – und nach den Befunden der Perimetrie sowie der bildgebenden Verfahren konnte man aber nehmen, daß keine vollständige Unterbrechung der Sehbahn eingetreten war.

Das Trugbild taucht unmittelbar neben dem realen, immer seitlich in Richtung des relativen oder absoluten Gesichtsfeldausfalles auf, und nicht immer horizontal, gelegentlich auch nach oben oder unten versetzt (Pötzl 1954). Der Gesichtsfeldausfall muß nicht groß sein, selbst im Bereich parazentraler Skotome konnten monokulare Doppelbilder beobachtet werden (Meadows 1973; Safran u. Mitarb. 1981; Kömpf u. Mitarb. 1983). Auch wenn es nach phänomenologischen Gesichtspunkten naheliegend wäre, Diplopie und Polyopie als Varianten eines gleichen oder ähnlichen Pathomechanismus anzusehen, so ergeben sich doch schon aus klinischer Sicht keine eindeutigen Beziehungen zwischen beiden. Die Doppelbilder enstehen gerade nicht wie bei Polyopie, wenn sich das Objekt oder der Betrachter bewegen, sondern wenn ein festes Objekt länger fixiert wird. Das Doppelbild benötigt eine bestimmte Zeit, um sich aufzubauen; es kann geradezu provoziert werden, wenn ein Punkt eingehend fixiert wird. Bevorzugt tritt es in solchen Situationen auf, nämlich beim Lesen, Fernsehen, am Arbeitsplatz. Um eine Ausdrucksform visueller Perseveration handelt es sich nach unserer Auffassung nicht. Perseverierte Bilder treten wahllos ohne erkennbaren Bezug auf das zuvor fixierte Objekt auf. Doppelbilder verschwinden bei Blickbewegung, was perseverierte ihrerseits nicht tun, sie werden mit dem Blick translokalisiert.

Die Pathophysiologie des Phänomens bleibt ungeklärt. Wie von anderen Trugwahrnehmungen wird angenommen, daß es nur auftreten kann, wenn die Sehbahn noch funktionstüchtige Anteile hat. Monokulare Diplopie weist auf eine neuronale Instabilität, und damit auf einen Prozeß hin, der Veränderung – nach unserer Erfahrung vorwiegend in Richtung Verschlechterung – ankündigt. In der Rückbildungsphase einer Hemianopsie haben wir Diplopie nur von 2 Patienten kurz nach einem operativen Eingriff berichtet bekommen. Bender (1945) stellte sich vor, monokuläre Doppelbilder seien die Folge unsteter Fixation, der Konkurrenz zweier Foveae. Wenn man davon ausgeht, daß sich diese Pseudofovea nach den Befunden von Fuchs (1922) immer im gesunden Gesichtsfeld ausbildet, dann müßte das foveale, das reale Bild unverändert im Zentrum erscheinen, das pseudofoveale Doppelbild in den Bereich des erhaltenen Gesichtsfeldes projiziert werden. Die Erfahrung, daß die illusionären Bilder, soweit die Patienten das feststellen können, immer im hemiamblyopen oder hemianopen Feld erscheinen, macht die Gültigkeit dieser Hypothese eher unwahrscheinlich. Vorstellbar wäre, daß der Erregungslauf im visuellen Kortex einer physiologischen Hemmung entbehrt oder durch eine Art Undichtigkeit im neuronalen Leitungssystem die Auftrennung in einen originalen und in einen pathologischen parallelen Kanal erfährt. Denkbar wäre auch, daß mit der Diplopie sichtbar wird, was schon die Untersuchungen von Hubel und Wiesel (1965, 1968) erkennen ließen, daß nämlich die retinalen Neurone zu verschiedenen Punkten des visuellen Kortex Verbindung haben.

9.2.3 Dysmorphopsien und andere visuelle Illusionen

Die große Gruppe episodisch auftretender visueller Illusionen soll im weiteren nur noch kursorisch beschrieben werden. Sieht man von den mannigfaltigen visuellen Illusionen in der Aura eines epileptischen Anfalls ab, die meist nicht auf eine strukturelle Läsion der Sehbahn zurückzuführen sind, so spielen die meisten – auch im Zusammenhang mit homonymer Hemianopsie – keine wesentliche Rolle. Vom Patienten werden sie oft nur kurzfristig, häufig nur einmal im Verlauf der Krankheit wahrgenommen. Am häufigsten berichten die Patienten noch über Verformungen oder Verzerrungen der fixierten Objekte,

über Dysmorphopsien und über Größenveränderungen, über Makro- oder Mikropsie (Critchley 1949/50). Diese illusionären Wahrnehmungen müssen auf beiden Augen fast identisch auftreten, wenn die generierende Störung suprachiasmatischen Ursprungs sein soll. Sie dürfen nicht mit Mikro- oder Makropsie im Rahmen von Halluzinationen verwechselt werden. Passager können einzelne Objekte an Tiefe verlieren, wie flach erscheinen. Solche Phänomene dürfen ihrerseits nicht mit dem über Tage oder Wochen andauernden Mangel an Tiefensehen gleichgesetzt werden, der gelegentlich von Patienten mit Prosopagnosie und räumlicher Orientierungsstörung angegeben wird. Zu den visuellen Illusionen zählen wir auch jene Trugwahrnehmungen, bei denen es zu einer Ausbreitung der Form oder der Farbe über das Objekt hinaus kommt (Critchley 1951; Mouren u. Tatossian 1963).

Meist erscheint das Objekt im ersten Augenblick in seiner natürlichen Form, verliert diese bei anhaltender Fixation aber, und erfährt die verschiedenen illusionären Verwandlungen, wird größer oder kleiner, schmaler oder dicker, verzieht oder verzerrt sich oder wandert gar im Gesichtsfeld. Die von Hermann und Pötzl (1928) in Anlehnung an frühere Beschreibungen (Beyer 1895) herausgearbeitete „visuelle Allästhesie", bei der es zu einer Verlagerung des gesehenen Gegenstandes in die hemianope Seite kommen soll, betrachten wir als Ausdruck einer visuellen Perseveration.

Es scheint so, als ob der retinokortikale Projektionsmaßstab bei verschiedenen Dysmorphopsien nicht stabil genug ist. Da sich manche visuellen Illusionen, besonders die Mikro- und Makropsien mit dem Gefühl der Standunsicherheit oder gar des Schwindels verbinden, wurden pathogenetisch auch vestibuläre Fehlschaltungen via Thalamus vermutet. Wenn sich die Ergebnisse der während Migränephotopsien vorgenommenen vestibulären Reizversuche auf die komplexen Formen der Illusion übertragen ließen, so wären weitere Argumente für den Einfluß des vestibulären Systems auf die Dysmorphopsien gefunden (Jung 1979).

Allein auf Irritationen des vestibulären Systems, des Hirnstamms, Kleinhirns oder Vestibularnervs, und nicht auf Läsionen der zentralen Sehbahn, wie gelegentlich vermutet (Hoff und Pötzl 1935a) müssen alle Formen der Scheinneigung von Objekten, des Schief- oder Verkehrtsehens zurückgeführt werden. Dabei kommt es anfallsweise zu dem Eindruck, als habe sich die Umwelt in einer Verkehrung der Gravitationsgesetze gedreht. Die Drehung erfolgt vorzugsweise in kontralaterale Richtung zum Tumorsitz. Die Horizontalachse bleibt verschont, rechts bleibt rechts, und links bleibt links (Bender u. Jung 1948). Am häufigsten ist Verkehrtsehen Folge von Durchblutungsstörungen der A. basilaris und kann aufgrund des Versorgungsgebietes auch mit Hemianopsien, aber nicht notgedrungen, verbunden sein (Wilder 1928; Klopp 1955; Pach 1972).

10 Störungen des visuellen Erkennens

Störungen des visuellen Erkennens, die im Gefolge homonymer Hemianopsien auftreten, sind nicht selten. Sie erklären sich meist mit der Einschränkung der primären Sehfunktion und betreffen das breite Spektrum unserer visuellen Leistung. Doch sind auch verschiedene, teilweise auffallend schwere Störungen beschrieben worden, die sich nicht auf die Sehminderung allein zurückführen lassen. Die - wenn auch keinesfalls scharf umrissene - nosologische Entität der meisten wurde nicht bezweifelt, ihre Pathophysiologie, ihre neuropsychologischen Zusammenhänge und ebenso ihre hirnlokalisatorische Bedeutung erlebten allerdings kontroverse Interpretationen.

Von den Exstirpationsexperimenten Munks (1881) ebenso wie von seinem Begriff der „Seelenblindheit" beeinflußt, ging die klassische Schule der Neuropathologie von einer assoziativen Funktionsweise des Gehirns aus, Aufnahme und Verarbeitung von Reizen sollten im wesentlichen aus zwei oder auch drei trennbaren Vorgängen bestehen (Lissauer 1890; Liepmann 1900; Kleist 1934). Der erste Schritt sei die Aufnahme der visuellen Reize. In einem anschließenden, sog. apperzeptiven Schritt erfolge die vergleichende Zuordnung der eingegangenen Information zu den visuellen Erinnerungsbildern. Das Ergebnis würde dann der nächst höheren Ebene inhaltlich semantisch oder assoziativ verarbeitet und beurteilt. Nach diesem und ähnlichen Modellen wurden verschiedene visuelle Agnosien - der Begriff stammt von Freud (1891) - beschrieben: die Ob-

jektagnosie oder Seelenblindheit von Lissauer (1890) und von Siemerling (1890), die Simultanagnosie von Wolpert (1924), oder zuletzt die Prosopagnosie von Bodamer (1947). Aber schon Poppelreuter (1917) hat offenbar die Gefahr einer allzu eindeutigen Aufteilung unserer zerebralen Leistungen in perzeptive, apperzeptive und assoziative erkannt, wenn er sog. Agnosien als „Nullpunkt einer langen Skala", nicht als Typ einer Störung bezeichnete.

Visuelles Erkennen setzt also zunächst voraus, daß die Reize den visuellen Kortex ungehindert erreichen können. Auch die Funktion der Sehrinde muß ungestört sein. Jede Beeinträchtigung der Wahrnehmung, und wäre sie noch so unscheinbar, zieht notwendig eine des Erkennens nach sich. Homonyme Hemianopsien verhindern die Aufnahme visueller Reize aus dem Halbfeld, und das Objekterkennen ist dann in dem Maße beeinträchtigt, wie der Verlust nicht ausgeglichen werden kann. Die Möglichkeit einer solchen Kompensation ist vorab eine Frage der Lokalisation und der Größe des Gesichtsfelddefektes sowie der verursachenden Hirnschädigung, wobei aber keine klare Korrelation zwischen diesen Parametern zu erkennen ist. Ferner hängt sie vom Allgemeinzustand des Gehirns, von Intelligenz, Bildung und Gedächtnisfunktion ab, zudem aber auch von anderen prämorbiden Bedingungen, wie etwa von den verschiedenen, individuell determinierten Blickstrategien. Wir wissen, daß das mit der kinetischen Perimetrie ermittelte Restgesichtsfeld keinesfalls zuverlässig die tatsächliche visuelle Funktion in diesem Bereich repräsentiert. Mit anderen Untersuchungsmethoden werden häufig weit umfangreichere Funktionseinbußen sichtbar, die dann zumindest annähernd verständlich machen, warum die Fähigkeit zu erkennen derart beeinträchtigt ist. Eine lineare Beziehung zwischen Größe des Gesichtsfeldausfalls und Schwere der Erkenntnisstörung besteht sicher nicht, die Erfahrung bleibt aber, daß sich die Fähigkeiten visuellen Erkennens sprunghaft vermindern, wenn es sich nicht mehr um uni-, sondern um bilaterale Gesichtsfeldausfälle, gleich ob Röhrengesichtsfeld oder Quadrantenausfälle, handelt.

Die Untersuchungsergebnisse von Cibis (1947, 1948), Cibis und Bay (1950) und von Bay (1950, 1953), die erstmals in die quantitativen Messungen des Gesichtsfeldes systematisch Zeit- und damit Belastungsfaktoren einfließen ließen, führte zu der Auffassung, daß jede Störung des visuellen Erkennens auf eine Minderung der Sehfunktion zurückzuführen sei. Schwere Störungen ohne entsprechenden „pathologischen Funktionswandel" wären nur bei solchen Patienten zu finden, die eine Einschränkung des Bewußtseins aufweisen oder dement sind. Während diese Interpretation bei einigen Autoren, die darin eine unzulässige Vereinfachung sahen, auf Widerspruch stieß (Scheller 1951; Jung 1951), wurde sie von manchen anderen Autoren im wesentlichen geteilt. So legten Bender und Feldman (1972) eine eindrucksvolle Aufstellung elementarer visueller Defekte dar, die mit den üblichen klinischen Untersuchungmethoden nicht entdeckt werden konnten, die jedoch am Zustandekommen sog. Agnosien ausschlaggebend mitgewirkt hatten.

In Analogie zu den Befunden bei Splitbrain-Patienten (Gazzaniga u. Mitarb. 1965) wurden andere Vorstellungen entwickelt, die sich darauf konzentrierten, die visuellen Agnosien als das Produkt gestörten Benennens zu identifizieren (Geschwind 1965). Die visuelle Information würde demnach durch Unterbrechung (Diskonnektion) entsprechender kallosaler oder intrahemisphäraler Bahnen nicht zur sensorischen Sprachregion gelangen, und damit auch nicht sprachlich übersetzt werden können. Unter diesem zusätzlichen Aspekt stellte sich der Nachweis von echten Agnosien als noch schwieriger heraus, und viele Beschreibungen angeblicher Agnosien mußten erneut einer kritischen Analyse unterzogen werden.

An dem kaum trennbaren Verbund von visueller Wahrnehmung und visuellem Erkennen zweifelt heute wohl niemand mehr. Die Meinungen gehen nur darin auseinander, welchen konstitutionellen Anteil die Hemianopsien an den visuellen Agnosien haben. Viele der bisher mitgeteilten Fälle ließen ohne weiteres, d.h. schon nach Befunden der kinetischen Perimetrie, eine ganz erhebliche Einschränkung der Gesichtsfelder erkennen, die zudem häufig auf eine bilaterale Hirnschädigung hinwies, so daß man eine hochgradige Einschränkung auch des visuellen Erkennens annehmen konnte. Abgesehen davon finden sich aber immer wieder Patienten, die trotz – wie es zunächst scheint – geringer Sehbeeinträchtigung schwere Störungen des visuellen Erkennens aufweisen, so daß der Versuch einer Nosologie dieser „Agnosien" unumgänglich ist.

10.1 Störungen des räumlichen Sehens und des visuellen Raumerkennens

Die visuelle Wahrnehmung und das visuelle Erkennen des Raumes können Störungen von ganz unterschiedlicher Akzentuierung und Schwere aufweisen, teils an homonyme Hemianopsien gebunden, teils auch unabhängig davon. So findet man bei dem einen Patienten lediglich eine reduzierte Stereoskopie (Paterson u. Zangwill 1944), bei einem anderen den allgemeinen Verlust der Tiefenwahrnehmung, bei einem weiteren schließlich das völlige Unvermögen, sich im Raum zurechtzufinden (Michel u. Mitarb. 1965). Die derart unterschiedlichen Phänomene haben zwangsläufig eine recht unterschiedliche Einordnung und Terminologie hervorgebracht, deren Vielfalt nicht immer zum besseren Verständnis beitrug. Zwei Interpretationslinien haben sich herausgebildet: die eine (Wilbrand u. Saenger 1917; Landis u. Mitarb. 1986) geht von einer einheitlichen Störung unterschiedlichen Schweregrades aus, die andere (Battersby u. Mitarb. 1956; Hécaen u. Angelergues 1963; Gloning 1965) von einer Störung verschiedener visueller Leistungen mit unterschiedlichem Schwerpunkt. Unter dem Aspekt einer Subjekt-Raum-Gliederung haben wir die Möglichkeit, Störungen des Nah- oder Greifraumes von solchen des ferner gelegenen Raumes abzugrenzen. Das räumliche Sehen im Nahbereich betrifft vor allem die Stereoskopie – je mehr sich der Raum vom Subjekt entfernt, desto entscheidender werden das Sehen von Tiefe, die Anwendung von Gesetzen der Perspektive, die Entfernungs-, Bewegungs- und Geschwindigkeitsbeurteilung und das räumliche Gliederungsvermögen. Stereoskopie, die wahrscheinlich genetisch fixiert ist (Richards 1970; Ritter 1979), beruht weitgehend auf der Binokularität. Die anderen Formen des Raumerkennens, die im Verhältnis ihrer Komplexität zunehmend empirisch angeeignet werden, sind nicht auf die Binokularität angewiesen.

10.1.1 Stereoskopie

Stereoskopie wird oft mit Tiefensehen oder räumlichem Sehen gleichgesetzt. Aber nur die Stereoskopie selbst ist an zwei Augen gebunden, die sich in einer frontalen Stellung befinden. Die Sehobjekte bilden sich durch die unterschiedliche Stellung der Bulbi auf verschiedenen Retinastellen ab. Diese horizontale Verschiebung, nach Hering (1865) als Querdisparation bezeichnet, wird innerhalb einer bestimmten Toleranzgrenze (Panum-Areal) als räumlicher Eindruck verarbeitet. Eine erste neurophysiologische Bestätigung zur Theorie der Stereoskopie lieferten die Untersuchungen von Barlow und Mitarbeitern (1967). Sie konnten im visuellen Kortex der Katze Neurone nachweisen, die selektiv auf querdisparat gesetzte retinale Reize reagierten. Hubel und Wiesel (1970) stellten dann an Primaten fest, daß sich solche Neurone fast ausschließlich in der Area 18 befinden, und es war nach diesen Befunden anzunehmen, daß auch beim Menschen ein wesentlicher Teil der Stereoskopie über die Area 18 vermittelt wird.

Gewiß resultiert Stereoskopie nicht allein aus der Auswertung querdisparater Retinaimpulse. Die Rolle der Augenbewegungen (Monjé 1948) und des binokularen Wettstreites (Hamburger 1952) sollte nicht unterschätzt werden. Zwischen der Qualität der Stereoskopie und der Sehschärfe besteht kein direkter Zusammenhang. Jene läßt erst dann merklich nach, wenn der Visus stärker herabgesetzt ist (Frey 1953).

Man hat sich gefragt, ob es für die Stereoskopie eine Hemisphärenspezialisierung gäbe. So untersuchten Carmon und Bechtoldt (1969) die Steroskopie anhand von Random-dot-Stereogrammen bei Patienten mit rechts- und mit linkshirnigen Läsionen und stießen erst dann auf eine Reduktion, wenn die Läsion rechts lag. Die Vermutungen über eine Rechtsdominanz der Stereoskopie wurde durch die Ergebnisse von Benton und Hecaen (1970) noch verstärkt. Sie gaben an, daß die Stereoskopie bei 5 ihrer Patienten trotz einer Hemianopsie nach rechts – bei linksokzipitaler

Hirnschädigung – ungestört geblieben sei. Spätere, weitgehend verbindliche Untersuchungen haben dann keine Hinweise mehr ergeben, daß eine der Hemisphären besonders auf Stereoskopie spezialisiert sei (Lehmann u. Wächli 1975; Wydler u. Perret 1978; Danta u. Mitarb. 1978).

Vermutlich sind reine, durch retrochiasmatische Schädigungen hervorgerufene Störungen der Stereoskopie schnell kompensierbar. Wir haben wenigstens nie Klagen über gestörte Raumwahrnehmung seitens jener Patienten gehört, bei denen wir allein einen Mangel an Stereoskopie feststellen konnten. Wenn Patienten über gestörtes Tiefen- oder Raumsehen klagen, dann ist meist mehr als nur die Stereoskopie betroffen. Die Beschwerden sind vielfältig. Auch solche Patienten, die gelernt haben, ihren Gesichtsfeldausfall durch vermehrte Augen- und Kopfbewegung zu kompensieren, berichten, daß sie Entfernungen von Objekten, speziell auch im Nahbereich falsch, d.h. meist zu weit einschätzen. Das beginnt mit dem Händeschütteln: die Hand des Gegenübers wird zu früh an den Fingern oder zu spät am Handgelenk ergriffen. Das Schlüsselloch wird erst nach einem Fehlversuch getroffen, der Kaffee danebengeschüttet, der Nagel mit dem Hammer verfehlt, die Höhe der Treppenstufe falsch eingeschätzt. Patienten, von denen handwerkliches Geschick verlangt wird, können dadurch berufsunfähig werden.

Poppelreuter (1917) hat versucht, die Stereoskopie zu messen, indem er vom Patienten die Lage dreier Lichtpunkte festlegen ließ. Da auch Patienten ohne homonymen Gesichtsfeldausfall Einbußen erkennen ließen, vermutete er ähnlich wie später Riddoch (1935), daß die Stereoskopie unabhängig vom Gesichtsfeldausfall gestört sein könne. Gleiches nahmen Cole und Mitarbeiter (1962) an, weil ihre Patienten mit bitemporaler Hemianopsie keinerlei Störung der Stereoskopie aufwiesen.

Corin und Bender (1972) ließen ihre Patienten einen zentralen Punkt fixieren und mit dem Zeigefinger eine ins intakte Gesichtsfeld geschobene Scheibe berühren. Fast immer wurde die Entfernung der Scheibe überschätzt. Es zeigte sich, daß die Fehllokalisation von der Peripherie zum Zentrum des Gesichtsfeldes hin zunahm. Besonders groß war sie im Grenzbereich zwischen erhaltenem und blindem Feld. Diese Störung wurde von den Untersuchern allerdings nicht mit dem Gesichtsfeldausfall in Zusammenhang gebracht, weil auch ihre Patienten mit bitemporaler Hemianopsie ein gutes Lokalisationsvermögen aufwiesen.

Einfache Prüfungen der stereoskopischen Funktion erfolgen über die Beurteilung von Nadeleinfädeln, von Zeigeversuchen (Riddoch 1935) oder vom Grad der Sicherheit beim Füllen von Röhrchen etwa mit Glasperlen (Hering 1865; Danta u. Mitarb. 1978). Am gebräuchlichsten ist der TNO-Test, bei dem nach dem Anaglyphenverfahren Sektorenausschnitte eines Kreises erkannt werden müssen. Klassische Prüfungen erfolgen über die Positionsbestimmung von drei Punkten (Poppelreuter 1917) oder drei Stäbchen (v. Tschermak 1934) oder mit dem von Monjé (1948) entwickelten Stereoeidometer. Eine sorgfältige Prüfung der Stereoskopie sollte bei fixiertem Kopf erfolgen, weil durch Kopfbewegungen Erfahrungswerte über die parallaktische Verschiebung gewonnen werden können. Da die einzelnen Untersuchungsmethoden Augen-, Kopf- und Körperbewegungen in unterschiedlichem Maße erlauben, sind auch unterschiedliche Ergebnisse zu erwarten.

Seyda (1982) hat mit Hilfe verschiedener Tests die Stereoskopie bei 26 Patienten mit kompletter homonymer Hemianopsie gemessen. Dabei fand er, daß sich mit dem Zeigeversuch nach Riddoch (1935), der so gut wie alle Kompensationsstrategien ausschließt, allerdings Handbewegungen erfordert, Störungen der Stereoskopie verläßlich ermitteln ließen. Sie betrafen gleichermaßen rechts-

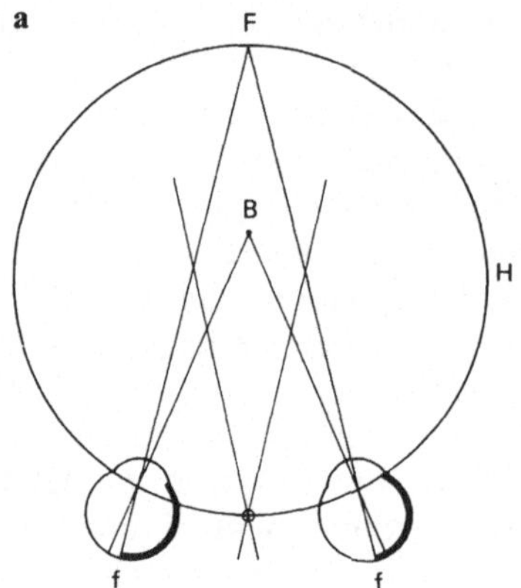

Homonyme Hemianopsie nach links

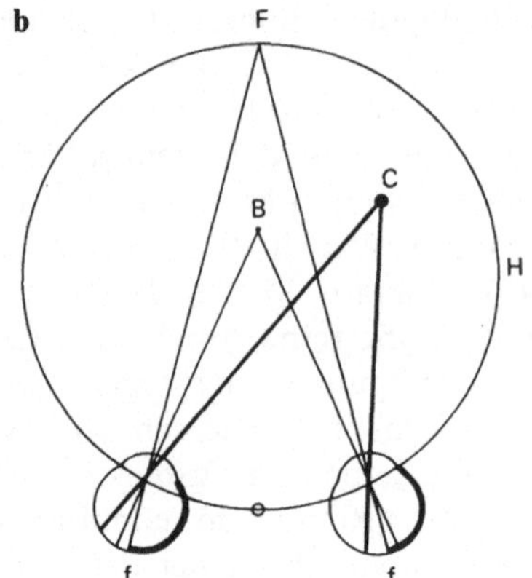

Homonyme Hemianopsie nach links

Abb. 36a, b. Schema der Objektprojektion auf die Retina bei homonymer Hemianopsie links. **a** Von Punkt *B,* der stereoskopisch ausgewertet werden müßte, erreicht nur der Strahlengang nach links die unversehrte Hälfte. **b** Von Punkt *C* erreicht der Strahlengang die unversehrte Hälfte sowohl des rechten wie des linken Auges

und linksseitige Läsionen. In einer besonderen Gruppe befanden sich Patienten, die bei allen Tests schlecht abgeschnitten hatten. Sie wiesen häufiger rechtshirnige Läsionen auf (5 von 6). In ihrem Fall vermutete man eine über die Stereoskopie hinausgehende Störung der Raumwahrnehmung. Im kranialen Computertomogramm fanden sich dementsprechend über den Okzipitallappen hinausreichende Schädigungen des Gehirns (vgl. dazu auch die Ergebnisse von Hannay u. Mitarb. 1976).

Warum alle Patienten im vertikalen Grenzbereich schlecht, weiter peripher hingegen noch gut stereo sehen können, läßt sich wahrscheinlich mit dem unterschiedlichen Strahlengang erklären. Aufschlußreich sind hier Untersuchungen, wie sie Mitchell und Blakemore (1970) an einem Patienten mit „split brain" durchgeführt haben. Der Patient, der keinen Gesichtsfelddefekt aufwies, konnte eine Scheibe im Zentrum seines Gesichtsfeldes schlecht, jenseits von 5 Grad aber gut lokalisieren. Die Strahlen der in der Ebene des Fixierpunktes sich befindenden Scheibe treffen auf heteronyme Retinapunkte, projizieren daher einmal in die linke und einmal in die rechte Hirnhemisphäre. Die

stereoskopische Auswertung der beiden Leitungen ist durch die kallosale Unterbrechung nicht möglich. Weiter peripher liegende Punkte treffen hingegen auf homonyme Retinafelder, werden also nur zu einer Kortexhälfte geleitet und können dementsprechend stereoskopisch verrechnet werden. Auf die homonymen Hemianopsien übertragen hieße dies: Punkte, die im Bereich der Fixierebene liegen, treffen sowohl auf eine intakte als auch auf eine ausgelöschte Leitung, ihre Querdisparation kann nicht mehr stereoskopisch ausgewertet werden (Abb. 36a). Punkte außerhalb der Fixierebene und im erhaltenen Gesichtsfeld gelangen jeweils ungehindert zum Kortex und können dementsprechend verrechnet werden (Abb. 36b).

10.1.2 Störungen des Raumerkennens und der räumlichen Orientierung

Neben der stereoskopischen Wahrnehmung stehen uns verschiedene andere Möglichkeiten zur Verfügung, den uns umgebenden Raum zu erkennen. Das auf ihnen beruhende Tiefen- oder Raumsehen ist auch monokular möglich und nutzt verschiedene Anhaltspunkte: die Kenntnis der Größe von Objekten, die Bedeutung partieller Überschneidung oder der Verteilung von Licht und Schatten sowie die bekannte Wirkung des atmosphärischen Dunstes. Zu diesen Merkmalen von Tiefe gesellt sich, möglicherweise für den Menschen besonders wichtig, die Bewegungsparallaxe (v. Tschermak 1939). Man versteht darunter den Tiefeneindruck, der entsteht, wenn der Betrachter durch Kopf- oder Körperbewegung Verschiebungen der Objekte zu- oder gegeneinander hervorruft. Die in Abhängigkeit von der Lage der Objekte im Raum unterschiedlichen Winkelgeschwindigkeiten werden verarbeitet und erzeugen möglicherweise nach dem Vergleich mit Erfahrungswerten einen Tiefeneindruck. Geringer Tiefeneindruck kann auch allein durch Bewegung der Augen gewonnen werden. Bei Blickwendung kommt es in Abhängigkeit von der Entfernung der Objekte zu einer mehr oder minder raschen Scheinbewegung in die Gegenrichtung, die entsprechend ausgewertet werden kann.

Das breite Spektrum gestörter Raumwahrnehmung oder gestörten Raumerkennens, das im folgenden nur kursorisch dargestellt werden soll, läßt sich nur zu oft nicht mit der Sehstörung allein begründen und dementsprechend auch nicht auf Hemianopsie zurückführen. Man kennt zwar Schwerpunkte der betroffenen Hirnschädigung, aber keine eindeutigen Zuordnungen. Die Vielfalt der vorgeschlagenen Untersuchungsmethoden zeugt ebenso von der Heterogenität des Syndroms wie die zahlreichen Versuche der Ergebnisinterpretation (Lenz 1944; McFie u. Mitarb. 1950; Gloning 1965; De Renzi 1982). Bevor die neurophysiologischen und neuropsychologischen Zusammenhänge sicher bestimmt werden, müßte Übereinstimmung darüber erzielt werden, in welcher Form der korporale und extrakorporale Raum von uns erfahren wird. Visuelle Erfahrung ist dabei sicher nur ein Aspekt; vestibuläre, auditive und somatosensorische Erfahrungen gehören ebenso hinzu. Schließlich wird der Raum auch „begriffen" und begangen. Diese multimodale Erfahrung, die ein inneres Schema und eine innere Repräsentanz des Raumes aufbaut, läßt vermuten, daß es sich zwar um ein relativ gesichertes, aber auch vielfältig störbares Koordinatensystem handelt.

Manche Störungen weisen darauf hin, daß nur das Abschätzen der Tiefe beeinträchtigt oder verlorengegangen ist. Die Patienten sind dann nicht mehr in der Lage, alle Gesetze der Perspektive zu realisieren. Ein Teil von ihnen versucht, mit pendelnden Kopfbewegungen die Informationen über die parallaktische Verschiebung der Objekte auszunutzen und so dem Mangel abzuhelfen. Andere, wesentlich schwerer beeinträchtigte Patienten beschreiben, daß sie den Eindruck hätten, als ob die Umwelt an Räumlichkeit verloren habe, als ob alles flach wie auf einer Photographie geworden sei. Diese Patienten sind uns alle durch eine Störung auch ihrer räumlichen Orientierung aufgefallen, so daß eine Beeinträchtigung des visuellen Gedächtnisses angenommen werden muß (Scotti 1968; Landis u. Mitarb. 1986).

Eine weitere, allerdings kleine Patientengruppe gibt zu der Vermutung Anlaß, daß verschiedene Formen der Dysmorphopsien zu einer mangelnden Orientierung im Raum beitragen (Hoff u. Pötzl 1935a). Auch visuelles Neglect kann zu gestörter räumlicher Orientierung oder zu gestörtem Raumerkennen führen. Nach Eintritt einer homonymen Hemianopsie verschiebt sich das innere Koordinatensystem, so daß es insbesondere zu einer Ablenkung der subjektiven Geradeausrichtung zur Seite des Ausfalls kommt. Möglicherweise entspricht dies einem gelungenen Kompensationsvorgang (Zihl u. von Cramon 1986a).

Liegt ein Neglect vor, so dreht sich die Geradeausachse eher zur Seite des erhaltenen Gesichtsfeldes hin, was notwendig zu einer weiteren Verschlechterung der Raumwahrnehmung führt.

Eine andere schwere Störung des Raumerkennens zeigt sich darin, daß sich die Patienten nicht mehr in ihrem Raum orientieren können. Sie verlieren sich auf dem eingeschlagenen Weg und finden deshalb nicht mehr in ihr Zimmer oder zu ihrer Wohnung zurück. Dabei gab es Unterschiede, je nachdem, ob es sich um eine neue oder eine bekannte Umgebung handelte (Scotti 1968), und so hat man vermutet, daß eine Gedächtnisstörung die Hauptverantwortung für die Verirrungen trage. Schließt man hochgradige beidseitige Gesichtsfeldausfälle aus, so kann die Ursache allerdings ebenso in einer mangelnden Konstanz der Wahrnehmung oder in der sog. Simultanagnosie liegen (Stengel 1944). Die Störung ist meist mit anderen neuropsychologischen Defiziten verbunden, etwa mit konstruktiver (visueller) Apraxie (De Renzi u. Faglioni 1967), Fingeragnosie oder Rechts-links-Störung. In allen Fällen reicht die Hirnläsion über das Okzipitalhirn hinaus und in den Parietallappen - vornehmlich der rechten Seite - hinein (Brain 1941; Meerwaldt u. van Harskamp 1982).

10.1.3 Visuelles Neglect

Sowohl Poppelreuter (1917) als auch wenig später Holmes (1918a, b) waren bei ihren Untersuchungen auf Patienten gestossen, die eine mangelnde Beachtung des Außenraumes, meist halbseitig und kontralateral zur Hirnschädigung erkennen ließen. Diese merkwürdige Störung erwies sich als unabhängig von der damals schon bekannten Anosognosie sowie von neurologischen Ausfällen wie Hemiparese und Hemianopsie. Ebenso hatten die Autoren schließlich schon bemerkt, daß diese Störung vor allem dann auftrat, wenn sich die Hirnläsion auf der rechten Seite befand. Poppelreuter (1917) unterschied zwischen einer Störung der passiven und der aktiven Aufmerksamkeit. Patienten mit einer Störung lediglich der passiven Aufmerksamkeit konnten das Defizit durch aktive Hinwendung kompensieren; Patienten, bei denen auch die aktive Hinwendung verlorengegangen war, hatten keine Möglichkeiten der Kompensation mehr. Für den klinischen Gebrauch ist diese Einteilung des Neglects in zwei Schweregrade von Nutzen.

Die Bezeichung „Neglect" wurde erstmals von Riddoch (1935) verwendet, und zwar speziell für die halbseitige Minderung der visuellen Aufmerksamkeit. Der von ihm gebrauchte Begriff sollte sich aber erst wesentlich später durchsetzen. Brain (1941) sprach noch von „Agnosie für eine Raumhälfte", während de Ajuriaguerra und Hecaen (1960) den Terminus „agnosie spaciale unilaterale" bevorzugten. Manche Autoren hielten das Neglect für eine veränderte Zuwendung, eine reduzierte Aufmerksamkeit, ähnlich wie dies auch bei einseitiger Frontalhirnschädigung beobachtet wird (Silberpfennig 1941; Schiffter 1968; Heilman u. Valenstein 1972; Damasio u. Mitarb. 1980a). In den letzten Jahren hat sich zunehmend der vergleichweise wertfreie Begriff des „Neglects" durchgesetzt. Es handelt sich dabei weder eindeutig um eine Störung der Aufmerksamkeit noch eindeutig um eine solche des Erkennens.

Man kann das visuelle vom auditiven, somatosensorischen und motorischen Neglect unterscheiden. Häufig verbinden sich mehrere Formen des Neglects zu Kombinationen mit unterschiedlichen Schwerpunkten. Die visuelle Exploration des extrakorporalen Raumes ist regelmäßig am schwersten betroffen. Die Patienten mit visuellem Neglect explorieren eine Raum-

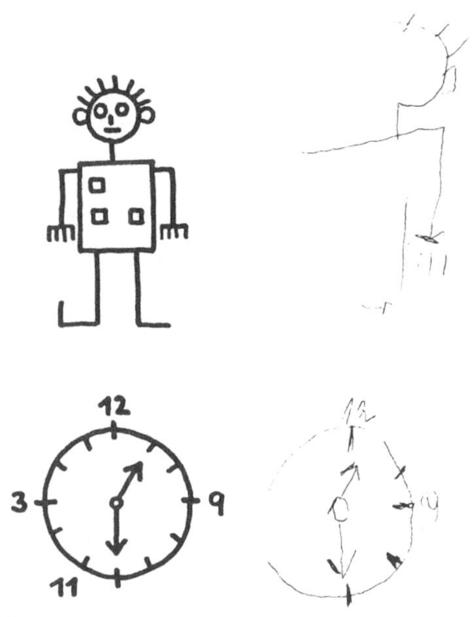

a

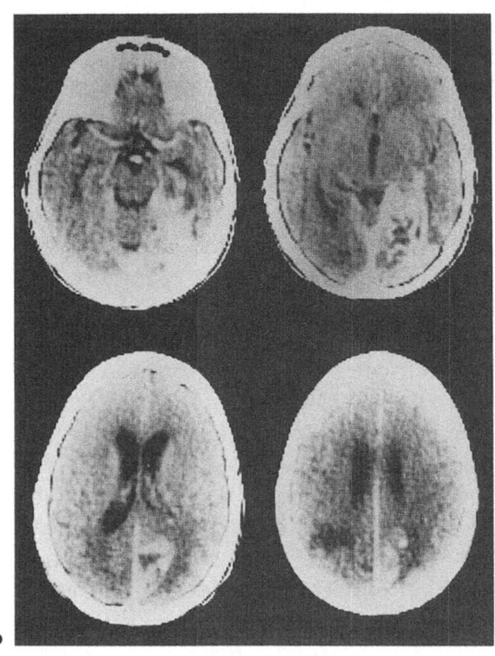

b

Abb. 37a, b. Patientin Elfriede K., 62 Jahre. Hirninfarkt rechts okzipital, homonyme Hemianopsie links. Makulares Restfeld 3 Grad. Visus bds. 0,8. **a** Nachzeichnen nach Luria (1970): ausgeprägtes Hemineglect links. **b** CT des Gehirns mit Kontrast. Frischer (Luxusperfusion, Schrankenstörung), ausgedehnter Infarkt rechts okzipital. Älteres Infarktareal links parietal

hälfte entweder gar nicht mehr, oder nur ungenügend. Häufig, wenn auch nicht notwendig, geht die Störung mit homonymen Gesichtsfeldausfällen einher. Es erscheint uns aber nicht gerechtfertigt, das Neglectsyndrom nur dann gelten zu lassen (Heilman u. Mitarb. 1985), wenn kein sensorisches Defizit besteht. Mit dem Befund der Hemianopsie kann nicht erklärt werden, warum der Patient, der ein Neglect hat, seine Augen, seinen Kopf und seine Aufmerksamkeit gerade dem ausgefallenen Bereich weniger zuwenden sollte.

Das visuelle Neglect wird am einfachsten mit bimanueller Reizung der Gesichtsfelder bestimmt; komplizierter, dafür aber quantifizierbar, ist die bilaterale tachystoskopische Präsentation verschiedener Zeichen. Beide Prüfungen haben den Vorteil, daß allein die visuelle Komponente des Neglects erfaßt wird. Bei den zahlreichen anderen Tests wird das Ergebnis immer durch eine zugrundeliegende motorische Komponente beeinflußt. Luria (1970) schlug Zeichentests vor (Abb. 37), Albert (1973) empfahl einen Test, bei dem auf einem Papier verstreut liegende Striche markiert werden mußten. Ähnlich geht der Suchtest nach Weintraub und Mesulam (1987) vor, er soll sich als besonders empfindlich erweisen. Zahlreiche Variationen hat schließlich der von Axenfeld (1894) beschriebene Test der Linienhalbierung erfahren (Schenkenberg u. Mitarb. 1980). Die Patienten werden aufgefordert, eine oder mehrere horizontal, zum Vergleich auch vertikal, liegende Strecken zu halbieren. Bei einem Neglect für die linke Raumhälfte fällt die rechte Hälfte der horizontalen Strecke kürzer als die linke aus.

Visuelles Neglect für eine Raumseite kann

so schwer sein, daß keine perimetrischen Untersuchungen in diesem Halbfeld möglich sind, ja geradezu eine homonyme Hemianopsie vorgetäuscht wird.

Einige Untersuchungen führten zu dem Ergebnis, daß dem äußeren visuellen Raum eine innere Raumrepräsentation entspreche. Beide Systeme seien eng verzahnt, doch könnte auch jedes für sich ausfallen. Während der Patient bei geöffneten Augen eine Raumhälfte unbeachtet ließ, erfolgte bei geschlossenen Augen – also ohne die Auswertung visueller Stimuli oder auch die Ablenkung durch sie – eine Exploration des gesamten Raumes. Wenn auch noch die innere Repräsentation der Raumhälfte, die sich auf der kontralateralen Hirnhälfte befinden soll, gestört ist, so resultiert ein schweres Neglect und wahrscheinlich auch eine Störung der räumlichen Orientierung (Bisiach u. Luzatti 1978; Bisiach u. Mitarb. 1979).

Auch hier gestaltet sich die Suche nach der Hirnlokalisation, die für diese Störung verantwortlich sein könnte, schwierig, wenngleich vieles darauf hindeutet, daß das Neglect speziell nach Schädigungen der parietalen, rechten Hirnregion (vor allem Area 7) auftritt. Zwar konnte es nach Schädigungen der linken Hemisphäre zu einem kontralateralen Hemineglect kommen (Battersby u. Mitarb. 1956; Chain u. Mitarb. 1979), doch führten rechtsseitige Läsionen zu weitaus schwereren, qualitativ anders gewichteten Neglectformen, die häufig nicht nur die kontra-, sondern auch die ipsilaterale Seite betrafen (Gainotti 1968, 1986; Weintraub u. Mesulam 1987). Gelb und Goldstein (1920), Teuber und Mitarbeiter (1960) und Luria (1970) nahmen jeweils an, daß bei einer Schädigung der Area 17 zwar ein Gesichtsfeldausfall eintritt, dieser jedoch vom Patienten vollständig kompensiert werden kann. Wenn aber die Schädigung über dieses Feld hinausginge, reduziere sich die Möglichkeit einer Kompensation immer mehr. Unter-

suchungen an Katzen haben zu der Annahme geführt, daß ein Neglect dann entsteht, wenn Projektionsfasern vom visuellen Kortex zu den Colliculi superiores unterbrochen sind (Sprague 1966). Ein schweres Neglect wurde nach Läsionen des Thalamus auch beim Menschen beobachtet (Watson u. Mitarb. 1981). Möglicherweise steht bei Menschen das tektale Blickzentrum nur dann für unbewußte visuelle Perzeption bereit, solange seine Aktivität von Impulsafferenzen aus dem visuellen Kortex gesteuert wird (Perenin u. Jeannerod 1978; Pöppel 1978). Nach Critchleys (1966) Auffassung – von anderen Untersuchern geteilt (Pierrot-Deseilligny u. Mitarb. 1986) – führt eine Schädigung des unteren Teils des Parietalhirns zu einem Neglect, wobei dem Parietallappen der nichtdominanten Hemisphäre eine führende Rolle zukommen soll. Die Erfahrungen von Critchley wurden durch die Ergebnisse bestätigt, zu denen Mountcastle und Mitarbeiter (1975) bei Untersuchungen an Affen gelangten. Nach Verlust des inferioren Teils des Parietallappens erlitten die Tiere ein Neglect für die kontralaterale Raumhälfte.

Die neurophysiologischen Grundlagen, die Aufmerksamkeitssteuerung erklären könnten, sind nicht ausreichend bekannt. Zur Pathologie des Neglects wurde von Heilman und Mitarbeitern (1972, 1979) sowie von Watson und Mitarbeitern (1974, 1981) eine Theorie der mangelnden Impulsstimulation entwickelt. Sie argumentierten folgendermaßen: Aufgrund der Schädigung einer Hirnhemisphäre kommt es zu einer reduzierten Verarbeitung von Reizen aus dem kontralateralen Gesichtsfeld. Der verminderte Erregungsstrom führt dann zu einer Abnahme der normalerweise von der geschädigten Hirnhemisphäre ausgehenden Impulse zum Mesenzephalon, und die verminderte efferente Impulsfolge äußert sich in einer Hypokinese der kontralateralen Körperseite einschließlich der Augen, so daß die Zuwendung zur hemianopen Seite nachläßt. Nach diesem Modell ließe sich z. B. erklären, warum ein visuelles Neglect auftreten kann, auch wenn keine homonyme Hemianopsie vorliegt. Da die Impulsafferenz für eine Großhirnhemisphäre nicht nur von der kontralateralen Körperhälfte, sondern über Kommissurenfasern auch von der kontralateralen Gehirnhälfte kommt, führt ihr Ausfall oder ihre Reduktion nicht nur in der geschädigten, sondern auch in der unversehrt gebliebenen Hirnhemisphäre zu einem Defizit an Erregung, die für die Aufmerksamkeitssteuerung von Bedeutung ist.

10.1.4 „Seelenlähmung des Schauens"

Es handelt sich um eine Störung der visuellen Aufmerksamkeit - kombiniert mit anderen Auffälligkeiten - die selten beschrieben wurden, aber wohl häufiger vorkommen. Der Patient des klassischen Fallberichtes (Balint 1909) hat nach den herkömmlichen Gesichtsfelduntersuchungen angeblich keine Einschränkungen gehabt. Dennoch bestand ein hochgradiges Neglect für die linke Raumseite und eine auffällige Aufmerksamkeitseinengung auf das gerade fixierte Objekt, also auch ein fluktuierendes Neglect für die rechte Raumseite. Der Patient konnte den Blick nicht spontan, sondern nur nach Aufforderung zu neuen Objekten hinwenden. Man muß annehmen, daß er erhebliche Schwierigkeiten hatte, sich im Raum zurechtzufinden (Godwin-Austen 1965), doch gibt es darüber keine Informationen. Die Autopsie ergab neben einer diffusen Schädigung des Gehirns ausgedehnte Erweichungen beider Parietallappen.
Das Syndrom, das von anderen Autoren auch als okulomotorische Apraxie bezeichnet wurde (Cogan u. Adams 1953), zeigt Ähnlichkeiten mit der Simultanagnosie. Auch bei dieser kommt es jeweils während des Fixierens zu einer - allerdings auf einen bestimmten Winkelgrad festgelegten - Schrumpfung des Gesichtsfeldes. Die intentionale Blickbewegung ist eher verstärkt. Die Einengung beim Balintschen Syndrom ist dagegend wechselnd, da sie von der Größe des fixierten Objektes abhängt. Die intentionale Blickbewegung ist, je nach der Schwere des Syndroms, eingeschränkt oder sogar aufgehoben (Tylor 1968). Zwischen beiden Syndromen läßt sich freilich nicht immer genau unterscheiden. In beiden Fällen gibt es Verbindungen zum Neglect.

Pathophysiologisch wird neben den biparietalen, unmittelbar an die Okzipitallappen heranreichenden Schädigungen eine Unterbrechung okzipito-frontaler Bahnen vermutet (Hecaen u. de Ajuriaguerra 1954; Hausser u. Mitarb. 1980; Alexander u. Albert 1983). Damit wären alle wichtigen Schaltstellen zugleich betroffen, deren Läsion allein jeweils schon ein Neglect zur Folge gehabt hätte.

10.2 Farbagnosie

Was unter dem Begriff der Farbagnosie subsumiert wird, erweist sich gleichfalls als recht heterogen: die Genauigkeit der Untersuchung hat darauf ebensoviel Einfluß, wie die Sichtweise des Untersuchers. Der von Wilbrand (1887) beschriebene und später häufig zitierte Patient hatte aus heutiger Sicht keine Farbagnosie, sondern eine Farbbenennungsstörung. Um den durch den Begriff aufgeworfenen Schwierigkeiten auszuweichen, zogen sich manche Autoren auf den Aspekt der Wahrnehmungsstörung zurück und sprachen allein von Dys- oder Achromatopsie (Green u. Lessell 1977; Damasio u. Mitarb. 1980a).

Sicher handelt es sich bei der Farbagnosie um kein homogenes Syndrom. Entsprechend sind verschiedene Untersuchungsgänge zum Nachweis der zahlreichen Versionen notwendig sind (Bauer u. Rubens 1985).

Bilaterale Hemiachromatopsie kann, wenn der zentrale Bereich in die Störung miteinbezogen ist, ein Unvermögen, Farben zu erkennen, herbeiführen. Hier handelt es sich dann aber nicht um eine Agnosie, sondern um die Folgen einer elementaren Sehstörung. In solchen Fällen berichten die Patienten von sich aus, daß die Welt für sie grau oder schwarz-weiß geworden sei. Bleibt die Welt hingegen bunt, und kann der Patient die Farben ordnen oder farbtypischen Objekten zuordnen, sie selbst aber nicht benennen, so kann dies nur heißen, daß eine aphasische Störung oder eine Diskonnektion, wie man sie bei der reinen Alexie vermutet, zugrunde liegt. Es verbliebe ein kleiner Bereich von Störungen, die sich z. B. dadurch auszeichnen, daß Farben farbtypischen Gegenständen (rote Tomate, gelbe Zitrone usw.) nicht mehr zugeordnet werden können. Die Farbbedeutung der Gegenstände wäre dann verlorengegangen. Die Frage, wie diese Störung der Farbassoziation richtig und unter Ausschluß beeinflussender Faktoren wie Objektagnosie, Aphasie, Intelligenzminderung oder Farbsehstörung bestimmt werden kann, läßt sich nicht einfach beantworten. Bauer und Rubens (1985) halten die Farbagnosie im Sinne eines Diskonnektion-Syndroms allein für eine Benennungsstörung: der Patient kann Farben gut sortieren, kann sie aber nicht bezeichnen und auch nach Verbalisation nicht zeigen. Zihl und von Cramon (1986a) lassen gestörtes Farberkennen als Agnosie gelten, wenn zwei Symptome erfüllt sind: zum einen die gestörte Kategorisierung von Farben, die sich daran zeigt, daß verschiedene Abstufungen der gleichen Farbe nicht mehr zusammengefaßt

werden können, und zum anderen das Unvermögen, charakteristische Objektfarben zu erkennen. In jedem Fall bleibt es schwierig, die kategoriale Störung von reinen Achromatopsien sowie die Unfähigkeit der Objekt-Farb-Zuordnung von der Objektagnosie zu trennen. Wahrscheinlich kommt die Farbagnosie als isoliertes Syndrom nicht vor, sondern fügt sich in globalere Störungen – Alexie, Prosopagnosie, Objektagnosie – ein. Wir haben unter unseren Patienten keinen gefunden, bei dem man eine isolierte Farbagnosie hätte diagnostizieren können. Stets fielen Benennungs-, also aphasische Störungen auf, oder es handelte sich um eine Achromatopsie, eine Störung der Farbwahrnehmung aufgrund bilateraler, okzipito-temporaler Hirnläsionen.

10.3 Prosopagnosie

Unter den verschiedenen Agnosieformen hat die Prosopagnosie, der Verlust des Physiognomiegedächtnisses, von jeher die Neuropathologie oder Neuropsychologie am meisten beschäftigt. Schon Charcot (1883) war von dem Phänomen gefesselt, als er einen Patienten beschrieb, der in einem Geschäft versehentlich einem Spiegelbild ausweichen wollte: es war sein eigenes gewesen, welches er nicht erkannt hatte. Charcot schätzte diese Störung aber noch nicht als eigenständige Agnosie ein. Erst Bodamer (1947) hielt den Verlust des Physiognomiegedächtnisses für eine besondere Form der Agnosie, die er als Prosopagnosie bezeichnete. Der von ihm beschriebene Patient konnte selektiv Physiognomien, sowohl seine eigene als auch fremde, nicht mehr erkennen. Er sah sie zwar als Gesicht, konnte sie aber keiner bestimmten Person zuordnen. Bodamer vermutete, daß es sich um eine Regression auf früheste Umwelterfassung handle, wo nur Umrisse und Formen erkannt würden, aber noch keine kategoriale oder semantische Zuordnung erfolge.

Inwieweit diese Hypothese stichhaltig ist und mit den neurologischen und neuropsychologischen Befunden in Einklang gebracht werden kann, ist bis heute Gegenstand der Diskussion geblieben. Die Argumente, die zu ihren Gunsten vorgebracht wurden, hatten nicht immer festen Boden unter den Füßen. Zum einen erwies sich Prosopagnosie, ähnlich den anderen Agnosien, als eine Störung mit großer Variationsbreite, zum anderen waren viele Patienten nicht so ausführlich untersucht worden, wie man dies zur Sicherung des Syndroms hätte verlangen müssen. Und schließlich hatte sich gezeigt, daß in fast allen Fällen erhebliche, oft sogar bilaterale Gesichtsfeldausfälle und somit eben erhebliche Einbußen der primären visuellen Wahrnehmung bestanden (Meadows 1974 b). Nun gibt es, was die Fähigkeit angeht, Gesichter zu erkennen, auch unter Gesunden beträchtliche Unterschiede. Die gelegentlich aber auffällige Dissoziation zwischen geringer Sehstörung und hochgradiger Schwierigkeit – gerade beim Erkennen von Gesichtern – verlangen nach einer sorgfältigen Nosologie.

Fallbericht Lorenz H.:
Ein 36 Jahre alter, bis dahin gesunder Leibwächter sitzt mit der zu beschützenden Person in einem Straßencafe. Plötzlich steht er auf, verläßt das Cafe und bleibt suchend auf der Straße stehen. Er hat Gedächtnis und Orientierung verloren, weiß auch nicht, was mit ihm passiert ist. Die ihm anvertraute Person kommt ihm fremd vor, und er versucht ihre Hilfsangebote abzuwehren. Einen Tag später ist der Patient wieder voll orientiert und kann detailliert untersucht werden. Für etwa 4 h des Vortages besteht eine Amnesie. Er erkennt weiterhin keine Gesichter, nicht einmal das seiner Freundin oder sein eigenes im Spiegel. Später berichtet er, daß er den Eindruck gehabt habe, von unzähligen, immer wieder neu an sein Bett herantretenden Ärzten behandelt worden zu sein. Er erkennt keine Farben, kann sie nicht ordnen, vermag aber die Farben von Tomaten, Bananen usw. zu nennen. Die Umwelt ist grau geworden, hat auch an Tiefe verloren, sie erscheint ihm flach, wie auf einer Photogra-

phie. Er wagt sich nicht ohne Begleitung aus dem Zimmer, weil ihm die räumliche Orientierung fehlt. Eine Woche später – die Achromatopsie besteht unverändert – erkennt er ihm vertraute Personen wieder, aber nur an ihrer Mimik und Gestik. Er findet sich im Raum wieder zurecht, die Perspektiven erscheinen ihm aber weiterhin geschrumpft, alles bleibt etwas weniger tief als üblich. Bekannte Gesichter erkennt er nicht, doch ist er in der Lage, unbekannte Gesichter zu ordnen. Im Benton-Test (Benton u. van Allen 1968) zeigt er eine mäßiggradige Beeinträchtigung. Wenn er Objekte benennen soll, macht er immer wieder pendelnde Bewegungen mit Kopf und Oberkörper, um wie er meint, einen besseren Eindruck zu gewinnen. Im Farnsworth-Munsell-Test fällt eine schwere, diffuse Farbsehstörung auf.

Die kinetische Perimetrie ergibt ein homonymes sektorenförmiges Skotom im rechten oberen Quadranten (Abb. 38 a). Der Visus ist mit 1,2 beidseits ungestört. Im CT findet sich eine diskrete temporo-okzipitale hypodense Zone links (Abb. 38 b).

Die internistischen Untersuchungbefunde weisen auf eine Endomyokarditis hin. Im Laufe der nächsten Wochen verschwinden alle neurologischen Ausfälle.

Die Patienten erkennen Physiognomien nicht mehr, die ihnen zuvor vertraut waren; selbst ihr eigenes Gesicht kann ihnen im Spiegel fremd und unbekannt vorkommen. Sie orientieren sich nicht mehr wie üblich (Yarbus 1967) an Details um Augen und Mund (Gloning u. Quatember 1966), sondern an weit gröberen Charakteristika wie Brille, Haaransatz, Frisur und an anderen Eigenschaften und Attributen der Person, wie Stimme, Mimik, Gestik, Gang und Kleidung. Die Beurteilung der Häufigkeit dieses Phänomens variiert mit der Strenge der Auswahlkriterien. Aus der Literatur kennt man fast nur Einzelberichte. Hecaen und Angelergues (1963) diagnostizierten bei 6% ihrer Patienten mit retrorolandischen Schädigungen eine Prosopagnosie – eine Zahl, die uns zu hoch gegriffen scheint. Die Autoren schlossen auch Patienten mit ein, die andere schwere Störungen des Wahrnehmens und Erkennens aufwiesen.

Bei der Erstuntersuchung fanden wir unter unseren Patienten 22 (8%), bei denen das Gesichterer-

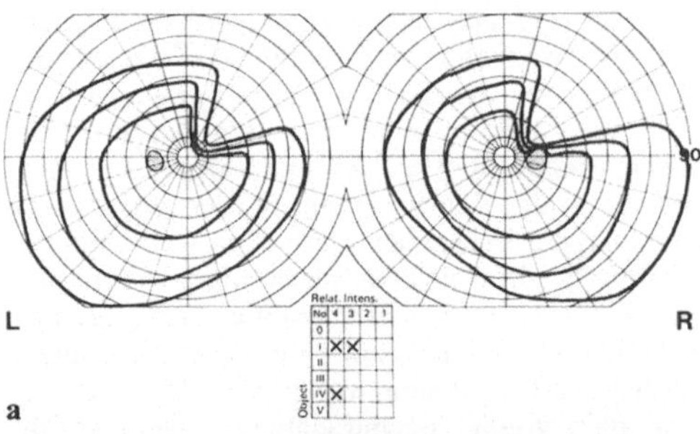

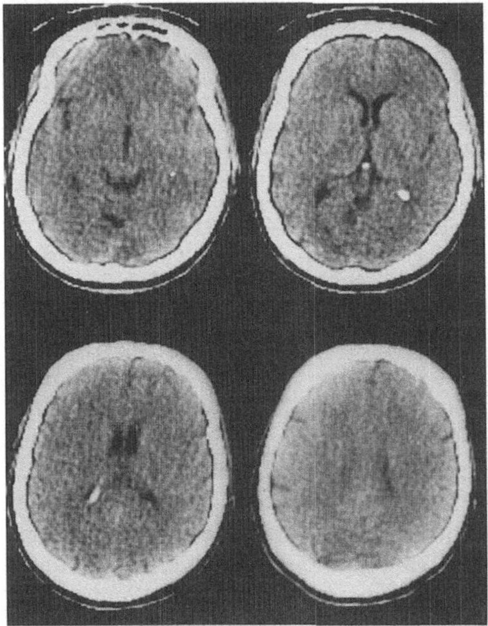

Abb. 38a, b. Patient Lorenz H., 36 Jahre. Prosopagnosie und Achromatopsie. **a** Inkomplette, fast kongruente Quadrantenanopsie rechts oben. **b** CT des Gehirns. Diskrete hypodense Areale links okzipital, paramedianer Kortex und angrenzendes Parenchym

kennen auffällig gestört oder gänzlich unmöglich war, ohne daß dieser Befund auf einen mangelnden Visus hätte zurückgeführt werden können. Nach der kinetischen Perimetrie ergab sich nur bei 4 Patienten eine auffällige Einengung der Gesichtsfelder. 13 der Patienten wiesen auch andere Störungen des Erkennens – des Raumes, der Farbe oder von Objekten – auf. Im Computertomogramm des Gehirns fand sich bei 11 Patienten eine rechtsseitige, bei 4 Patienten eine linksseitige und bei 6 Patienten eine beidseitige Läsion. Mit Ausnahme von 6 Patienten verschwand die Pro-

sopagnosie nach spätestens 1 Woche. Unter den verbliebenen 6 Patienten befanden sich 4, bei denen die schwere Einschränkung des Sehens – durchweg bilaterale Hemianopsien oder Quadrantenanopsien – für die Prosopagnosie verantwortlich zu machen war. Nur bei 2 Patienten konnte man eine „echte" Prosopagnosie vermuten.

Das Syndrom tritt fast ausnahmslos nach Infarkten im Versorgungsbereich beider A. cerebri posteriores auf und läßt sich nur dann ausführlicher auf sein Wesen hin untersuchen, wenn es über mehrere Tage Bestand hat. Als paroxysmales Ereignis erkennen wir es im „jamais vu" der epileptischen und, wenn auch weit seltener, der Migräne-Aura wieder. Auch im Laufe der transienten globalen Amnesie können wir Zeichen der Prosopagnosie entdecken. Die Schwierigkeiten des Erkennens beschränken sich häufig nicht auf Gesichter, sondern beziehen auch Tiere (Assal u. Mitarb. 1984), Automarken, Häuserfassaden ein (Pallis 1955; De Renzi u. Mitarb. 1968). Critchley (1964) hat die besonderen Eigenheiten eines Gesichts und die hohen Anforderungen hervorgehoben, die bei der Aufgabe, es wiederzuerkennen, gestellt werden. Angeregt durch die Untersuchungen von Bay (1953), konnte er zeigen, daß bei allen bis dahin veröffentlichten Fällen von Prosopagnosie eine erhebliche Störung der primären visuellen Wahrnehmung vorlag. Das Erkennen von Gesichtern setzt dagegen ein genügend großes und intaktes zentrales Sehfeld voraus. Ohne irgendwelche Hirnschädigung, allein mit einer künstlichen, allerdings hochgradigen Einengung des Gesichtsfeldes ließen sich im Experiment erhebliche Schwierigkeiten, Gesichter zu erkennen, hervorrufen (Stollreiter-Butzon 1950). Auch die später mitgeteilten Fallberichte (Meadows 1974b) ließen immer wieder eine beträchtliche Minderung der primären Sehfunktionen erkennen.

Wenn das Gesichtsfeld nach einer bilateralen Hirnschädigung auf beiden Seiten hochgradig eingeschränkt ist, beobachtet man oft Prosopagnosie ohne Achromatopsie – vgl. die Fälle von Pöppel und Mitarbeiter (1978) sowie von Nardelli und Mitarbeitern (1982). Man kann hier vermuten, daß die Wahrnehmungsstörung genügt, um „Prosopagnosie" hervorzurufen. Liegen kleinere, vielleicht nur unilaterale Gesichtsfelddefekte vor – dann fast durchweg in den oberen Quadranten –, so vermißt man selten eine Achromatopsie. Obwohl wir glauben, daß diese Achromatopsie nur ein Begleitphänomen ist, das sich aus der Topographie der Läsion erklärt, wäre es möglich, daß Gesichtererkennen an eine gute Farbdiskrimination gebunden ist. Manche Untersuchungen ergaben eine Reduktion der Kontrastsensitivität (Benton u. van Allen 1968), deren intakte Funktion das Erkennen von Gesichtern erleichtern soll, andere kamen zu dem Ergebnis, daß diese Patienten nur schwer die Form von Quadraten und Rechtecken schätzen konnten (Efron 1968). Nach all diesen Befunden war anzunehmen, daß die Einbuße elementarer visueller Funktionen entscheidend am Zustandekommen der Prosopagnosie beteiligt ist.

Neue Argumente für die Eigenständigkeit des Syndroms und die Möglichkeit seiner lokalisatorischen Zuordnung wollten Campbell und Mitarbeiter (1986) liefern, als sie einen Patienten vorstellten, der komplizierte Zusammenhänge von den Lippen ablesen, aber keine Gesichter erkennen konnte. Die Autoren glaubten damit Hinweise gefunden zu haben, daß die Prosopagnosie eine rein assoziative Störung sei, also nicht auf einer sinnesphysiologischen Funktionseinbuße beruhe.

Uns erscheint besonders die Erfahrung wichtig, daß viele Patienten, solange ihre Prosopagnosie besteht, eine auffällige visuelle Gedächtnisstörung erkennen lassen (Bauer u. Trobe 1984; Zaidel 1986). Diese Gedächtnisstörung trägt manche Züge, die wir von der transienten globalen Amnesie her kennen: Sekundengedächtnis, räumliche Orientierungsstörung, Ratlosigkeit.

Die beiden von uns beobachteten Patienten, deren Prosopagnosie nicht auf eine Minderung der Sehkraft zurückgeführt werden konnte, hatten jeweils auch Störungen des topographischen Gedächtnisses, außerdem lag zu Beginn ihrer Erkrankung ein Nichterkennen nicht nur des Gesichtes, sondern auch der Bewegung und der Stimme vor. Das Erkennen auditiver Reize (der Stimme) erholte sich zuerst, dann dasjenige einzelner visueller Reize: zunächst von bewegten (Gang, Gestik, Mimik), dann abgestuft von statischen, bis auch die Fähigkeit zum Objektsortieren und -zuordnen sowie zum Erkennen von unbekannten Gesichtern wiederkehrte, wie es im Benton-Test geprüft wird. Erst zuletzt wurden auch vertraute Gesichter erkannt. Patienten mit erheblicher Beeinträchtigung des primären Sehens zeigten nur eine geringe Verbesserung ihrer „Pseudo"-Prosopagnosie.

Bei allen Patienten trifft man auf eine gleich oder ähnlich lokalisierte Hirnschädigung. Sie liegt im okzipito-temporalen Übergang, betrifft speziell den Gyrus occipito-temporalis medialis und lateralis, sowie ihnen vorgelagerte temporomesiale Kortexanteile. Meist ist ein Teil des subkortikalen Marks mit in die Schädigung einbezogen. Vor allem wird der Läsion des Fasciculus longitudinalis inferior, der ein wesentliches Leitungssystem von den prästriären Feldern zum Temporallappen und zum limbischen System darstellt, große Bedeutung beigemessen. Die Sammlung von Fallstudien schien auf eine Dominanz der rechten Hirnhälfte hinzuweisen (Meadows 1974). Alle pathologisch-anatomischen Studien ergaben jedoch bilaterale, z.T. recht symmetrisch liegende Läsionen in mesialen Teilen des temporo-okzipitalen Übergangs (Hecaen u. de Angelergues 1962; Benson u. Mitarb. 1974; Damasio u. Mitarb. 1982). Die Topographie dieser Läsionen ist derjenigen, die man bei transienter globaler Amnesie teils vermutet, teils nach Infarkten verifizieren konnte, nicht unähnlich. Die Läsionen der amnestischen Syndrome haben ihren Schwerpunkt mehr rostral, in mesialen Anteilen des Temporallappen, speziell im Hippocampus, die der Prosopagnosie reichen mehr nach okzipital, bis in die Nähe der Kalkarina, ohne sie unbedingt miteinzubeziehen. Liegen Sehstörungen vor, so sind überwiegend die oberen Quadranten betroffen. Da das farbspezifische Feld zwischen dem Gyrus lingualis – verantwortlich für die Sehstörung – und dem anterioren Teil des Gyrus occipito-temporalis medialis und lateralis – verantwortlich für die Prosopagnosie – liegt, wird verständlich, warum bei diesen Patienten häufig eine Achromatopsie zu finden ist. Das für alle Syndrome verantwortliche Hirnareal wird im wesentlichen von der A. occipito-temporalis, einem großen Ast der A. cerebri posterior, versorgt, eine beidseitige Ischämie in ihren Versorgungsbereichen ist hämodynamisch möglich.

Die breite Spanne der sog. Prosopagnosien beginnt also mit der ungenügenden Sehkraft – sei es in Form des reduzierten Visus, der Gesichtsfeldeinschränkung (Stollreiter-Butzon 1950), der mangelnden Konstanz der Funktion (v. Weizsäcker 1939), oder der mangelnden Formdiskriminierung – und endet mit dem Verlust des visuellen Gedächtnisses. Als Agnosie im eigentlichen Sinne, wie Bodamer (1947) und mit ihm viele andere vermutet haben, kann sie nicht gelten.

10.4 Visuelle Alexie ohne Agraphie

Hemianopsien beeinträchtigen die Fähigkeit zu lesen auf verschiedene Weise. Der Lesefluß hängt im wesentlichen davon ab, wie groß das makulare Restgesichtsfeld ist, sowie davon, ob es sich um eine Hemianopsie nach links oder nach rechts handelt. In manchen Mitteilungen wurde auch die Bedeutung gestörter Augenbewegungen hervorgehoben (Warrington u. Zangwill 1957).

Nicht die Störung des Leseflusses, sondern die Unfähigkeit, die Bedeutung des geschriebenen Buchstabens oder Wortes zu erkennen, wird als Alexie, in der alten Literatur als Wortblindheit bezeichnet und von vielen Autoren zu den visuellen Agnosien gezählt (Pötzl 1928; Alajouanine u. Mitarb. 1960; Ettlinger u. Hurwitz 1962). Der Vorgang des Schreibens, spontan oder nach Diktat, bleibt von der Störung unberührt. Auch eine visuelle Objektagnosie und erst recht eine Aphasie sollten ausgeschlossen sein. Häufig, aber nicht obligat, wird neben der Alexie eine Unfähigkeit des Patienten beobachtet, Farben zu benennen (Geschwind 1966). Das Farbensortieren ist ebenso ungestört wie die Farb-Objekt-Zuordnung, so daß es sich um keine Farbagnosie handeln kann. Warum die visuelle Alexie gerade mit der Schwierigkeit, Farben zu benennen, verbunden ist, läßt sich nicht ohne weiteres erklären. Stachowiak und Poeck (1976) vermuten, daß sich hinter der Symptomkombination linguistische Zusammenhänge zwischen den Farbadjektiven und den Buchstaben und Phonemen verbergen.

Fallgeschichte Otto B.:
Der rüstige, 76 Jahre alte, bisher gesunde Rechtsanwalt, bemerkt in seiner Praxis plötzlich eine Sehstörung rechts. Zwei Tage später geht er zum Arzt, weil er seit dem Ereignis nicht mehr lesen kann. Die neurologische Untersuchung ergibt eine homonyme Hemianopsie rechts, das makulare Restgesichtsfeld beträgt 3 Grad, der Visus ist ungestört (0,6 bds.). Es bestehen keinerlei Sprachstörungen. Der Patient kann aber nicht lesen. Einzelne Buchstaben interpretiert er richtig, andere offenbar willkürlich, jedenfalls nicht nach graphischen Elementen, und wieder andere falsch. Sinnvolle Wörter entstehen meist nicht. Dagegen kann er bis zu 6stellige arabische Zahlen lesen. Auch auf die Haut geschriebene Wörter liest er fehlerfrei. Schreiben nach Diktat gelingt mühelos. Die Farben werden teils richtig, teils falsch benannt. Die Farb-Objekt-Zuordnung ist ebenso unproblematisch wie das Farbsortieren. Die Fehlerquote im Farnsworth-Munsell-Test liegt im Normbereich. Im CT stellen sich ein großer Infarkt im linken Okzipitallappen sowie ein weiterer, kleiner im Be-

reich der Sehstrahlung und des Ansatzes splenialer Fasern dar (Abb. 39).

In ihrer typischen Ausprägung und bei Sprachdominanz links kombiniert sich die Alexie mit homonymer Hemianopsie nach rechts. Gelegentlich ist auch nur der rechte obere Quadrant ausgefallen (Damasio u. Damasio 1983). Vereinzelt wurde das Gesichtsfeld sogar als unauffällig beschrieben (Greenblatt 1973), Lühdorf und Paulson (1977) meinen aber zu recht, daß man mit der sorgfältigen Perimetrie wohl in jedem Fall einen Ausfall feststellen könnte. Das Lesen kehrt zurück, indem die Patienten buchstabieren üben. Damit soll sich die visuelle Alexie von der motorischen Aphasie, bei der Wörter nicht buchstabierend, sondern als Ganzes gelesen werden, unterscheiden lassen (Howes u. Geschwind 1964). Die Besserung kann vollkommen sein oder auf verschiedenen Vorstufen stehenbleiben, so daß die Palette des Syndroms letztlich recht breit wird.

Die reine visuelle Alexie wurde mit ihren klinischen Begleiterscheinungen und mit ihrem pathologisch-anatomischen Befund ausführlich von Déjerine (1892) beschrieben und von Geschwind und Kaplan (1962) in Analogie zu den Befunden, die man bei Patienten mit „split brain" erheben konnte, als „Diskonnektionssyndrom" bezeichnet. In jedem Fall handelt es sich um die Folge zweier – getrennter oder aufgrund ihrer Ausdehnung verschmolzener – Hirnläsionen: derjenigen, die, im Okzipitallappen der linken Hemisphäre, die Hemianopsie rechts hervorruft, und derjenigen, die, im Splenium corporis callosi, den Fluß sprachkodierter Information aus visuellen Assoziationszentren rechts zum Gyrus angularis links unterbricht. Pathogenetisch kommen allein nach der Topographie der als notwendig erkannten Läsionen fast ausnahmslos Infarkte im Versorgungsbereich der A. cerebri posterior in Frage. Das Splenium corporis callosi wird über einen Ast der A. cerebri posterior, die

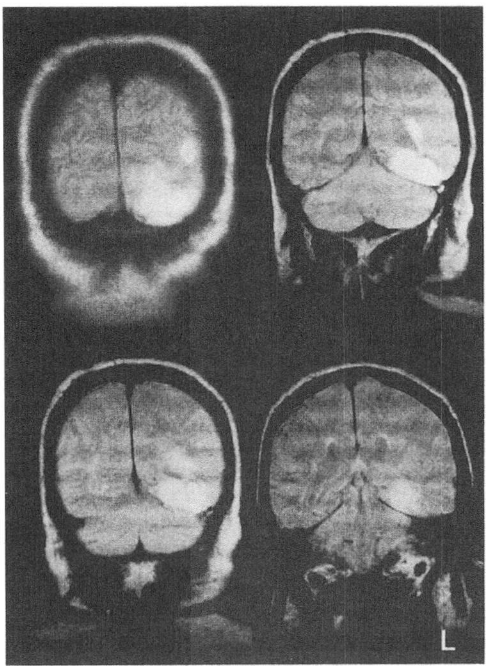

Abb. 39. Patient Otto B., 76 Jahre. Alexie und Farbanomie. Komplette homonyme Hemianopsie rechts. Makulares Restgesichtsfeld 3 Grad. Visus 0,6 bds. Kernspintomogramme des Gehirns: große signalintensive Zone links okzipito-basal. Weitere Zone lateral vom Hinterhorn und im Bereich der lateralen Okzipitalkonvexität

A. pericallosa dorsalis, versorgt (Zeal u. Rhoton 1978). Wenn die Kollateralverbindung mit der A. pericallosa aus der A. cerebri anterior nicht ausreicht, kann es im Rahmen einer Ischämie neben der Läsion der Area striata auch zu einer solchen des Spleniums kommen. Nur ausnahmsweise sind auch andere Ursachen beschrieben worden (David u. Mitarb. 1955).

10.5 Simultanagnosie

Der Verlust des Objekterkennens aufgrund eines gestörten Überblicks oder des Unvermögens, Details zu einem erkennbaren und sinnvollen Ganzen zusammenzusetzen, wurde von Wolpert (1924) als Simultanagnosie bezeichnet. Unabhängig davon, ob es sich um eine Agnosie oder um eine reine Wahrnehmungsstörung handelt, hat die Simultanagnosie im klinischen Bereich eine gewisse Bedeutung erlangt. Wir fanden gelegentlich Patienten, die von sich aus berichteten, daß sie unter einer eigentümlichen Sehstörung leiden. Während sie das Detail eines Objektes fixieren, verliert die Umgebung an Konturen und verschwimmt bis zur Unkenntlichkeit. Wenden sie ihren Blick nun an eine benachbarte Stelle, so verschwindet die eben fixierte. Die Folge ist vergleichbar mit der Situation, in der sich der Patient mit Röhrengesichtsfeld befindet. Details sieht er gut, kann sie aber nicht zu einem sinnvollen Ganzen zusammensetzen. Nach dieser häufig gewählten Beschreibung der Patienten wollte Luria (1959) das Syndrom als eine Störung der gleichzeitigen Wahrnehmung verstanden wissen. Weniger einfach interpretierten Levine und Calvanio (1978) die Simultanagnosie, nämlich als gestörte Verknüpfung von visuellem Speicher und visueller Erinnerung. Kinsbourne und Warrington (1962b) meinten, es handle sich um die verlangsamte Wahrnehmung von mehreren Dingen zugleich.

Die häufig zu hörende Beschreibung der Patienten entspringt unseres Erachtens ganz der praktischen Erfahrung dessen, was Cibis und Bay (1950) in ihren Untersuchungen nachweisen konnten. Bei allen zentralen Sehstörungen, ganz besonders bei denen, die auf einer beidseitigen Hirnschädigung beruhen, kommt es zu einer verkürzten Lokaladaptation. Sie ist im Bereich der Fovea noch so gut erhalten, daß Einzelheiten wahrgenommen und erkannt werden können. In unmittelbarer Umgebung der Fovea läßt sie aber so sehr nach, daß keine konstante Wahrnehmung mehr möglich ist. So sehen die Patienten nur

noch das, was sie im fovealen Bereich haben, alles andere verschwindet aus ihrem Gesichtsfeld. Je nach Ausmaß der Störung kann zusätzlich eine Objektagnosie oder eine Alexie vorliegen. Im Einzelfall läßt sich gewiß nur schwer ausmachen, ob diese Störung auf einer mangelnden Konstanz der Funktion beruht, oder ob sich die visuelle Aufmerksamkeit so einengt, daß der Überblick verloren geht.

10.6 Objektagnosie

Die Objektagnosie, die als typischer Fall der assoziativen Agnosie gilt, besteht in dem Unvermögen, visuelle Bedeutungsinhalte zu erkennen. Sie ist identisch mit dem, was die Erstbeschreiber unter Seelenblindheit verstanden wissen wollten (Lissauer 1890). Der Patient erkennt das visuell dargebotene Objekt nicht, kann es nicht benennen. Über andere Sinnesmodalitäten, etwa das Tasten, erkennt er es hingegen sofort. Häufig bestanden daneben auch visuelle Alexie, Prosopagnosie oder Farbagnosie (Taylor u. Warrington 1971; Lhermitte u. Mitarb. 1973).

Es fiel auf, daß viele Patienten mit angeblicher Objektagnosie gut mit den verschiedenen Objekten umgehen konnten, also offenbar doch ihre Bedeutung erkannten, und so wurde vermutet, daß auch diese Form der Agnosie – ebenso wie die Alexie und die Farbagnosie – Ausdruck eines Diskonnektionssyndroms, also einer reinen Benennungsstörung sei. Dennach wären die Sprachzentren vom physiologischen Zufluß visueller Information abgeschnitten. Da die sog. Objektagnosie auch bei homonymer Hemianopsie nach links, also nach rechtshirnigen Läsionen, beobachtet wurde, mußte die Unterbrechung des visuellen Zuflusses der linken Hirnhälfte zum Sprachzentrum auch auf der ipsilateralen Seite gegeben sein.

Albert und Mitarbeiter (1979) vermuteten, daß beidseitige Unterbrechung des Fasciculus longitudinalis inferior das Syndrom der Objektagnosie hervorrufen könne. Wir haben keinen Patienten finden können, bei dem man mit nur einiger Berechtigung eine reine Objektagnosie hätte annehmen können. Alle, die neben anderen Störungen auch Schwierigkeiten hatten, einfache Objekte zu ordnen und zu benennen, zeigten entweder schwere – stets bilaterale – Einschränkungen der primären Sehfunktionen, eine erhebliche Vorschädigung des Gehirns durch ältere Infarkte an anderer Stelle (Albert u. Mitarb. 1979), Intelligenzminderung oder reduziertes Konzentrationsvermögen. Manche beschrieben auch Sehbeeinträchtigungen, die sich als Hinweis auf das Vorliegen einer Simultanagnosie deuten ließen.

10.7 Okzipitale Amnesie

Hinter dem Begriff der „okzipitalen Amnesie" (Boudin u. Mitarb. 1967) verbergen sich verschiedene Formen der Gedächtnisstörungen – bis hin zur Verwirrtheit –, die speziell nach Infarkten im Versorgungsbereich der A. cerebri posterior beobachtet werden (Benson u. Mitarb. 1974; Brindley u. Janota 1975). Die Störungen, die eher das Kurz- als das Langzeitgedächtnis betreffen und im ersten Fall schwerer ausfallen als im zweiten, verbinden sich außer mit homonymer Hemianopsie auffallend häufig mit einer Einschränkung des visuellen Erkennens, etwa mit Prosopagnosie, so daß die Vermutung nahe lag, manche Agnosien seien eher Ausdruck der Gedächtnisstörung und weniger ein eigenständiges Syndrom. Die Amnesien müssen auf Läsionen des limbischen Systems oder der zu ihm hinleitenden Bahnen zurückgeführt werden, und es ist anzunehmen, daß in diesem letzteren Fall der Hippocampus (Scoville u. Milner 1957), der zum großen Teil von Ästen der A. cerebri posterior versorgt werden kann (Hens u. van den Bergh 1977), mitbetroffen ist. Man muß von beidseitigen Läsionen ausgehen, auch wenn sich nach dem klinischen Bild und nach den Befunden der bildgebenden Verfahren nur einseitige Läsionen darstellen sollten (Mohr u. Mitarb. 1971). Ross (1980) kam, nachdem er geeignete Testmethoden entwickelt hatte, zu dem Schluß, daß der Schwerpunkt der Störung auf mangelndem Gedächtnis für visuelle Informationen liege. Im Sinne eines Diskonnektionssyndroms würden wir erwarten, daß eine vornehmlich das visuelle Gedächtnis betreffende Störung dann auftritt, wenn der Fasciculus longitudinalis inferior, der die visuelle Information zum temporo-mesialen Bereich leitet, geschädigt oder insgesamt unterbrochen ist. Liegt indes eine direkte Läsion des Hippocampus vor, so müßte es zu einer globaleren, auch auditive oder somatosensorische Informationen betreffenden Amnesie kommen.
Passagere Hypoxie kann bei entsprechender Situation der Blutversorgung die Funktion der temporo-mesialen Kortexanteile vorübergehend aufheben und das Syndrom der transienten globalen Amnesie hervorrufen. Länger andauernde oder irreversible Ischämie im Bereich der Aa. cerebri posteriores führt zu homonymer, aber nicht notwendig bilateraler Hemianopsie und, je nachdem ob der Fasciculus longitudinalis inferior oder der Hippocampus betroffen ist, zu den verschiedenen Amnesieausprägungen. Bestehen zusätzlich Läsionen temporo-okzipitaler Kortexanteile, so können die Amnesien besondere, etwa prosopagnostische Färbungen annehmen.

11 Therapie und Rehabilitation

Zur Therapie der homonymen Hemianopsien und zur Rehabilitation dieser Patienten sind bisher vergleichsweise wenig Konzepte entwickelt worden. Das Interesse konzentrierte sich weitgehend auf die Therapie von Aphasien und Paresen, sicher weil diese Ausfälle zum einen als im besonderen Maße behindernd gelten, zum anderen aber auch weit aufdringlicher sind als Hemianopsien. So wird beim Arzt häufig eine gewisse Ratlosigkeit sichtbar, wenn der Patient danach fragt, was ihm etwa nach der Entlassung aus der Klinik wieder zugemutet oder erlaubt und was ihm empfohlen werden könnte. Eine der wichtigsten Fragen, nämlich die nach der Fahrtauglichkeit, wird dann meist unbestimmt beantwortet oder gar offen gelassen. Die bestehenden Vorschriften (Krankheit u. Verkehr 1985; Schriftenreihe Bd. 67, S. 57) beschreiben die Mindestanforderungen an die Augen, entweder als normales Gesichtsfeld eines Auges oder als gleichwertiges beider Augen. Nach strikter Auslegung dieser Vorschriften dürfte ein Patient mit homonymer Hemianopsie – selbst wenn es sich nur um ein homonymes Skotom handeln sollte – kein Auto mehr steuern.

Nun fällt, wie wir wissen, die Qualität von Ausgleich und Anpassung unterschiedlich aus und ist im Einzelfall nicht einfach zu bestimmen. Daß eine Adaptation bis zur Unkenntlichkeit des Ausfalls möglich ist, zeigen die Patienten, die seit der Geburt eine homonyme Hemianopsie haben. Weder sie noch ihre Umwelt bemerken den Gesichtsfeldausfall, bis ein Zufall – meist die Untersuchung, die nach einem epileptischen Anfall notwendig wurde – ihn aufdeckt. Auch der von Messert und Barron (1973) berichtete Fall erscheint für den fast vollständigen Ausgleich des Ausfalls exemplarisch: kontinuierliche langsame Augenbewegungen, die der Patient in das linke hemianope Feld ausführte, waren die Ursache dafür, daß der Ausfall zunächst nicht einmal perimetrisch entdeckt wurde. Was die Frage nach der Fahrtauglichkeit anbelangt, so könnte sie wahrscheinlich erst aufgrund des Ergebnisses in einem Fahrsimulator definitiv beantwortet werden.

Eine gezielte Rehabilitation setzt die Kenntnis der Hemianopsiegenese voraus. Auch über Vorerkrankungen, zumal über früher erlittene zerebrale Infarkte sollte man informiert sein. Alle diese Befunde fließen in das individuell zugeschnittene Therapiekonzept ein und beeinflussen das Ergebnis der Rehabilitation.

Man fragt sich freilich, von welchen perimetrischen Befunden die Rehabilitation ausgehen sollte. Die durchwegs übliche kinetische Perimetrie bietet einen sicher wesentlichen und trotzdem nur bruchstückhaften Einblick in das Ausmaß des Ausfalles und in den Grad der Behinderung. Ohne die Befunde der statischen Perimetrie im horizontalen und in zwei diagonalen Meridianen oder in einem zentralen Feld von etwa 30 Grad oder der Farbperimetrie fehlen notwendige Informationen über die visuellen Funktionen nicht nur des Rest-, sondern auch des scheinbar unversehrten Gesichtsfeldes. Patienten, bei denen sich der Gesichtsfeldausfall nach der kinetischen Perimetrie völlig zurückgebildet hat – in unserem Patientengut waren es 8% –, klagen nicht selten über eine weiterhin andauernde Sehbehinderung, meist in Form mangelnder Ausdauer oder ungenügender Belastbarkeit. Gewöhnlich treten ihre Beschwerden in Situationen auf, in denen die Augen vermehrt beansprucht werden: am Arbeitsplatz, beim Lesen, bei heller Beleuchtung. Poppelreuter (1917) hatte deshalb verschiedene Untersuchungsmethoden vorgeschlagen, mit denen die zahlreichen, aus dem perimetrischen Befund nicht verständlicher werdenden Klagen der Patienten in meßbare Parameter gefaßt und damit bis zu einem gewissen Grade auch objektivierbar gemacht werden konnten. In einer für Rehabilitation eingerichteten Klinik sollten solche Untersuchungsmethoden zur Verfügung stehen, denn nur mit ihnen läßt sich das Ausmaß der Behinderung und der Erfolg der Rehabilitation abschätzen. Freilich muß man nicht nur über die verbliebene Leistung der visuellen Wahrnehmung, sondern ebenso über die neuropsychologischen Störungen, speziell über die Beeinträchtigung der räumlichen Orientierung, über Alexie, konstruktive Apraxie, Schwierigkeiten beim Wiedererkennen von Gesichtern, beim Benennen von Farben oder Objekten, im Bilde sein und abschätzen können, inwieweit diese Störungen Folge des Gesichtsfeldausfalls sind oder eher unabhängig davon gesehen werden müssen.

11.1 Spontanbesserung

Wenn man den Erfolg der Therapie, etwa in Form eines Trainings beurteilen möchte, so muß man wissen, wie die spontane Besserungsrate der homonymen Hemianopsien ausfällt. Die Prognose ist in erster Linie an die Pathogenese gebunden, ihre

Beurteilung freilich ebenso an die Methode, mit der der Gesichtsfeldausfall bestimmt wird.

Was die schweren bilateralen Gesichtsfeldausfälle etwa nach einem Trauma oder einem Infarkt angeht, so besteht gewisse Übereinstimmung darin, daß mit einer spontanen Besserung gerechnet werden kann (32 von 34 Patienten in der Zusammenstellung von Gloning und Mitarbeiter 1968). Regelmäßig beobachtet man eine Erholung des fovealen Bereiches, zusätzlich häufig eines Quadranten, vereinzelt kommt es auch zu einer völligen Restitution des Sehens.

Vor allem wenn es sich um unilaterale homonyme Hemianopsien handelt, wird die Rate spontaner Besserung recht unterschiedlich beurteilt. Vergleichsweise wenig Patienten ließen in der Zusammenstellung von Trobe und Mitarbeiter (1973) eine Rückbildung des Gesichtsfeldausfalles erkennen. Bei 51 ihrer 104 Patienten hatten sie Kontrolluntersuchungen durchführen können, 9 (18%) wiesen eine Besserung auf. Noch geringer war der Prozentsatz an Spontanbesserung in einer ersten Studie von Zihl und von Cramon (1985). Von 55 Patienten besserten sich nur 4. In einer später von den gleichen Autoren mitgeteilten, größeren Studie hatte sich dieses Verhältnis nur unwesentlich verändert (13 von 111 Patienten). Nur bei einem Patienten, der sich von einer intrazerebralen Massenblutung erholte, fand sich eine fast völlige Rückbildung des Ausfalles (Zihl u. von Cramon 1986b). Die Untersuchung von Hier und Mitarbeitern (1983), aus der eine spontane Besserungsrate der homonymen Hemianopsien von über 60% hervorgeht, leidet an der geringen Fallzahl und daran, daß keine quantitativen Messungen der Gesichtsfelder durchgeführt worden waren. Eine auffallend hohe spontane Besserungsrate von über 80% ihrer prospektiv verfolgten Patienten ermittelten schließlich Messing und Gänshirt (1987).

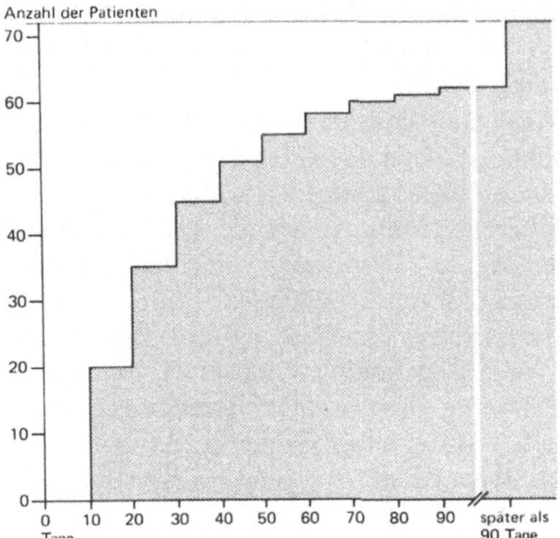

Abb. 40. Homonyme Anopsie nach Hirninfarkt. Zeitlicher Verlauf der Spontanbesserung des Gesichtsfeldausfalles bei 72 Patienten

Gewiß wird die Beurteilung der Spontanbesserung von dem Zeitraum bestimmt, der nach Einsetzen der Hemianopsie bis zur erstmaligen neuroophthalmologischen Untersuchung verstreicht. Je länger dieser Zeitraum ist, desto größer dürfte die Wahrscheinlichkeit sein, Patienten zu sehen, bei denen die Besserung schon abgeschlossen ist, der Gesichtsfeldausfall also stabil bleibt.

In dieser Situation ist es wichtig zu wissen, nach wieviel Tagen oder Wochen noch mit einer spontanen Rückbildung des Gesichtsfeldausfalles zu rechnen ist.
Von den 186 Patienten, deren Hemianopsie Folge eines Hirninfarktes war, ließen 98 (52,7%) eine Spontanbesserung erkennen. Als Besserung wurde eine Rückbildung des Gesichtsfeldausfalles um mindestens 4 Grad angesehen. Bei 72 dieser 98 Fälle lagen Gesichtsfeldbefunde bis zum Erreichen eines stabilen Zustandes vor (Abb. 40). Aus der Abbildung ergibt sich, daß bei 46 Patienten (64%) nach 40 Tagen die Rückbildung abgeschlossen war. Nach weiteren 50 Tagen erhöhte sich dieser Anteil auf 57 Patienten (79%). Immerhin war bei 15 Patienten (21%) noch eine Besserung jenseits des 3. Krankheitsmonats zu beobachten (bis spätestens 6 Monate).
In einer anderen Untersuchung, die 189 Patienten umfaßte, wollten wir ohne Ansehen der Pathogenese wissen, welchen Einfluß das Lebensalter auf

Tabelle 8. Alter zum Zeitpunkt der Erkrankung und Besserung des Gesichtsfeldausfalles (n = 189). (Chiquadrat = 4,53; p für zwei Freiheitsgrade und den zweiseitigen Test ist größer als 0,1)

	Alter		
	0–40	41–70	71–90
keine Besserung	27	47	22
Besserung	16	59	18

die Chance einer Rückbildung hat (Tabelle 8). Nach Aufteilung des Patientengutes in drei Altersgruppen ergaben sich keine signifikanten Unterschiede.

Teuber (1975) fand unter seinen Patienten mit Kopfschußverletzungen, daß die jüngeren deutlich günstigere Verläufe aufwiesen. Diese Erfahrung hängt wohl mit dem besonderen Krankengut – viele seiner Patienten waren jünger als 20 Jahre – zusammen. Bei den Patienten war außerdem keine quantitative Perimetrie durchgeführt worden.

11.2 Allgemeine Verhaltensregeln und Ergotherapie

Die Rehabilitation des Patienten beginnt mit seiner Aufnahme im Krankenhaus. Daher muß auch unmittelbar nachdem die Befunde erhoben und die Pathogenese geklärt sind, ein individuell zugeschnittenes therapeutisches Konzept entwickelt und in die Tat umgesetzt werden. Jede sich bietende Möglichkeit sollte genutzt werden, von der zu erwarten ist, daß sie die Aufmerksamkeit für das hemianope Feld schärft und die notwendig werdenden vermehrten Blickbewegungen dorthin induziert. Die Situation des Patienten im Krankenzimmer wird so eingerichtet, daß möglichst viele Stimuli von der hemianopen Seite kommen: der Kranke wird so gelegt, daß das Licht von der hemianopen Seite kommt; wichtige Aktionsbereiche, z. B. der

Nachttisch, oder beim Waschen und Ankleiden die Toilettenartikel und Kleider, sollten in das hemianope Feld gelegt oder gestellt werden. Man nähert sich dem Kranken und spricht mit ihm von dieser Seite.

Auch die Einnahme der Mahlzeiten sollte beobachtet, während der ersten Zeit beim Essen Orientierungshilfen geboten werden. Einer unserer Patienten beschwerte sich, weil sein Tischgegenüber eine Wurst zum Mittagessen bekommen hatte. Er hatte seine eigene auf der linken Seite des Tellers nicht entdeckt. Bei einem anderen Patienten machte die Einstellung seines Diabetes Schwierigkeiten, weil er von der berechneten Portion immer nur die Hälfte oder wenig mehr aß.

Selten sind Patienten mit homonymer Hemianopsie so krank, daß sie das Bett nicht verlassen können. Man kann mit ihnen also bald Spaziergänge durchführen, was zu einer wichtigen Aufgabe des Ergotherapeuten – und nicht nur für ihn – wird. Zunächst sollte das spontane Gehen ohne wesentliche Hilfe geprüft und die sich ergebenden Konflikte, Anstoßen an den Türrahmen, an die offene Tür, an vorbeigehende Personen, Ausrutschen auf dem Putzlappen, Umstoßen eines Wassereimers, Übersehen einer Treppenstufe, besprochen werden. Man führt, begleitet dann auf der sehenden Seite, schließlich wechselt man auch auf die hemianope Seite. Die einzelnen Gefahrenpunkte werden erneut besprochen und Strategien eingeübt, die sie vermeiden lassen. Verschiedene Spiele kann man sich therapeutisch zu Nutze machen. An erster Stelle stehen jene Brettspiele, bei denen eine visuelle Übersicht verlangt wird. Die optimale Übung wird mit dem Schachspiel – auf großen Brettern – erreicht. Aber auch andere Spiele bieten sich an. Schließlich kann das Ordnen von Zahlen, Buchstaben oder Farbplättchen geübt werden (Seidl 1986). Zweifellos motivieren Übungssituationen, die aus dem täglichen Leben genommen sind, am meisten und führen dementsprechend am ehesten zu einem Erfolg.

Wir haben 26 Patienten zu Hause und am Arbeitsplatz besucht, beobachtet und nach ihren veränderten Gewohnheiten befragt. In allen Fällen hatten sich Veränderungen in der Wohnung ergeben: Teppiche und Möbel waren anders gelegt oder gestellt, die Küche umgeräumt, Gefahrenpunkte, Ecken und Kanten, soweit das möglich war, vereinzelt auch mit der Säge beseitigt worden. Die Unsicherheit im Straßenverkehr hatte zwar nachgelassen; die meisten Patienten berichteten aber, daß sie weiterhin mit einer gewissen Anspannung auf die Straßen treten würden und Beinahekollisionen nicht ganz vermeiden könnten. Meist werden Führungslinien, etwa die Häuserzeile, in das sehende Feld gelegt, oder es wird so gegangen, daß im hemianopen Feld der geringere Gefahrenbereich liegt. Begleitpersonen werden auf die sehende Seite gebeten, weil dies Führung wie Gespräch erleichtern soll. Nur wenige Patienten berichteten, mehr Sicherheit zu erfahren, wenn sie auf der hemianopen Seite begleitet werden. Am Arbeitsplatz war ihnen selbst aufgefallen, daß sie durch vermehrte Augen- und Kopfbewegungen den Ausfall zu kompensieren versuchten. Wesentliche Dinge wurden in den sehenden Bereich gebracht. Jene Patienten, die sich – gegen unsere Empfehlung – wieder ans Steuer eines Autos setzten, berichteten nicht von zunehmender Unfallhäufigkeit.

Schwieriger gestaltet sich die Therapie, wenn neben der homonymen Hemianopsie ein Neglect oder Störungen der visuellräumlichen Orientierung bestehen. Wir verstehen unter solchen Orientierungsstörungen noch nicht jene in den ersten Krankheitstagen häufig zu beobachtende Schwierigkeit vieler Patienten, in ihr Zimmer zurückzufinden. Erst wenn diese Störung trotz einiger Übung anhält, wenn der Patient im Gelände offensichtlich hilflos wirkt, kann man eine durch die Hirnläsion hervorgerufene Störung der räumlichen Orientierung annehmen. Meist verschwindet diese Behinderung dann doch spontan, gelegentlich muß sie aber durch Suchtraining und Erarbeiten von geeigneten Hilfsstrategien therapiert werden. Auch andere im Gefolge zentraler Sehstörungen auftretenden Behinderungen wie Alexie oder Prosopagnosie dauern nur vereinzelt so lange an (Rondot u. Mitarb. 1967), daß sie behandlungsbedürftig werden.

11.3 Lesestörung und Lesetraining

Bereits Poppelreuter (1917) und vor ihm Wilbrand (1907) fielen die Behinderungen beim Lesen auf. Neben der Stabilität der visuellen Wahrnehmung beeinflußt vor allem die Größe des makularen Restgesichtfeldes den Lesefluß. Das Lesen stellt kein bloßes Aneinanderreihen von Buchstaben zu einem Wort dar. Das ruhende Auge nimmt das Wortbild vielmehr als Ganzes auf, die Bedeutung wird nach dem Wort- und inneren Klangbild erfaßt. Je geringer die makulare Aussparung ist, desto kleiner wird der überblickbare Wortteil und um so schwieriger gestaltet sich das Lesen, ohne daß eine Alexie im eigentlichen Sinne vorläge. Wenn das Restgesichtsfeld etwa auf den fovealen Bereich reduziert ist, so findet man bei fast allen Patienten ein träges, stockendes, kaum fehlerfreies Lesen (Zihl u. Mitarb. 1984). Nur bei 8 von 54 Patienten mit homonymer Hemianopsie, die Poppelreuter (1917) auf ihre Leseleistung hin untersucht hatte, ergab sich ein normaler Befund. Nach seinem Eindruck waren die Patienten mit Hemianopsie nach rechts stärker beeinträchtigt, weil ihnen das Wortbild zu früh verschwand.

Patienten mit homonymer Hemianopsie nach links sind zwar auf ganz andere Weise, aber deshalb nicht unbedingt geringer, beeinträchtigt. Sie haben Schwierigkeiten, den Anfang der folgenden Zeile zu finden: ein empfindlicher Bruch des Leseflusses ist die Folge. Besteht neben dem Gesichtsfeldausfall, was nicht selten ist, ein Hemineglect, so wird der Text zunehmend und sinnentstellend verstümmelt. Luria (1970) beschrieb Patienten, die die linke Seite des Textes völlig ignorierten und erst ab Zeilenmitte zu lesen begannen. Die daraus folgende Unverständlichkeit führt schnell dazu, daß das Lesen ganz aufgegeben wird. Nach den unterschiedlichen Lesestrategien der Patienten mit homonymer Hemianopsie nach links und mit Hemineglect für diese Raumseite lassen sich zwei Schweregrade erkennen. Die eine Gruppe von Patienten setzt den Text der nächsten Zeile wahllos dort fort, wo die erste Rückstellsakkade hintrifft, gleich ob sich daraus ein sinnvoller oder sinnloser Satz ergibt. Eine andere trifft den Anfang der nächsten Zeile zwar auch nicht, sucht aber über kleinere Sakkaden nach links einen Wortanfang, der mit dem Text der vorangegangenen Zeile einen linguistischen Sinn ergeben könnte.

Weinberg und Mitarbeiter (1977) hatten die Erfahrung gemacht, daß gerade die Hemianopsie nach links zu einer anhaltenden Lesebeeinträchtigung führte. Sie entwickelten deshalb Übungsprogramme, indem sie kurze Texte lesen und abschreiben ließen, das Auffinden der Zeilen aber durch Numerierung am Anfang und am Ende erleichterten. Diese Bezifferung wurde im Laufe der Übungen reduziert, schließlich ganz weggelassen, bis die Patienten in der Lage waren, ohne Hilfsmaßnahmen flüssig zu lesen. Für alle Leseübungen empfiehlt es sich, mit kurzen Wörtern zu beginnen, ihre Präsentation leicht in das hemianope Feld zu verschieben und als Führungshilfe den Zeigefinger zu verwenden. Zihl und Mitarbeiter (1984) empfahlen, das Lesen mit Hilfe eines Monitors zu trainieren. Sie achteten besonders darauf, daß der Patient den Kopf nicht, wie häufig beobachtet, zur gesunden Seite dreht und damit die Auswirkungen des Ausfalles nur noch verschlimmert. In verschiedenen Sitzungen wurde geübt, die Mitte im Monitor einzuhalten und eine richtige Einschätzung der Wort- und schließlich der Zeilenlänge zu finden. Die Geschwindigkeit des Textablaufes konnte abhängig vom Übungserfolg verändert werden. Ein besonders früher Beginn des Lesetrainings soll den endgültigen Erfolg verbessern (Seidl 1986).

11.4 Neglect und Hemineglect

Die zu Beginn der Erkrankung oft bestehende Anosognosie wirkt sich zuerst einmal hemmend auf jede Form des Trainings aus, da sich der Patient seines Ausfalles nicht bewußt ist. In dieser Situation reduziert sich das Training notgedrungen darauf, mit allen Mitteln und immer wieder auf den Ausfall aufmerksam zu machen. Die Anosognosie verschwindet jedoch fast regelmäßig und weicht einer Einsicht in die Krankheit, bei Hemianopsie nach rechts eher depressiv, bei Hemianopsie nach links eher unbekümmert verarbeitet. Aus der schwindenden Anosognosie kristallisiert sich dann aber das Neglect in seinen verschiedenen Schweregraden heraus - nach rechtsseitigen Hirnläsionen weitaus häufiger und schwerer als nach linksseitigen - und stellt das Rehabilitationsprogramm vor erhebliche Schwierigkeiten. Sicher, auch das Neglect zeigt spontane Remission, nach unseren Erfahrungen in etwa 60% der Fälle. Bleibt es indes bestehen, so hat das verschiedene Gründe. Möglicherweise verhindern ausgedehnte parietale und zusätzlich vor allem thalamische Läsionen eine ausreichende Rückbildung (Colombo u. Mitarb. 1982). Die zwar nicht anosognostischen, dafür häufig auffällig unbekümmerten Patienten mit einem Hemineglect wissen wohl um ihren Gesichtsfeldausfall, entwickeln aber keine Strategien, den im hemianopen Feld sich befindenden Außenraum einzubeziehen. So beobachtete man einen Schachspieler, der nur die rechte Brettseite berücksichtigte (Cherington, 1974), einen Dirigenten, der sich nur um die rechte Seite seines Orchesters bemühte, einen Maler, der vorwiegend die rechte Seite seines Bildes ausmalte (Jung 1974), einen Gärtner, der nur die rechte Seite seines Beetes bepflanzte (Critchley 1966). Wir sahen einen Diabetiker, der nur von der rechten Seite seines Tellers aß, mehrere Patienten, die sich nur die rechte Gesichtsseite rasierten oder schminkten, einen Autofahrer, der fortwährend Unfälle baute.

Der bei Neglect zu beobachtende mangelnde eigene Übungsimpuls ist wohl der wesentliche Grund - für Hemiparese (Held 1975) gleichermaßen wie für Hemianopsie (Diller u. Weinberg 1977) -, daß die Rehabilitation erschwert ist und sich erheblich verzögert. Es ließ sich sogar nachweisen, daß die Rückbildung einer Hemiparese geringer ausfiel, wenn neben der Lähmung auch ein Neglect bestand (Denes u. Mitarb. 1982). Für die Hemianopsien kann gleiches vermutet werden. In jedem Fall verlangen auch diese Ergebnisse nach einer möglichst frühen Therapie. Dabei ergeben sich kaum Unterschiede, ob nun die Hemianopsie oder das Neglect oder beides behandelt werden soll. Im Vordergrund sollte jedenfalls das therapeutische Bemühen stehen, die Aufmerksamkeit des Patienten auf die im hemianopen Feld liegende Raumseite zu lenken, und damit der Versuch, die in den gesunden Bereich verschobene visuelle Körper-Raum-Achse wieder in die Geradeausrichtung oder - besser noch - in den hemianopen Bereich zu bringen. Über die Zeitspanne eines Monats übten Diller und Weinberg (1977) mit ihren Patienten jeden Tag 1 h lang. Sie ließen Münzen suchen, Texte abschreiben und Punkte auffinden, die über einen Projektionsschirm wanderten oder stationär aufleuchteten. Nach diesen Übungen erzielten die Therapeuten eine deutliche Verbesserung, nämlich Ausgleich des Gesichtsfeldverlustes durch vermehrte, automatische visuelle Exploration. Die Förderung der Exploration zumal des im hemianopen Bereich liegenden Außenraumes kann auch multimodal, abwechselnd motorisch, allein durch Tasten und Bewegen, und visuell erfolgen (Säring 1986).

11.5 Neurophysiologisches Sehtraining

Mit zwei jeweils von Zihl und Mitarbeitern (1978, 1979 a, b) nach neurophysiologischen Gesichtspunkten entwickelten Methoden des Sehtrainings soll es gelingen, die Wahrnehmung im hemianopen Feld zu ermöglichen oder zu verbessern. Nach dem einen Modell wird versucht, die im Randbereich von intaktem und hemianopen Feld vermuteten funktionsfähigen Neurone derart zu stimulieren, daß ihre Leistung dauerhafter wird. Ein flacher Abfall der Isopteren in diesem Grenzbereich weist am ehesten auf die Existenz noch funktionstüchtiger Neurone hin. Nach wiederholten Trainingssitzungen konnte eine Vergrößerung des Restgesichtsfeldes, erkennbar an der gesteigerten Kontrastsensitivität und an der Sehschärfe, erreicht werden, eine Vergrößerung, die nicht nur während des Trainings zu beobachten war, sondern die sich auch als dauerhaft erwies. Da monokuläres Taining eine Verbesserung der Sehfunktionen auch auf dem kontralateralen Auge nach sich zog, wurde geschlossen, daß sich der Erfolg auf einem zentralen Niveau abspielt.

Ein weiteres, von Zihl und von Cramon (1979 a, b) vorgestelltes Trainingsmodell geht von den Erfahrungen aus, die an Primaten (Humphrey u. Weiskrantz 1967) wie – wenn auch weniger eindrucksvoll – an Menschen (Pöppel und Mitarb. 1973) gemacht werden konnten. In diesen Untersuchungen zeigte sich nämlich, daß Patienten fähig sind, punktförmige Lichtreize in ihrem blinden Halbfeld nicht nur wahrzunehmen, sondern sogar zu lokalisieren. Die Lokalisation gelang nicht verbal, aber mit Hilfe von Sakkaden oder mit Zeigebewegungen. Selbst einfaches Formerkennen im blinden Halbfeld erwies sich als möglich (Weiskrantz u. Mitarb. 1974). In einem systematischen Trainingsprogramm wurden den Patienten im hemianopen Feld und entlang eines vorgegebenen Meridians Lichtpunkte präsentiert, die dann durch Blickbewegung lokalisiert werden mußten. Durch dieses Training ließ sich das Restgesichtsfeld vergrößern. Außerdem wurde durch Kopf- und Augenbewegungen eine verbesserte Einbeziehung des blinden Bereiches erreicht.

11.6 Sehhilfen

Vereinzelt wurde vorgeschlagen, daß man die im hemianopen Bereich liegende Umwelt über Spiegel „hereinholen" solle (Bell 1949; Walsh u. Smith, 1966). Neben Spiegeln wurden Prismen oder Fresnel-Scheiben für geeignet gehalten. Nach den Erfahrungen von Burns und Mitarbeiter (1952), die an einer Brille einen Spiegel nasal und homolateral zur Seite der Hemianopsie anbringen ließen, sind alle Patienten zunächst irritiert, gewöhnen sich dann aber daran und können ihn sogar nutzen. Von 6 Patienten berichteten immerhin 3, aus dem Spiegel einen gewissen Nutzen ziehen zu können. Einer unserer Patienten bekam von seinem Optiker eine Brille, der nasal Fresnel-Prismen angepaßt waren. Nach einigen Wochen erfolglosen Übens legte dieser Patient die Brille wieder ab. Es ist anzunehmen, daß die Patienten, die so aufmerksam sind, daß sie ein Spiegelbild miteinbeziehen können, auch ohne dieses Hilfsmittel, allein durch vermehrte Blickbewegungen den Ausfall kompensieren können. Auf der anderen Seite wäre denkbar, daß mit einer solchen Sehhilfe – angenommen sie könnte voll genutzt werden – die Voraussetzungen geschaffen sind, die Fahrerlaubnis zurückzuerhalten.

Literatur

Abbie AA (1933) The clinical significance of the anterior choroidal artery. Brain 56: 233–246

Abel SM, Barber HD (1981) Measurement of optokinetic nystagmus for neurological diagnosis. Ann Otol Rhinol Laryngol (Suppl) 79: 1–12

Abraham FA, Melamed F, Lavy S (1975) Prognosis of visual evoked potentials in occipital blindness following basilar artery occlusion. Appl Neurophysiol 38: 126–135

Adler A (1944) Desintegration and restoration of optic recognition in visual agnosia. Arch Neurol Psychiatry 51: 243–259

Ajuriaguerra J de, Hécaen H (1960) Le cortex cérébral. Masson, Paris

Alajouanine T, Lhermitte F, Deribacourt-Ducanre B (1960) Les alexies agnosiques et aphasiques. In: Alajouanine T (ed) Les grande activitees du lobe occipital. Masson, Paris, pp 235–265

Albert ML (1973) A simple test for visual neglect. Neurology 23: 658–664

Albert ML, Reches A, Silverberg R (1975) Hemianopic colour blindness. J Neurol Neurosurg Psychiatry 38: 546–549

Albert ML, Soffer D, Silverberg R, Reches A (1979) The antatomic basis of visual agnosia. Neurology 29: 876–879

Alexander MP, Albert ML (1983) The anatomical basis of visual agnosia. In: Kertesz A (ed) Localization in neuropsychology. Academic Press, New York, pp 393–415

Allen IM (1930) A clinical study of tumours involving the occipital lobe. Brain 53: 194–243

Allen IM (1948) Unilateral visual inattention. NZ Med J 47: 605–617

Allen LD, Carman HP (1938) Homonymous hemianopic paracentral skotoma. Arch Ophthalmol 20: 846–847

Alpers BJ, Berry RG, Paddison RM (1959) Anatomical studies of the circle of Willis in normal brains. Arch Neurol Psychiatry 81: 409–418

Anastasopoulos G (1952) Zur Frage der hemianopischen Halluzinationen, der Orientierungsstörung und der optischen Allästhesie. Wien Z Nervenheilkd 4: 34–48

Anderson DR (1982) Testing the field of vision. Mosby, St. Louis

Anton G (1898) Über Herderkrankungen des Gehirns, welche vom Patienten nicht wahrgenommen werden. Wien Klin Wochenschr 11: 227–229

Anton G (1899) Über die Selbstwahrnehmung der Herderkrankungen des Gehirns durch den Kranken bei Rindenblindheit und Rindentaubheit. Arch Psychiat Nervenkr 32: 86,127

Assal G, Favre C, Anderes JP (1984) Non-reconnaissance d'animaux familiers chez un paysan. Rev Neurol 140: 580–584

Aulhorn E, Harms H (1972) Visual perimetry. In: Jameson D, Hurvich LM (eds) Handbook of sensory physiology, Vol VII/4: Visual psychophysics. Springer, Berlin Heidelberg New York, pp 102–145

Axenfeld D (1894) Eine einfache Methode Hemianopsie zu constatieren. Neurol Centralbl 13: 437–438

Axenfeld Th (1915) Hemianopische Gesichtsfeldstörungen nach Schädelschüssen. Klin Monatsbl Augenheilk 55: 126–143

Babb TL, Wilson CL, Crandall PH (1982) Asymmetry and ventral course of the human geniculostriate pathway as determined by hippocampal visual evoked potentials and subsequent field defects after temporal lobectomy. Exp Brain Res 47: 317–328

Babinski J (1914) Contribution à l'étude des troubles mentaux dans l'hémiplégie cérébrale (anosognosie). Rev Neurol 27: 845–847

Bachstez E, Pötzl O, Schober W (1954) Über Farbenvisionen im Beginn einer parieto-okzipitalen Krebsmetastase. Wien Med Wochenschr 104: 822–825

Bahill AT, Adler D, Stark L (1975) Most naturally occuring human saccades have magnitudes of 15 degrees or less. Invest Ophthalmol Vis Sci 14: 468–469

Bajandas FJ, Beath JBM, Smith L (1976) Congenital homonymous hemianopia. Am J Ophthalmol 82: 498–500

Balint R (1909) Seelenlähmung des „Schauens", optische Ataxie, räumliche Störung der Aufmerksamkeit. Monatsschr Psych Neurol 25: 51–81

Baloh RW, Yee RD, Honrubia V (1980) Optokinetic nystagmus and parietal lobe lesions. Ann Neurol 7: 269-276

Barany R (1921) Zur Klinik und Theorie des Eisenbahn-Nystagmus. Arch Augenheilk 87: 139-142

Barbur JL, Forsyth PM (1986) Can the pupil response be used as a measure of the visual input associated with the geniculo-striate pathway? Clin Vis Sci 1: 107-111

Barlow HB, Blakemore C, Pettingrew JD (1967) The neural mechanism of binocular depth discrimination. J Physiol (Lond) 193: 327-342

Barolin GS, Scherzer E, Schnaberth, G (1975) Die cerebrovaskulär bedingten Anfälle. Aktuelle Probleme in der Psychiatrie, Neurologie, Neurochirurgie, Bd 12. Huber, Bern

Bartleson JD (1984) Transient and persistent neurological manifestations of migraine. Stroke 15: 383-386

Battersby WS, Bender MB, Pollack M, Kahn RL (1956) Unilateral „spatial agnosia" („Inattention") in patients with cerebral lesions. Brain 79: 68-93

Bauer RM, Rubens AB (1985) Agnosia. In: Heilman KM, Valenstein E (eds) Clinical neuropsychology. Oxford Univ Press, pp 187-241

Bauer RM, Trobe JD (1984) Visual memory and perceptual impairments in prosopagnosia. J Clin Neurol Ophthalmol 4: 39-46

Bay E (1950) Agnosie und Funktionswandel. Springer, Göttingen Heidelberg (Monographien aus dem Gesamtgebiete der Neurologie und Psychiatrie, Bd 73)

Bay E (1952) Analyse eines Falles von Seelenblindheit. Dtsch Z Nervenheilk 168: 1-33

Bay E (1953) Disturbances of visual perception and their examination. Brain 76: 515-550

Beck RW, Savino PJ, Schatz NJ, Smith CH, Sergott RC (1982) Plaque causing homonymous hemianopsia in multiple sclerosis identified by computed tomography. Am J Ophthalmol 94: 229-234

Behr C (1909) Zur topischen Diagnose der Hemianopsie. Graefes Arch Ophthalmol 70: 340-402

Behr C (1916) Die homonymen Hemianopsien mit einseitigem Gesichtsfelddefekt im „rein temporalen halbmondförmigen Bezirk des binokularen Gesichtsfeldes". Klin Monatsbl Augenheilk 56: 161-172

Behr C (1924) Die Lehre von den Pupillenbewegungen. In: Graefe A, Saemisch T (Hrsg) Handbuch der gesamten Augenheilkunde, Bd 2: Die Untersuchungsmethoden. Engelmann, Leipzig, S 64-65

Bekeny G, Peter A (1961) Über Polyopie und Palinopsie. Psychiatria Neurologia 142: 154-175

Bell E (1949) A mirror for patients with hemianopsia. JAMA 140: 1024

Bell RA, Thompson HS (1978) Relative afferent pupillary defect in optic tract hemianopias. Am J Ophthalmol 85: 538-540

Bender M, Jung R (1948) Abweichungen der subjektiven optischen Vertikalen und Horizontalen bei Gesunden und Hirnverletzten. Arch Psychiat Nervenkr 181: 193-212

Bender MB (1945) Polyopia and monocular diplopia of cerebral origin. Arch Neurol 54: 323-338

Bender MB, Battersby WS (1958) Homonymous macular scotomata in cases of occipital lobe tumor. Am Arch Ophthalmol 60: 928-938

Bender MB, Feldman M (1972) The so-called „visual agnosias". Brain 95: 173-188

Bender MB, Furlow LT (1945) Phenomenon of visual extinction in homonymous fields and psychologic principles involved. Arch Neurol Psychiatry 53: 29-33

Bender MB, Kanzer M (1939) Dynamics of homonymous hemianopias and presentation of central vision. Brain 62: 404-421

Bender MB, Strauss I (1937) Defects in visual field of one eye only in patients with a lesion of one optic radiation. Arch Ophthalmol 17: 765-787

Bender MB, Teuber HL (1946) Disturbances in the visual perception of space after brain injury. Trans Am Assoc 71: 159-161

Bender MB, Teuber HL (1947) Spatial organization of visual perception following injury to the brain. Arch Neurol Psychiatry 58: 721-739

Bender MB, Teuber HL (1948) Spatial organization of visual perception following injury to the brain. Arch Neurol Psychiatry 59: 39-62

Benson DF, Tomlinson EB (1971) Hemiplegic syndrome of the posterior cerebral artery. Stroke 2: 559-564

Bender MB, Feldman M, Sobin AJ (1968) Palinopsia. Brain 91: 321-338

Benson DF, Marsden CD, Meadows JC (1974) The amnesic syndrome of posterior cerebral artery occlusion. Acta Neurol Scand 50: 133-145

Benton AL, Allen MW van (1968) Impairment of facial recognition in patients with cerebral disease. Cortex 4: 344-358

Benton AL, Hecean H (1970) Stereoscopic vision in patients with unilateral disease. Neurology 20: 1084-1088

Benton S, Levy I, Swash M (1980) Vision in the temporal crescent in occipital infarction. Brain 103: 83-97

Berger H (1923) Klinische Beiträge zur Pathologie des Grosshirns. 3. Mittlg. Herderkrankungen des Occipitallappens. Arch Psychiat Nervenkr 69: 569-599

Bergman PS (1957) Cerebral blindness. Arch Neurol Psychiatry 78: 568-584

Berkley WL, Bussey FR (1950) Altitudinal hemianopia. Report of two cases. Am J Ophthalmol 33: 593-600

Beyer E (1895) Ueber Verlagerungen im Gesichtsfeld bei Flimmerskotom. Neurol Zentralbl 14: 10-15

Bing R, Brückner R (1954) Gehirn und Auge. Grundriß der Ophthalmo-Neurologie. Schwabe, Basel

Bishop PO (1973) Neurophysiology of binocular single vision and stereopsis. In: Jung R (ed) Handbook of sensory physiology, Vol VI. Springer, Berlin Heidelberg New York, pp 256-305

Bisiach E, Luzatti C (1978) Unilateral neglect of representational space. Cortex 14: 129-133

Bisiach E, Luzatti C, Perani D (1979) Unilateral neglect, representational schema and consciousness. Brain 102: 609-618

Bjerrum K (1881) Hemianopsi for Farverne. Dansk Hospitals Tidende 8: 41-49

Blumhardt LD, Barett G, Halliday AM (1977) The asymmetrical visual evoked potential to pattern reversal in one half field and its significance for the analysis of visual field defects. Br J Ophthalmol 61: 453-461

Blythe IM, Bromley JM, Ruddock KH, Kennard C, Traub M (1986) A study of systematic visual perseveration involving central mechanisms. Brain 109: 661-675

Bodamer J (1947) Die Prosopagnosie. Arch Psychiat Nervenkr 179: 6-54

Bodian M (1964) Transient loss of vision following head trauma. NY State J Med 64: 916-920

Bodis-Wollner I (1972) Visual acuity and contrast sensitivity in patients with cerebral lesions. Science 178: 769-771

Bodis-Wollner I, Diamond SP (1976) The measurement of spatial contrast sensitivity in cases of blurred vision associated with cerebral lesions. Brain 99: 695-710

Bodis-Wollner I, Atkin A, Raab E (1977) Visual association cortex and vision in man: Pattern-evoked occipital potentials in a blind boy. Science 198: 629-630

Bogousslavsky J, Regli F (1986b) Pursuit gaze defects in acute and chronic unilateral parieto-occipital lesions. Eur Neurol 25: 10-18

Bogousslavsky J, Gates PC, Fox AJ, Barnett JM (1986a) Bilateral occlusion of vertebral artery: clinical patterns and long-term prognosis. Neurology 36: 1309-1315

Bogousslavsky J, Miklossy J, Deruaz JP, Assal G, Regli F (1987) Lingual and fusiform gyri in visual processing: a clinico-pathologic study of superior altitudinal hemianopia. J Neurol Neurosurg Psychiatry 50: 607-614

Boldt HA, Haerer AF, Tourtellote WM, Henderson JW, DeJong RN (1963) Retrochiasmal visual field defects in multiple sclerosis. Arch Neurol 8: 565-575

Bolton E, Calhoun CL (1971) The concept and misconception of homonymous hemianopsia. J Natl Med Assoc 63: 441-444

Borda RF (1977) Visual evoked potentials to flash in the clinical evaluation of the optic pathways. In: Desmedt JG (ed) Visual evoked potentials in man: New development. Oxford, Clarendon

Boudin G, Barbizet J, Derouesne C, Amerongen P van (1967) Cécité corticale et problème des „amnésies occipitals". Rev Neurol 116: 89-97

Brain WR (1941) Visual disorientation with special reference to lesions of the right cerebral hemisphere. Brain 64: 244-272

Brazis PW, Biller J, Fine M (1981) Central achromatopsia. Neurology 31: 920

Brindley GS (1982) Effects of electrical stimulation of the visual cortex. Hum Neurobiol 1: 281-283

Brindley GS, Lewin W (1968) The sensations produced by electrical stimulation of the visual cortex. J Physiol (Lond) 196: 479-493

Brindley GS, Gauthier-Smith PC, Lewin W (1969) Cortical blindness and the function of the non-geniculate fibers of the optic tracts. J Neurol Neurosurg Psychiatry 32: 259-264

Brindley GS, Janota I (1975) Observations on cortical blindness and on vascular lesions that cause loss of recent memory. J Neurol Neurosurg Psychiatry 38: 459-464

Brindley GS, Donaldson PEK, Falconer MA, Rushton DN (1972) The extend of the region of the occipital cortex that when stimulated gives phosphenes fixed in visual field. J Physiol (Lond) 225: 57-58

Broderick JP, Swanson JW (1987) Migraine-related strokes. Clinical profile and prognosis in 20 patients. Arch Neurol 44: 868-879

Brodmann K (1909) Lokalisationslehre der Grosshirnrinde in ihren Prinzipien, dargestellt aufgrund des Zellenbaues. Barth, Leipzig

Brouwer B (1936) Chiasma, Tractus opticus, Sehstrahlung und Sehrinde. In: Bumke O, Foerster O (Hrsg) Handbuch der Neurologie, Bd VI. Springer, Berlin, S 449-532

Brouwer B, Zeeman WPC (1925) Experimental anatomical investigation concerning the projection of the retina on the primary optic centers in apes. J Neurol Psychophysiol 6: 1-10

Brouwer B, Zeeman WPC (1926) The projection of the retina in the primary optic neuron in monkeys. Brain 49: 1-35

Brückner R (1951) Zur vertikalen Asymmetrie der Isopteren. Ophthalmologica 121: 12-25

Brust JCM, Behres MM (1977) „Release hallucinations" as the major symptom of posterior cerebral artery occlusion: A report of 2 cases. Ann Neurol 2: 432-436

Bücking H, Baumgartner G (1974) Klinik und Pathophysiologie der initialen neurologischen

Symptome bei fokalen Migränen (Migraine ophthalmique. Migraine accompagnee). Arch Psychiat Nervenkr 219: 37–52

Bunt AH, Minckler DS, Johanson GW (1977) Demonstration of bilateral projection of the central retina of the monkey with horseradish peroxidase neuronography. J Comp Neurol 171: 619–530

Burns TA, Hanley WJ, Pietri JF, Welsh EC (1952) Spectacles for hemianopia. A clinical evaluation. Am J Ophthalmol 35: 1489–1492

Butters N, Miliotis P (1985) Amnesic disorders. In: Heilman KM, Valenstein E (eds) Clinical neuropsychology. Oxford University Press, New York

Bynke HG, Stigmar G (1966) Homonymous hemianopia following cerebral angiography. Acta Ophthalmol 44: 204–211

Cairns H (1929) A study of intracranial surgery. Her Majestys Stationary Office, London

Cambier J, Graveleau P, Decroix JP, Elghozi D, Masson M (1983) Le syndrome de l'artere choroidienne anterieure – etude neuropsychologique de 4 cas. Rev Neurol 139: 553–559

Campbell R, Landis T, Regard M (1986) Face recognition and lipreading. A neurological dissociation. Brain 109: 509–521

Carlow TJ, Flynn JT, Shipley T (1976) Color perimetry. Arch Ophthalmol 94: 1492–1496

Carmichael EA, Dix MR, Hallpike CS (1954) Lesions of the cerebral hemispheres and their effects upon optokinetic and caloric nystagmus. Brain 77: 345–371

Carmon A, Bechtoldt HP (1969) Dominance of the right cerebral hemisphere for stereopsis. Neuropsychology 7: 29–39

Carpenter MB, Noback CR, Moss ML (1954) The anterior choroidal artery. Arch Neurol Psychiatry 71: 714–722

Castaigne P, Lhermitte F, Gautier JC, Escourolle R, Derouesne C, der Agopian P, Popa C (1973) Arterial occlusion in the vertebro-basilar system. A study of 44 patients with post-mortem data. Brain 96: 133–154

Celesia GG, Archer CR, Kuroiwa Y, Goldfader PR (1980) Visual function of the extrageniculo-calcarine system in man: Relationship to cortical blindness. Arch Neurol 37, 704–706

Chain F, Leblanc M, Chedru F, Lhermitte F (1979) Négligence visuelle dans les lésions postérieures de l'hémisphère gauche. Rev Neurol 135: 105–126

Charcot JM (1883) Un cas de suppression brusque et isolée de la vision mentale des signes et des objects (formes et couleurs). Progr Med 11: 568–571

Charcot JM (1886) Ueber Migraine ophthalmique in der Initialperiode der progressiven Paralyse. In: Freud S (Hrsg) Neue Vorlesungen über die Krankheiten des Nervensystems insbesondere über Hysterie. Toeplitz & Deuticke, Leipzig, S 60–61

Chedru F, Leblanc M, Lhermitte F (1973) Visual searching in normal and brain-damaged subjects (Contribution to the study of unilateral inattention). Cortex 9: 94–111

Cherington M (1974) Visual neglect in a chess player. J Nerv Ment Dis 159: 145–147

Cibis P (1947) Zur Pathophysiologie der Lokaladaptation I. Physiologische und klinische Untersuchungen zur quantitativen Analyse der örtlichen Umstimmungserscheinungen des Licht- und Farbsinnes unter besonderer Berücksichtigung hirnpathologischer Fälle. Graefes Arch Ophthalmol 148: 1–15

Cibis P (1948) Zur Pathophysiologie der Lokaladaptation II. Konstruktive Darstellung der Erregungsvorgänge bei konstanter und phasischer Reizung umschriebener Sehfeldstellen. Graefes Arch Ophthalmol 148: 216–257

Cibis P, Bay E (1950) Funktionswandel und Gesichtsfeld bei Sehhirnverletzten. Dtsch Z Nervenheilk 163: 577–628

Cleland PG, Saunders M, Rosser R (1981) An unusual case of visual perseveration. J Neurol Neurosurg Psychiatry 44: 262–263

Cogan DG, Loeb DR (1947) Optokinetic response and intracranial lesions. Arch Neurol 61: 183–187

Cogan DG (1966) Neurology of the visual system. Thomas, Springfield, Ill.

Cogan DG (1973) Visual halucinations as release phenomena. Graefes Arch Ophthalmol 188: 139–150

Cogan DG, Adams RD (1953) A type of paralysis of conjugate gaze (ocular motor apraxia). Arch Ophthalmol 50: 434–442

Cohn R (1972) Eyeball movements in homonymous hemianopia following simultaneous bitemporal object presentation. Neurology 22: 12–14

Cole M, Perez-Cruet J (1964) Prosopagnosia. Neuropsychologia 2: 237–248

Cole M, Schutta HS, Warrington EK (1962) Visual disorientation in homonymous halffields. Neurology 12: 237–263

Colenbrander MC (1975) Sparing of the macula. Ophthalmologica 171: 91–94

Colombo A, deRenzi E, Gentilini M (1982) The time course of visual hemi-inattention. Arch Psychiat Nervenkr 231: 539–546

Cooper IS (1954) Surgical occlusion of the anterior artery in Parkinsonism. Surg Gynecol Obstet 99: 207–219

Cords R (1926) Optisch-motorisches Feld und optisch-motorische Bahn. Arch Ophthalmol 117: 58–113

Corin MS, Bender MB (1972) Mislocalisation in visual space. Arch Neurol 27: 252–262

Cowey A, Rolls ET (1974) Human cortical magnification-factor and it relation to visual acuity. Exp Brain Res 21: 447–454

Creutzfeldt OD (1983) Cortex-cerebri. Leistung, strukturelle und funktionelle Organisation der Hirnrinde. Springer, Berlin Heidelberg New York Tokyo

Critchley M (1949/50) Metamorphopsia of central origin. Trans Ophthal Soc UK 69: 111–121

Critchley M (1951) Types of visual perseveration „palinopsie" and „illusory visual spreed". Brain 74: 267–299

Critchley M (1964) The problem of visual agnosia. J Neurol Sci 1: 274–290

Critchley M (1965) Acquired anomalies of colour perception of central origin. Brain 88: 711–724

Critchley M (1966) The parietal lobes. Hafner, New York

Cummings JL, Gittinger KW (1981) Central dazzle – A thalamus-syndrom? Arch Neurol 38: 372–374

Cushing H (1921) Distortions of the visual fields in cases of brain tumour. The field defects produced by temporal lobe lesion. Brain 44: 341–396

Cutting J (1978) Study of anosognosia. J Neurol Neurosurg Psychiatry 41: 548–555

Damasio AR, McKee J, Damasio H (1979) Determinants of performance in color anomia. Brain Lang 7: 74–85

Damasio AR, Damasio H (1983) The anatomical basis of pure alexia and color ‚agnosia'. Neurology 33: 1573–1583

Damasio AR, Yamada T, Damasio H, Corbet J, McKee J (1980a) Central achromatopsia: Behavioral, anatomic, physiologic aspects. Neurology 30: 1064–1071

Damasio AR, Damasio H, Chui HG (1980b) Neglect following damage to frontal lobe or basal ganglia. Neuropsychologia 18: 123–131

Damasio AR, Damasio H, Hecaen GW van (1982) Prosopagnosia: Anatomic basis and behavioral mechanisms. Neurology 32: 331–341

Daniel PM, Whitteridge D (1961) The representation of the visual field on the cerebral cortex in monkeys. J Physiol 159: 203–231

Danta G, Hilton RC, O,Boyle DJ (1978) Hemisphere function and binocular depth pereception. Brain 101: 569–589

David M, Hécaen H, Angelergues R, Magis CL (1955) Les tumeurs occipitales. Neurochirurgie 1: 65–10

Déjérine J (1892) Contribution a l'étude anatomoclinique et clinique des différentes variétés de cécité verbale. Mem Soc Biol 4: 61–90

Denckla MB, Bowen FP (1973) Dyslexia after left occipitotemporal lobectomy: a case report. Cortex 9: 321–328

Denes G, Semenza C, Stoppa E, Lis A (1982) Unilateral spatial neglect and recovery from hemiplegia. Brain 105: 543–552

Denny-Brown D, Chambers RA (1976) Physiological aspects of visual perception: Functional aspects of visual cortex. Arch Neurol 33: 219–227

De Renzi E, Spinnler H (1966) Facial recognition in brain-damaged patients. Neurology 16: 145–152

De Renzi E (1982) Disorders of space exploration and recognition. Wiley, Chichester

De Renzi E, Faglioni P (1967) The relationship between visuo-spatial impairment and constructional apraxia. Cortex 3:237–342

De Renzi E, Faglioni G, Spinnler H (1968) The performance of patients with unilateral brain damage on face recognition tasks. Cortex 4: 17–34

De Renzi E, Faglioni P, Villa P (1977) Topographical amnesia. J Neurol Neurosurg Psychiatry 40: 498–505

De Reuck J, Sieben G, De Coster H (1981) Stroke pattern and topography of cerebral infarcts. Eur Neurol 20: 411–415

Diener HC (1982) Visuell evozierte kortikale Potentiale (VEP). In: Stöhr M, Dichgans J, Diener HC, Büttner UW (Hrsg) Evozierte Potentiale. Springer, Berlin Heidelberg New York, 233–323

Diller L, Weinberg J (1977) Hemi-inattention in rehabilitation: the evolution of a rational remediation program. Adv Neurol 18: 63–82

Ditchburn RW, Ginsborg BL (1952) Vision with a stabilised retinal image. Nature 170: 36–37

Dobelle SH, Turkel J, Henderson VW, Evans JR (1979) Mapping the representation of the visual field by electrical stimulation of human visual cortex. Am J Ophthalmol 88: 727–735

Dorfman LJ, Marshall WH, Enzmann DR (1979) Cerebral infarction and migraine: Clinical and radiologic correlation. Neurology 29: 319–322

Dow BM, Gouras P (1973) Color and spatial specificity of single units in rhesus monkey foveal striate cortex. J Neurophysiol 36: 79–100

Drake CG, Amacher AL (1969) Aneurysm of the posterior cerebral artery. J Neurosurg 30: 468–474

Dubois-Poulsen A, Magis C (1954) Les déficites localisés à ligue médiane verticale des champ visuels. Bull Soc Ophthalmol Fr 67: 278–287

Dubois-Poulsen A, Magis C, de Ajuriaguerra J, Hécaen H (1952) Les conséquences visuelles de la lobectomie occipital chez l'homme. Ann Oculistiques 185: 305–347

Dufour M (1889) Sur la vision nulle dans l'hemianopsie. Rev Med Suisse Romande 9: 445–451

144   Literatur

Duke-Elder S (1954) Textbook of ophthalmology. Mosby, St. Louis

Earle KM, Baldwin M, Penfield W (1953) Incisural sclerosis and temporal lobe seizures produced by hippocampal herniation at birth. Arch Neurol Psych 69: 27-42

Edmeads J (1979) The headaches of ischemic cerebrovascular disease. Headache 19: 346-349

Efron R (1968) What ist perception? In: Kockelmans JJ (ed) Boston studies in the philosophy of science. Humanities Press, New York, pp 137-173

Ehlers N (1975) Quadrant sparing of the macula. Acta Opthalmol 53: 393-402

Eichholtz V (1975) Häufung vaskulär bedingter homonymer Gesichtsfelddefekte bei jungen Frauen. MMW 117: 571-574

Engerth G, Hoff H, Pötzl O (1935) Zur Patho-Physiologie der hemianopischen Halluzinationen. Z ges Neurol Psychiat 152: 399-421

Enroth-Cagell C, Robson JG (1966) The contrast sensitivity of retinal ganglion cells of the cat. J Physiol 187: 517-552

Esquirol JED (1838) Die Geisteskrankheiten in Beziehung zur Medizin und Staatsarzneikunde. Ross'sche Buchhandlung, Berlin

Essen DC van, Zeki SM (1978) The topographic organization of rhesus monkey prestriate cortex. J Physiol 277: 183-226

Eskuchen E (1911) Über halbseitige Gesichtsfeldhalluzinationen und halbseitige Sehstörungen. Inaugural-Dissertation, Heidelberg

Ettlinger G (1956) Sensory deficits in visual agnosia. J Neurol Neurosurg Psychiatry 19: 297-308

Ettlinger G, Hurwitz L (1962) Dyslexia and its associated disturbances. Neurology 12: 477-480

Everts WH (1947) Sarcoidosis with brain tumor. Trans Am Neurol Assoc 128-130

Falconer MA, Wilson JL (1958) Visual field changes following anterior temporal lobectomy; their significance in relation to „Meyer's loop" of the optic radiations. Brain 81: 1-14

Farnsworth D (1943) The Farnsworth-Munsell 100-hue and dichotomous tests for colour vision. J Opt Soc Am 33: 568-578

Faust C (1955) Die zerebralen Herdstörungen bei Hinterhauptsverletzungen und ihre Beurteilung. Thieme, Stuttgart

Feldman M, Bender MB (1970) Visual illusions and hallucinations in parieto-occipital lesions of brain. In Keup W (ed) Origin and mechanism of hallucinations. Proceed 14 Ann Meetings at the Eastern Psychiat. Res. Plenum Press, New York, pp 23-35

Ferrier D (1881) Cerebral amblyopia and hemiopia. Brain 3: 456-477

Ferster D, Levay S (1979) The aconal arborizations of lateral geniculate neurons in the striate cortex of the cat. J Comp Neurol 182: 923-944

Fisher CM (1968) Headache in cerebrovascular disease. In: Vinken PJ, Bruyn GW (eds) Handbook of clinical neurology, Vol 5. Elsevier, Amsterdam, pp 124-156

Fite JD (1967) Temporal lobe epilepsy. Association with homonymous hemianopsia. Arch Ophthalmol 77: 71-75

Foerster O (1929) Beiträge zur Pathophysiologie der Sehsphäre. J Psychol Neurol 39: 463-485

Foerster O, Penfield W (1930) Der Narbenzug am und im Gehirn bei traumatischer Epilepsie in seiner Bedeutung für das Zustandekommen der Anfälle und für die therapeutische Bekämpfung derselben. Z Ges Neurol Psychiat 125: 475-572

Förster R (1867) Über Gesichtsfeldmessungen. Klin Mbl Augenheilk 5: 293-294

Förster R (1890) Über Rindenblindheit. Arch Ophthalmol 36: 94-108

Francois J, Neetens A (1954) Vascularization of the optic pathway. I. Lamina cribrosa and optic nerve. Br J Ophthalmol 38: 472-488

Frangieh GT, Traboulsi EI, Bishara MF (1984) Occipital cortical infarction complicating respiratory failure. J Clin Neurol Ophthalmol 4: 155-158

Frederiks JAM (1969) Disorders of body schema. In: Vinken PJ, Bruyn GW (eds) Handbook of clinical neurology, Vol 4. North Holland, Amsterdam, pp 207-240

Frey R (1953) Die Beziehung zwischen Sehschärfe und Tiefensehschärfe. Wien Med Wochenschr 103: 436-438

Freud S (1891) Zur Auffassung der Aphasien. Deuticke, Leipzig

Frisen L (1973) A versatile color confrontation test for the central visual field. Arch Ophthalmol 89: 3-9

Frisen L (1980) The neurology of visual acuity. Brain 103: 639-670

Frisen L, Holmegaard L, Rosencrantz M (1978) Sectorial optic atrophy and homonymous horizontal spectroanopia: A lateral choroidal artery syndrome? J Neurol Neurosurg Psychiatry 41: 347-380

Frontera AT (1974) Bilateral homonymous hemianopia with preservation of central vision. Mount Sinai J Med 41: 480-485

Frost D, Pöppel E (1976) Different programming modes of human saccadic eye movements as a function of stimulus eccentricity: indications of a functional subdivision of the visual field. Biol Cybern 23: 39-48

Fuchs AF (1976) The neurophysiology of saccades. In: Monty RA, Senders JW (eds) Eye movement and psychological process. Halsted Press, pp 39-53

Fuchs W (1922) Eine Pseudofovea bei Hemianopikern. Psychol Forsch 1: 157-186

Fujino T (1965) The intrastitial blood supply of the lateral geniculate body. Arch Ophthalmol 74: 815–821

Fujino T, Kigazawa K, Yamada R (1986) Homonymous hemianopia: A retrospective study of 140 cases. Neuroophthalmology 6: 17–21

Gainotti G (1968) Les manifestations de négligence et d'attention pour l'hémispace. Cortex 4: 64–91

Gainotti G (1986) Mechanisms of unilateral spatial neglect in relation to laterality of cerebral lesions. Brain 109: 599–612

Gasparrini WC (1978) Hemispheric asymmetries of affective processing as determined by the Minnesota multiphasic personality inventory. J Neurol Neurosurg Psychiatry 41: 470–473

Gassel MM (1969) Occipital lobe syndromes (excluding hemianopia). In: Vinken PJ, Bruyn GW (eds) Handbook of clinical neurology, Vol 2. North Holland, Amsterdam, pp 640–679

Gassel MM, Williams D (1963a) Visual function in patients with homonymous hemianopia. Part II: Oculomotor mechanisms. Brain 86: 1–36

Gassel MM, Williams D (1963b) Visual function in patients with homonymous hemianopia. Part III: The completion phenomenon; insight and attitude to the defect; and visual functional efficiency. Brain 86: 229–260

Gauras F (1972) Color opponency from fovea to striate cortex. Invest Ophthalmol 11: 427–434

Gazzaniga MS, Bogen JE, Sperry RW (1965) Observations on visual perception after disconnexion of the cerebral hemispheres Brain 88: 221–236

Gelb A (1923) Über eine eigenartige Sehstörung („Dysmorphopsie") infolge von Gesichtsfeldeinengung. Psychol Forsch 4: 38–63

Gelb A (1926) Die psychologische Bedeutung pathologischer Störungen der Raumwahrnehmung. Bericht über den IX. Kongreß für Experimentelle Psychologie. Fischer, Jena, S 23–80

Gelb A, Goldstein K (1920) Psychologische Analysen hirnpathologischer Fälle. Barth, Leipzig

Gelb A, Goldstein K (1922) Über Gesichtsfeldbefunde bei abnormer „Ermüdbarkeit" des Auges (sog. „Ringskotome"). Arch Ophthalmol 109: 387–403

Gerlach J, Krauseneck P, Liebaldt GP (1977) Rindenblindheit. Klinische, testpsychologische und hirnlokalisatorische Befunde. Arch Psychiat Nervenkr 223: 337–350

Gerrits HJM, Vendrik AJH (1970) Simultaneous contrast filling-in process and information processing in man's visual system. Exp Brain Res 11: 411–430

Geschwind N (1965) Disconnexion syndromes in animals and man. Brain 88: 237–294, 585–644

Geschwind N (1966) Color-naming defects in association with alexia. Arch Neurol 15: 137–146

Geschwind N (1967) The variety of naming errors. Cortex 3: 97–112

Geschwind N, Kaplan E (1962) A human cerebral deconnection syndrome. Arch Neurol 15: 137–146

Gilman S (1965) Cerebral disorders after open heart operations. N Engl J Med 272: 489–498

Gjerris F, Mellemgaard L (1969) Transitory blindness in head injury. Acta Neurol Sci 45: 623–631

Glees JS (1951) Über einige neurologisch wichtige Ergebnisse der Gesichtsfeld- und Dunkeladaptationsprüfung bei Hirngeschädigten. Nervenarzt 22: 335–338

Gloning I, Gloning K, Weingarten K (1957) Über okzipitale Polyopie. Wien Z Nervenheilkd 13: 224–235

Gloning I, Gloning K, Tschabitscher H (1962) Die okzipitale Blindheit auf vaskulärer Basis. Graefes Arch Ophthalmol 165: 138–177

Gloning I, Gloning K, Hoff H, Tschabitscher H (1966) Zur Prosopagnosie. Neuropsychologia 4: 113–132

Gloning I, Gloning K, Hoff H (1967) Über optische Halluzinationen. Wien Z Nervenheilkd 25: 1–19

Gloning I, Gloning K, Hoff H (1968) Neuropsychological symptoms and syndromes in lesions of the occipital lobe and the adjacent areas. Gauthier-Villars, Paris

Gloning K (1965) Die cerebral bedingten Störungen des räumlichen Sehens und des Raumerlebens. Maudrich, Wien

Gloning K, Quatember R (1966) Methodischer Beitrag zur Untersuchung der Prosopagnosie. Neuropsychologia 4: 122–141

Godwin-Austen RB (1965) A case of visual disorientation. J Neurol Neurosurg Psychiatry 28: 452–458

Goldblatt D (1986) The key of the brain – Felix Vicq d'Azyr. Sem Neurol 6: 231–237

Goldmann H (1945) Grundlagen exakter Perimetrie. Ophthalmologica 109: 37–70

Goldstein K, Gelb A (1918) Psychologische Analysen hirnpathologischer Fälle auf Grund von Untersu- chungen Hirnverletzter. I. Abhandlung. Zur Psychologie des optischen Wahrnehmungs- und Erkennungsvorganges. Z Ges Neurol Psychiat 41: 1–142

Goodall RJ (1957) Cerebral hemispherectomy: Present status and clinical indications. Neurology 7: 151–162

Graefe A von (1856) Ueber die Untersuchung des Gesichtsfeldes bei amblyopischen Affektionen. Graefes Arch Ophthalmol 2: 258–298

Gramberg-Danielsen B (1957) Funktionelle und anatomische Besonderheiten der zentralen Sehbahn. Conf Neurol (Basel) 17: 348–359

Gramberg-Danielsen B (1959) Die Doppelversorgung der Macula. Graefes Arch Ophthalmol 160: 534–539

Gravina RF, Nakanishi AS, Faden A (1978) Subacute sclerosing panencephalitis. Am J Ophthalmol 86: 106–109

Green GJ, Lessell S (1977) Acquired cerebral dyschromatopsia. Arch Opthalmol 95: 121–128

Greenblatt SH (1973) Alexia without agraphia or hemianopsia. Brain 96: 307–316

Griffith J, Dodge P (1968) Transient blindness following head injury in children. N Engl J Med 287: 648–651

Groenow A (1891) Über doppelseitige Hemianopsie centralen Ursprungs. Arch Psychiat Nervenkr 23: 339–366

Guard O, Perenin MT, Vighetto A, Giroud M, Tommasi M, Dumas R (1984) Syndrome parietal bilateral proche d'un syndrome de balint. Rev Neurol 5: 358–367

Gulman NC, Hammerberg PE, Jensen LB, Sommerbeck KW, Orbeck K (1979) Visual evoked potential in patients with cerebral asthenopia. Acta Neurol Scand 59: 234–330

Gunderson CH, Hoyt WF (1971) Geniculate hemianopia: Incongruous homonymous field defects in two patients with partial lesion of the lateral geniculate nucleus. J Neurol Neurosurg Psychiatry 34: 1–6

Hachinsky VC, Porchawska J, Steele JC (1973) Visual symptoms in the migraine syndrome. Neurology 23: 570–578

Haerer AF (1973) Visual field defects and the prognosis of stroke. Stroke 4: 163–168

Hagen KC von, Ives ER (1937) Anosognosie (Babinski) imperception of hemiplegia. Los Angeles Neurol Soc 2: 95–103

Haimovic IC, Pedley TA (1982) Hemi-field pattern reversal visual evoked potentials. II. Lesions of the chiasm and posterior visual pathways. Electroencephalogr Clin Neurophysiol 54: 121–131

Halliday AM (1982) The visual evoked potential in the investigation of chiasmal and retrochiasmal lesions and field defects. In: Halliday AM (ed) Evoked potentials in clinical testing. Churchill, Edinburgh

Halstead WC, Walker EA, Bucy PC (1940) Sparing and nonsparing of „macular" vision associated with occipital lobectomy in man. Arch Ophthalmol 24: 948

Hamann K-U, Hellner KA, Jensen W (1981) The dynamics and latency of the puillary response in cases of homonymous hemianopia. Neuroophthalmology 2: 23–33

Hamburger FA (1952) Die Bedeutung des binokularen Wettstreits für die Stereoskopie. Graefes Arch Ophthalmol 153: 57–83

Hannay HJ, Varney NR, Benton AL (1976) Visual localization in patients with unilateral brain disease. J Neurol Neurosurg Psychiatry 39: 307–313

Harms H (1940) Objektive Perimetrie. Deutsche Ophthalmologische Gesellschaft: Bericht über die 53. Zusammenkunft. Bergmann, München, S 63–70

Harms H (1951) Hemianopische Pupillenstarre. Klin Monatsbl Augenheilkd 118: 133–147

Harms H (1956) Möglichkeiten und Grenzen der pupillometrischen Perimetrie. Klin Monatsbl Augenheilkd 129: 518–534

Harms H (1969) Die Technik der statischen Perimetrie. Ophthalmologica 158: 387–405

Harrington DO (1939) Localizing value of incongruity in defects in the visual fields. Arch Ophthalmol 21: 453–464

Harrington DO (1961) Visual field character in temporal and occipital lobe lesions. Localisation value of congruity and incongruity incomplete homonymous hemianopia. Arch Ophthalmol 66: 778–792

Harrington DO (1981) The visual fields, 4th edn. Mosby, St. Louis

Hausser CO, Robert F, Giard N (1980) Balint's symdrome. J Can Sci Neurol 7: 157–161

Hawkins K, Behrens MM (1976) Homonymous hemianopia in multiple sclerosis. Br J Ophthalmol 59: 334–337

Hebel N, Cramon DY von (1987) Der Posteriorinfarkt. Fortschr Neurol Psychiatr 55: 37–53

Hécaen H, de Ajuriaguerra J (1954) Balint's syndrome (psychic paralysis of visual fixation) and its minor forms. Brain 77: 373–400

Hecaen H, Albert ML (1978) Human neuropsychology. Wiley, New York

Hécaen H, Angelergues R (1962) Agnosia for faces (Prosopagnosia). Arch Neurol 7: 92–100

Hecaen H, Angelergues R (1963) La cécite psichique. Masson, Paris

Hecaen H, Angelergues R (1965) Neuropsychologie clinique des dysfonctionnements des lobes occipitaux. Berichte, 8. Internationaler Kongress für Neurologie, Bd 3, Wiener Medizinische Akademie, S 29–45

Heilman KM (1979a) Neglect and related disorders. In: Heilman KM, Valenstein E (eds) Clinical neuropsychology. Oxford University Press, Oxford, pp 268–307

Heilman KM, Valenstein E (1972) Frontal lobe neglect in man. Neurology 22: 661–664

Heilman KM, Valenstein E (1979b) Mechanism underlying neglect. Ann Neurol 5: 160–170

Heilman KM, Valenstein E, Watson RT (1985) The neglect syndrome. In: Frederiks JAM (ed) Handbook of clinical neurology, Vol 45: Clinical neuropsychology. Elsevier, Amsterdam, pp 153–183

Heine L (1900) Sehschärfe und Tiefenwahrnehmung. Graefes Arch Ophthalmol 51: 146–173

Heller-Bettinger I, Kepes JJ, Preskorn SH, Wurster JB (1976) Bilateral altitudinal anopia caused by infarction of the calcarine cortex. Neurology 26: 1176–1179

Henderson VW (1982) Impaired hue discrimination in homonymous visual fields. Arch Neurol 39: 418–419

Hens L, van den Bergh R (1977) Vascularization and angioarchitecture of the human pes hippocampi. Eur Neurol 15: 264–267

Henschen SE (1890/1892) Beiträge zur Pathologie des Gehirns. Almquist & Wiksell, Uppsala

Henschen SE (1896) Klinische und anatomische Beiträge zur Anatomie des Gehirns, Teile 1–3. Almquist & Wiksell, Uppsala

Henschen SE (1911) Klinische und anatomische Beiträge zur Pathologie des Gehirns, Teil IV. Almquist & Wiksell, Uppsala

Henschen SE (1923) Vierzigjähriger Kampf um das Sehzentrum und seine Bedeutung für die Hirnforschung. Z Ges Neurol Psychiatr 87: 505–535

Henschen SE (1925) Über die Lokalisation einseitiger Gesichtshalluzinationen. Arch Psychiat Nervenkr 75: 630–655

Henschen SE (1926) Zur Anatomie der Sehbahn und des Sehzentrums. Graefes Arch Ophthal 117: 403–418

Hering E (1865) Vom binokularen Tiefensehen. Kritik der Abhandlung von Helmholtz über den Horopter. Beitr Physiol 2

Hering E (1920) Grundzüge der Lehre vom Lichtsinn. Springer, Berlin

Hermann G, Pötzl O (1928) Die optische Allaesthesie. Abhandlungen aus der Neurologie, Psychiatrie, Psychologie und ihren Grenzgebieten. Karger, Berlin

Heyck H (1983) Der Kopfschmerz. Thieme, Stuttgart

Hier DB, Mondlock J, Caplan LR (1983) Recovery of behavioral abnormalities after right hemisphere stroke. Neurology 33: 345–350

Higier H (1894) Ueber unilaterale Hallucinationen. Wien Klin Wochenschr 19: 139–170

Hirschberg J (1876) Zur Frage der Sehnervenkreuzung. Arch Augen Ohrenheilk 5: 137–139

Hitzig (1874) Untersuchungen über das Gehirn. Hirschwald, Berlin

Hoff H, Pötzl O (1931) Experimentelle Nachbildung von Anosognosie. Z Neurol 137: 722–734

Hoff H, Pötzl O (1933) Über cerebral bedingte Polyopie und verwandte Erscheinungen. Jb Psychiat Neurol 50: 35–56

Hoff H, Pötzl O (1935a) Über Störungen des Tiefensehens bei zerebraler Metamorphosie. Monatsschr Psychiat Neurol 90: 305–326

Hoff H, Pötzl O (1935b) Zur diagnostischen Bedeutung der Polyopie bei Tumoren des Okzipitalhirns. Z Ges Neurol Psychiat 152: 433–450

Hoff H, Pötzl O (1937a) Über eine optisch-agnostische Störung des „Physiognomie-Gedächtnisses". Z Ges Neurol Psychiat 159: 367–395

Hoff H, Pötzl O (1937b) Über Polyopie und gerichtete hemianoptische Halluzinationen. Jb Psychiatr 54: 55–88

Holmes FB, Lister WT (1916) Disturbance of vision from cerebral lesions with special reference to the cortical representation of the macula. Brain 39: 34–73

Holmes G (1918a) Disturbances of vision by cerebral lesions. Br J Ophthalmol 2: 353–384

Holmes G (1918b) Disturbances of visual orientation. Br J Ophthalmol 2: 449–498, 506–516

Holmes G (1919) Disturbances of visual space perception. Br Med J II: 230–233

Holmes G (1931) A contribution to the cortical representation of vision. Brain 54: 470–479

Holmes G (1945) The organisation of the visual cortex in man. Proc R Soc Lond 132: 348–361

Holmes G, Horrax G (1919) Disturbances of spatial orientation and visual attention, with loss of stereoscopic vision. Arch Neurol Psychiat 1: 385–407

Holst E von, Mittelstaedt H (1950) Das Reafferenzprinzip. Naturwissenschaften 37: 464–476

Horrax G (1923) Visual hallucinations as cerebral localizing phenomenon with especial reference to their temporal lobe. Arch Neurol Psychiat 10: 532–547

Horrax G, Putnam TJ (1932) Distortions of the visual fields in cases of brain tumor: VII. The field defects and hallucinations produced by tumors of the occipital lobe. Brain 55: 499–523

Howes D, Geschwind N (1964) Quantitative studies of aphasic language. In: Rioch DM, Weinstein EA (eds) Disorders of communication. Williams & Wilkins, Baltimore, pp 229–288

Hoyt WF, Kommerell G (1973) Der Fundus oculi bei homonymer Hemianopie. Klin Monatsbl Augenheilk 162: 456–464

Hoyt WF, Newton TH (1970) Angiographic changes with occlusion of arteries that supply the visual cortex. NZ Med J 72: 310–317

Hoyt WF, Walsh FB (1958) Cortical blindness with partial recovery following cerebral anoxia from cardiac arrest. Arch Ophthalmol 60: 1061–1069

Hubel DH, Wiesel TN (1963) Shape and arrangement of columns in cat's striate cortex. J Physiol (Lond) 165: 559–568

Hubel DH, Wiesel TN (1965) Receptive fields and functional architecture in two nonstriate visual areas (18 and 19) of the cat. J Neurophysiol 28: 229–289

148   Literatur

Hubel DH, Wiesel TN (1968) Receptive fields and functional architecture of monkey striate cortex. J Physiol (Lond) 195: 214–243

Hubel DH, Wiesel TN (1970) Cells sensitivity to binocular depth in area 18 of macaque monkey cortex. Nature 225: 41–42

Hubel DH, Wiesel TN (1972) Laminar and columnar distribution of geniculo-cortical fibers in the macaque monkey. J Comp Neurol 146: 421–450

Huber A (1962) Homonymous hemianopia after occipital lobectomy. Am J Ophthalmol 54: 623–629

Huber A (1978) Klinische Anwendung visuell evozierter Potentiale der Sehrinde. Aktuel Neurol 5: 211–225

Hufschmidt HJ (1980) Das Rechts-Links-Profil im kultur-historischen Längsschnitt. Ein Dominanzproblem. Arch Psychiat Nervenkr 229: 17–43

Humphrey NK (1974) Vision in a monkey without striate cortex. Perception 3: 241–255

Humphrey NK, Weiskrantz L (1967) Vision in monkeys after removal of the striate cortex. Nature 215: 595–597

Hungerford GD, Du Boulay GH, Zilkha KJ (1976) Computerized axial tomography in patients with severe migraine: a preliminary report. J Neurol Neurosurg Psychiatry 39: 990–994

Hunt WE, Hess RM (1967) Aneurysm of the posterior cerebral artery with unexpected postoperative neurological deficit. J Neurosurg 26: 633–655

Huttenlocher PR, de Courten C (1987) The development of synapses in striate cortex of man. Human Neurobiol 6: 1–9

Ikeda H, Wright MJ (1972) Differential effects of refractive errors and respective field organization of central and peripheral ganglion cells. Vision Res 12: 1465–1476

Ikeda H, Wright MJ (1974) Evidence for ‚sustained‘ and ‚transient‘ neurones in the cats's visual cortex. Vision Res 14: 133–136

Inouye T (1909) Die Sehstörungen bei Schußverletzungen der kortikalen Sehspähre. Engelmann, Leipzig

Inoue Y, Kölmel HW, Hamanaka T, Sengoku A (1987) Photopsias by occipital lobe lesion. In: Hamanaka T et al. (eds) Hallucination and delusion. Igakushoin, Tokyo

Jackson JH (1874) On the nature of the duality of the brain. Med Press Circ 1:19–21, 41–44, 63–65

Jacobs L, Feldman M, Diamond GP, Bender MB (1973) Palinacousis: persistent of recurring auditory sensations. Cortex 9: 275–287

Jakob H (1949) Der Erlebniswandel bei Spätererblindeten. Zur Psychopathologie der optischen Wahrnehmung. Abhandlungen zur Psychiatrie, Psychologie, Psychopathologie und Grenzgebieten, Bd 1. Nölke, Hamburg

Janz D (1969) Die Epilepsien. Spezielle Pathologie und Therapie. Thieme, Stuttgart

Janz D (1982) Zur Prognose und Prophylaxe der traumatischen Epilepsie. Nervenarzt 53: 238–245

Jaspers K (1973) Allgemeine Psychopathologie. Springer, Berlin Heidelberg New York

Jensen J, Seedorff JJ (1976) Temporal lobe epilepsy and neuro-ophthalmology. Acta Ophthalmol 54: 827–841

Johansson T (1985) Occipital infarctions associated with hemiparesis. Eur Neurol 24: 276–280

Johnson CA, Keltner JL (1987) Optimal rates of movement for kinetic perimetry. Arch Ophthalmol 105: 73–75

Johnson CA, Keltner JL, Balestrery F (1978) Effects of target size and eccentricity on visual detection and resolution. Vision Res 18: 1217–1222

Johnson CA, Keltner JL, Balestrery F (1979) Acuity profile perimetry. Arch Ophthalmol 97: 684–689

Jones EG (1969) Interrelationship of parieto-temporal and frontal cortex in the rhesus monkey. Brain Res 13: 412–415

Jung R (1951) Bemerkungen zu Bay's Agnosiearbeiten. Nervenarzt 22: 192–193

Jung R (1974) Neuropsychologie und Neurophysiologie des Kontur- und Formensehens in Zeichnung und Malerei. In: Wieck HH (Hrsg) Psychologie musischer Gestaltungen. Schattauer, Stuttgart, S 29–88

Jung R (1978) Einführung in die Sehphysiologie. In: Gauer OH, Kramer P, Jung R (Hrsg) Physiologie des Menschen, Bd 13. Urban & Schwarzenberg, München, S 1–140

Jung R (1979) Translokation corticaler Migränephosphene bei Augenbewegungen und vestibulären Reizen. Neuropsychologia 17: 173–185

Jung R, Kornhuber HH (1969) Results of ENG in man: the value of optokinetic, vestibular and spontaneous nystagmus for neurologic diagnosis and research. In: Bender M (ed) The oculomotor system. Harper & Row, New York, pp 428–482

Kahana E, Leibowitz U, Alter M (1971) Cerebral multiple sclerosis. Neurology 21: 1179–1185

Kan S, Matsubayashi T (1978) CT in homonymous hemianopia. Neuroradiology 16: 299–301

Kandinsky V (1881) Zur Lehre von den Hallucinationen. Arch Psychiat Nervenkr 11: 453–464

Kattah JC, Potolicchio BJ, Kotz HL, Kolsky MP, Thomas D (1986) Cortical blindness and occipital lobe seizures induced by cis-platinum. Neuroophthalmology 7: 99–104

Kaul SN, du Boulay GH, Kendall B, Ross Russel RW (1974) Relationship between visual field defect and arterial occlusion in the posterior cerebral circulation. J Neurol Neurosurg Psychiatry 37: 1022–1030

Kearns TP (1980) Blindness following tentorial herniation. Ann Neurol 8: 186–190

Kearns TP, Rucker WC (1959) Clinics in perimetry No. 3. Incongruous homonymous hemianopsia. Am J Ophthalmol 47: 317–321

Keppler J (1604) Ad Vitellionem paralipomena. Zitiert nach Lauber H: Das Gesichtsfeld (1944) Bermann, München; Springer, Berlin Wien

Kertesz A (1985) Recovery and treatment. In: Heilman KM, Valenstein E (eds) Clinical neuropsychology. Oxford University Press, New York, pp 481–505

Kestenbaum A (1961) Clinical methods of neuro-ophthalmologic examination, 2nd edn. Grune & Stratton, New York

Kinkel WR, Newman RF, Jacobs L (1984) Posterior cerebral artery branch occlusions: CT and anatomic considerations. In: Barbuer P, Bauer RB (eds) Vertebrobasilar arterial occlusive disease. Raven Press, New York, pp 117–133

Kinsbourne M, Warrington EK (1962a) A variety of reading disability associated with right hemisphere lesions. J Neurol Neurosurg Psychiatry 25: 339–344

Kinsbourne M, Warrington EK (1962b) A disorder of simultaneous visual form perception. Brain 85: 461–486

Kinsbourne M, Warrington EK (1963) A study of visual perseveration. J Neurol Neurosurg Psychiatry 26: 468–475

Kirshner HS, Staller J, Webb W, Sachs P (1982) Trans-tentorial herniation with posterior cerebral artery territory infarction. Stroke 13: 232–246

Kjällman L, Frisen L (1986) The cerebral ocular pursuit pathway. J Clin Neuroophthalmol 6: 207–214

Klee A, Willanger R (1966) Disturbance of visual perception in migraine. Acta Neurol Scand 42: 400–414

Kleihues P (1966a) Über die doppelseitigen symmetrischen Occipitallappeninfarkte. Pathologie und klinisch-ophthalmologische Befunde. Dtsch Z Nervenheilk 188: 25–52

Kleihues P (1966b) Isolierte Infarkte in der Sehstrahlung. Graefes Arch Klin Exp Ophthalmol 169: 181–183

Kleihues P, Hizawa K (1966) Die Infarkte der A. cerebri posterior: Pathogenese und topographische Beziehungen zur Sehrinde. Arch Psychiat Ges Neurol 208: 263–284

Kleist K (1934) Gehirnpathologie. Barth, Leipzig

Klopp HW (1955) Verkehrtsehen und kurzdauernde Erblindung. Nervenarzt 26: 438–441

Köhler W (1960) Gesichtstäuschungen im Verlauf von Epilepsie. Nervenarzt 31: 71–76

Köllner H (1922) Wie wir rechts- und linksäugige Eindrücke unterscheiden. Naturwissenschaften 10: 512–516

Kölmel HW (1982) Visuelle Perseveration. Nervenarzt 53: 560–571

Kölmel HW (1984a) Coloured patterns in hemianopic fields. Brain 107: 155–167

Kölmel HW (1984b) Visuelle Halluzinationen im hemianopen Feld. Schriftenreihe Neurologie, Bd. 26 Springer, Berlin Heidelberg New York Tokyo

Kölmel HW (1985) Complex visual hallucinations in the hemianopic field. J Neurol Neurosurg Psychiatry 48: 29–38

Kölmel HW (1986) Die Makula bei homonymer Hemianopsie. Nervenarzt 57: 439–446

Kölmel HW (1987) Homonymous paracentral scotomas. J Neurol 235: 22–25

Kömpf D, Piper HV, Neundörfer B, Dietrich H (1983) Palinopsie (visuelle Perseveration) und zerebrale Polyopie – klinische Analyse und computertomographische Befunde. Fortschr Neurol Psychiatr 51: 270–281

Körner F, Teuber HL (1973) Visual field defects after misile injuries to the geniculo-striate pathway in man. Exp Brain Res 18: 88–113

Kranda (1982) Factors influencing flicker sensitivity: A review. Pharmacopsychiatry 15 (Suppl 1): 9–15

Krause F (1924) Die Sehbahnen in chirurgischer Beziehung und die faradische Reizung des Sehzentrums. Klin Wochenschr 3: 1260–1265

Kravitz D (1931) Value of quadrant field defects in localisation of temporal lobe tumors. Am J Ophthalmol 14: 781–785

Krayenbühl H, Yasargil G (1957) Die vaskulären Erkrankungen im Gebiet der A. vertebralis und A. basilaris. Thieme, Stuttgart

Kronfeld T (1932) The temporal half-moon. Trans Am Ophthalmol Soc 30: 431–456

Krill AE, Wieland AM, Ostfield AM (1960) The effect of two hallucinogenic agents on human retinal function. Arch Ophthalmol 64: 724–733

Krüger J, Fischer B (1973) Strong periphery effect in cat retinal ganglion cells. Excitatory responses in on- and off-center neurones to single grid displacements. Exp Brain Res 18: 316–318

Laehr M (1896) Zur Symptomatologie occipitaler Herderkrankungen. Charite-Annalen 21: 780–814

Lamy H (1895) Hémianopsie avec hallucinations dans le partie abolie du champ de la vision. Rev Neurol 3: 129–135

Lance JW (1976) Simple formed hallucinations confined to the area of a specific visual field defect. Brain 99: 719–734

Landis T, Cummings JL, Benson DF, Palmer EP (1986) Loss of topographic familiarity. Arch Neurol 43: 132–136

Lauber H (1944) Das Gesichtsfeld. Bergmann, München

Le Beau J, Wollinetz E (1958) Le phenomène de persévération visuelle. Rev Neurol 99: 524–532

Lehmann D, Wächli P (1975) Depth perception and the location of brain lesions. J Neurol 209: 157–164

Lenz G (1905) Beiträge zur Hemianopsie. Klin Monatsbl Augenheilk 43: 263–326

Lenz G (1909) Zur Pathologie der cerebralen Sehbahn unter besonderer Berücksichtigung ihrer Ergebnisse für die Anatomie und Physiologie. Graefes Arch Ophthalmol 72: 1–85, 187–273

Lenz G (1914) Die hirnlokalisatorische Bedeutung der Makulaaussparung im hemianopen Gesichtsfeld. Klin Monatsbl Augenheilk 53: 30–63

Lenz G (1921) Zwei Sektionsfälle doppelseitiger zentraler Farbenhemiachromatopsie. Z Ges Neurol Psychiat 71: 135–186

Lenz G (1927) Ergebnisse der Sehsphärenforschung. Zentralbl Ges Ophthalmol 17: 1–26

Lenz H (1944) Raumsinnstörungen bei Hirnverletzten. Z Nervenheilk 157: 22–64

Lepore FE (1986) Visual obscurations: Evanescent and elementary. Sem Neurol 6: 167–175

Lepore FE, Yarian DL (1986) Monocular diplopia of retinal origin. J Clin Neuroophthalmol 6: 181–183

Lesevre N (1982) Chronotopical analysis of the human evoked potentials in relation to the visual field (Data from normal individuals and hemianopic patients). Ann NY Acad Sci 388: 156–182

Lessel S (1975) Higher disorders of visual function: negative phenomena. In: Glaser JS, Smith JL (eds) Neuro-ophthalmology, Vol 8. Mosby, St. Louis, pp 3–4

Levine D (1978) Prosopagnosia and visual object agnosia: A behavioral study. Brain Lang 5: 341–365

Levine DN, Calvanio R (1978) A study of the visual defect in verbal alexia – simultanagnosia. Brain 101: 65–91

Levenson DS, Smith JL (1966) Optokinetic nystagmus and occipital lesions. Am J Ophthalmol 61: 753–762

Lhermitte F, Chain F, Aron D, Leblanc M, Souty O (1969) Les troubles de la vision des lésions postérieures du cerveau. Rev Neurol 121: 5–29

Lhermitte F, Chedru F, Chain F (1973) A propos d'un cas d'agnosie visuelle. Rev Neurol 128: 301–322

Lhermitte J (1951) Les hallucinations – clinique et physiopathologie. Doin, Paris

Liepmann H (1900) Das Krankheitsbild der Apraxie („motorischen Asymbolie") auf Grund eines Falles von einseitiger Apraxie. Monatsschr Psychiat Neurol 17: 289–311

Lillie WJ (1925) Ocular phenomena produced by temporal lobe tumors. Am Med Assoc 85: 1465–1468

Lillie WJ (1930) Homonymous hemianopia, primary sign of tumors involving lateral part of the transverse fissure. Am J Ophthalmol 47: 317–321

Lindenberg R (1955) Compression of brain arteries as pathogenetic factor for tissue necroses and their areas of predilection. J Neuropathol Exp Neurol 14: 223–243

Lindenberg R, Walsh F (1964) Vascular compression involving intracranial visual pathways. Trans Am Acad Ophthalmol Otolaryngol 68: 677–694

Lissauer H (1890) Ein Fall von Seelenblindheit nebst einem Beitrage zur Theorie desselben. Arch Psychiat Nervenkrankh 21: 2–50

Löwenstein K, Borchardt M (1918) Symptomatologie und elektive Reizung bei einer Schußverletzung des Hinterhauptlappens. Dtsch Z Nervenheilk 58: 264–292

Lühdorf K, Paulson OB (1977) Does alexia without agraphia always include hemianopsia? Acta Neurol Scand 55: 323–329

Luria AR (1959) Disorders of ‚simultaneous perception' in a case of bilateral occipito-parietal brain injury. Brain 82: 437–449

Luria AR (1970) Die höheren cortikalen Funktionen des Menschen und ihre Störungen durch örtliche Hirnschädigungen. VEB Verlag d. Wissenschaften, Berlin

MacKay G, Dunlop JC (1899) The cerebral lesions in a case of complete acquired colourblindness. Scott Med Surg 5: 503–512

Magitot A, Hartmann A (1926) La cécité corticale. Bull Soc Ophthalmol Fr 267: 427–572

Malpeli JG, Baker FH (1975) The representation of the visual field in the lateral geniculate nucleus of macaca mulatta. J Comp Neurol 161: 569–594

Marg E, Dierssen G (1965) Reported visual percepts from stimulation of the human brain with microelectrodes during therapeutic surgery. Confin Neurol 26: 57–75

Margolis MT, Newton TH, Hoyt WF (1971) Cortical branches of the posterior cerebral artery. Anatomic-radiologic correlation. Neuroradiology 2: 127–135

Marino R, Rasmussen T (1968) Visual field changes after temporal lobectomy in man. Neurology 18: 825–835

Masson M, Decroix JP, Henin D, Dairou R, Graveleau P, Gambier J (1983) Le syndrom de l'artère choroidienne antérieure: Etude clinique et tomodensitométrique de 4 cas. Rev Neurol 139: 547–552

Mauthner L (1881) Gehirn und Auge. Bergmann, Wiesbaden

McAuley DL, Ross Russel RW (1979) Correlation of CAT scan and visual field defects in vascular lesions of the posterior visual pathways. J Neurol Neurosurg Psychiatry 42: 298–311

McFie J, Piercy MF, Zangwill OL (1950) Visual-spatial agnosia associated with lesions of the right cerebral hemisphere. Brain 73: 167–190

McKee SP, Nakayama K (1984) The detection of motion in the peripheral visual field. Vision Res 24: 25–32

McLaurin EB, Harrington DO (1978) Intracranial sarcoidosis with optic tract and temporal lobe involvement. Am J Ophthalmol 86: 656–660

Meadows JC (1973) Observations on a case of monocular diplopia of cerebral origin. J Neurol Sci 18: 249–253

Meadows JC (1974a) Disturbed perception of colours associated with localized cerebral lesions. Brain 97: 615–632

Meadows JC (1974b) The anatomical basis of prosopagnosis. J Neurol Neurosurg Psychiatry 37: 489–501

Meadows JC, Munro SSF (1977) Palinopsia. J Neurol Neurosurg Psychiatry 40: 5–8

Meerwaldt JD, Harskamp F van (1982) Spatial disorientation in right-hemisphere infarction. J Neurol Neurosurg Psychiatry 45: 586–590

Mehdorn E (1982) Nasal-temporal asymmetry of the OKN after bilateral occipital infarction in man. In: Lennerstrand G (ed) Functional basis of ocular motility disorders. Pergamon, Oxford, pp 321–324

Meienberg O (1981) Sparing of the temporal crescent in homonymous hemianopia and its significance for visual orientation. Neuroophthalmology 2: 129–134

Meienberg O (1983) Clinical examination of saccadic eye movements in hemianopia. Neurology 33: 1311–1315

Meienberg O, Zangermeister WH, Rosenberg M, Hoyt WF, Stark L (1981) Saccadic eye movement strategies in patients with homonymous hemianopia. Ann Neurol 9: 537–544

Meienberg O, Flammer J, Ludin HP (1982) Subclinical visual field defects in multiple sclerosis. Demonstration and quantification with automated perimetry, and comparison with visually evoked potentials. J Neurol 227: 125–133

Meienberg O, Harrer M, Wehren C (1986) Oculographic diagnosis of hemineglect in patients with homonymous hemianopia. J Neurol 233: 97–101

Messert B, Barron SA (1973) Spontaneous scanning eye movements into a hemianopic field. Neurology 23: 1346–1348

Messing B, Gänshirt H (1987) Follow-up of visual field defects with vascular damage of the geniculostriate visual pathway. Neuroophthalmology 7: 231–242

Michel EM, Troost BT (1980) Palinopsia – cerebral localization with computer tomography. Neurology 30: 887–889

Michel F, Jeannerod M, Devic M (1965) Trouble de l'orientation visuelle dans les trois dimensions de l'espace. Cortex 1: 441–466

Miles PW (1950) Flicker fusion fields. II. Technique and interpretation. Am J Ophthalmol 33: 1069–1077

Miller M, Pasik P, Pasik T (1980) Extrageniculostriate vision in the monkey. VII. Contrast sensitivity functions. J Neurophysiol 43: 1510–1526

Miller Fisher C (1967) Some neuro-ophthalmological observations. J Neurol Neurosurg Psychiatry 30: 383–392

Mitchell DE, Blakemore E (1970) Binocular depth perception and the corpus callosum. Vision Res 10: 49–54

Mohler CW, Wurtz RH (1977) Role of striate cortex and superior colliculus in visual guidance of saccadic eye movements in monkeys. J Neurophysiol 40: 74–94

Mohr JP, Leicester J, Stoddard LT, Sidman M (1971) Right hemianopia with memory and color deficits in circumscribed left posterior cerebral artery territory infarction. Neurology 21: 1104–1113

Mohr JP, Caplan LR, Malki JW (1978) The Harvard cooperative stroke registery: a prospective registry. Neurology 28: 754–762

Monje M (1948) Über die Untersuchung der Tiefensehschärfe mit dem Stereoeidometer. Graefes Arch Ophthalmol 148: 343–357

Monakow C von (1883) Experimentelle und pathologisch-anatomische Untersuchungen über die Beziehungen der sogenannten Sehspäre zu den infracorticalen Opticuszentren und zum Nerv. opticus. Arch Psychiat Nervenkr 14: 699–751

Monakow C von (1885) Experimentelle und pathologisch-anatomische Untersuchungen über die Beziehungen der sogenannten Sehsphäre zu den infracorticalen Opticuszentren und zum Nerv. opticus. Arch Psychiat 16: 151–199

Morax V (1919) Discussion des hypothéses faites sur les connexions corticales des faisceaux maculaires. Ann Oculist Paris 156: 1

Morello A, Cooper IS (1955) Visual field studies following occlusion of the anterior choroidal artery. Am J Ophthalmol 40: 796–801

Morsier G de (1967) Le syndrome de Charles Bonnet. Ann Médicopsychol 125: 677–702

Mountcastle VB, Lynch JC, Georgopoulos A et al. (1975) Posterior parietal association cortex of the monkey: command functions for operations with extrapersonal space. J Neurophysiol 38: 871–908

Mouren P, Tatossian A (1963) Les illusions visuospatiales, étude clinique. Encéphale 52: 517–573

Munk H (1881) Über die Funktionen der Grosshirnrinde. Gesammelte Mittheilungen aus den Jahren 1877–1880. Hirschwald, Berlin

Nadjmi M, Ratzka M (1981) Technik, Indikationen, Kontraindikationen und Komplikationen der zerebralen Angiographie. In: Diethelm L, Hauck F, et al. (Hrsg) Handbuch der medizinischen Radiologie, Bd XIV, 1a. Springer, Berlin Heidelberg New York, S 295–416

Nardelli E, Buonanno F, Coccia G, Fiaschi A, Terzian H, Rizzuto N (1982) Prosopagnosia. Report of four cases. Eur Neurol 21: 289–297

Nepple EW, Appen RE, Sackett JF (1978) Bilateral homonymous hemianopia. Am J Ophthalmol 86: 536–543

Newman RP, Kinkel R, Lawrence J (1984) Altitudinal hemianopia caused by occipital infarctions. Arch Neurol 41: 413–418

Niesel P (1973) Hemianopsie bei zerebralen Zirkulationsstörungen. Ophthalmologica 167: 305–315

Norwood CW, Kelly DL (1974) Intracerebral sarcoidosis acting as a mass lesion. Surg Neurol 2: 367–372

Onofrj M, Bodis Wollner I, Mylin L (1982) Visual evoked potential diagnosis of field defects with chiasmatic and retrochiasmatic lesions. J Neurol Neurosurg Psychiatry 45: 294–302

Oppenheim H (1885) Ueber eine durch eine klinisch bisher nicht verwertbare Untersuchungsmethode ermittelte Form der Sensibilitätsstörung bei einseitigen Erkrankungen des Großhirns. Neurol Centralbl 4: 529–533

Osterberg G (1935) Topography of the layer of rods and cones in the human retina. Acta Ophthalmol 6 (Suppl): 1–102

Ostertag CB, Unsöld R (1981) Korrelation computertomographisch dargestellter Infarkte der Sehrinde mit homonymen Gesichtsfeldausfällen. Arch Psychiat Nervenkr 230: 265–274

Pach J (1972) Verkehrtsehen bei Hirndurchblutungsstörungen im Vertebralis-Basilariskreislauf. Nervenarzt 43: 44–46

Paillas JE, Paillas N, Bureau M (1970) Post-traumatic epilepsy. Epilepsia 11: 5–15

Palem R-M, Force L, Esvan J (1970) Hallucinations critique épileptiques et délire. Ann Med Psychol 128: 161–190

Pallis CA (1955) Impaired identification of faces and places with agnosia for colours. J Neurol Neurosurg Psychiatry 18: 218–224

Pameijer JK (1970) Reading problems in hemianopia. Ophthalmologica 160: 322–325

Pandya DN, Kuypers HGJM (1969) Cortico-cortical connections in the rhesus monkey. Brain Res 13: 13–36

Pateisky K (1957) Die elektroencephalographische Aktivierung bei Epilepsie unter Berücksichtigung von Mechanismen des Erregungsfanges. Wien Klin Wochenschr 69: 713–715

Paterson A, Zangwill OL (1944) Disorders to visual space perception associated with lesions of right cerebral hemisphere. Brain 67: 331–358

Penfield W, Perot P (1963) The brain's record of auditory and visual experience. Brain 86: 595–696

Penfield W, Rasmussen T (1950) The cerebral cortex of man. Macmillan, New York, pp 135–147, 165–166

Penfield W, Evans JP, Macmillan JA (1935) Visual pathway in man with particular reference to macular representation. Arch Neurol Psychiatry 33: 816–834

Perenin MT, Jeannerod M (1978) Visual function within the hemianopic field following early cerebral hemidecortication in man. I. Spatial localization. Neuropsychologia 16: 1–13

Perenin MT, Vadot E (1981) Macular sparing investigated by means of Haidinger brushes. Br J Ophthalmol 65: 429–435

Pertuiset P, Aron D, Dilenge D, Mazalton A (1962) Les syndroms de l'artère choroidienne antérieur. Rev Neurol 106: 286–294

Pfeifer RA (1919) Die Störungen des optischen Suchaktes bei Hirnverletzten. Dtsch Z Nervenheilk 64: 140–152

Pfeifer RA (1924) Myelogenetisch-anatomische Untersuchungen über den zentralen Abschnitt der Sehleitung. Monogr Neurol Psychiat 43. Springer, Berlin

Pichler E (1957) Über Verkehrtsehen als Grosshirnsymptom. Wien Klin Wochenschr 69: 625–630

Pick A (1908) Über Störungen der Orientierung am eigenen Körper. Arbeiten aus der Deutschen Psychiatrischen Universitätsklinik in Prag. Karger, Berlin, S 1–19

Pierrot-Deseilligny C, Gray F, Brunet P (1986) Infarct of both inferior parietal lobules with impairment of visually guided eye movements, peripheral visual inattention and optic ataxia. Brain 109: 81–97

Pöppel E, Held R, Frost D (1973) Residual visual function in patients with lesions of the central visual pathways. Nature 256: 489–490

Pöppel E, Brinkmann R, Cramon D von, Singer W (1978) Association and dissociation of visual functions in a case of bilateral occipital lobe infarction. Arch Psychiat Nervenkrankh 225: 1–21

Pötzl O (1928) Die optisch-agnostischen Störungen. Deuticke, Leipzig

Pötzl O (1954) Über Palinopsie (und deren Beziehung zu Eigenleistungen occipitaler Rindenfelder). Wien Z Nervenheilk 8: 161–186

Pötzl O, Redlich E (1911) Demonstration eines Falles von bilateraler Affektion beider Occipitallappen. Wien Klin Wochenschr 24: 517–518

Polyak S (1932) The main afferent fiber system of the cerebral cortex in primates. University of California Press, Berkeley

Polyak S (1957) The vertebrate visual system. University of Chicago Press, Chicago

Poncet M, Cherif AA, Choux M, Boudouresques J, Lhermitte F (1978) Etude neuropsychologique d'un syndrome de déconnexion calleuse totale avec hémianopsie latérale homonyme droite. Rev Neurol 134: 633–653

Poppelreuter W (1917) Die psychischen Schädigungen durch Kopfschuß im Kriege 1914–1916. Bd I: Die Störungen der niederen und höheren Sehleistungen durch Verletzungen des Okzipitalhirns. Voss, Leipzig

Portenoy RK, Abissi CJ, Lipton RB, Berger AR, Mabler MF, Baglivo J, Solomon S (1984) Headache in cerebrovascular disease. Stroke 15: 1009–1012

Quensel F (1927) Ein Fall von rechtsseitiger Hemianopsie mit Alexie und zentral bedingtem monokulärem Doppeltsehen. Monatsschr Psychiat Neurol 65: 173–207

Rascol A, Cambier J, Guiraud B, Manelfe C, David J, Clandet M (1979) Accidentes ischémiques cérébraux au cours des crises migraineuses. A propos des migraines compliquées. Rev Neurol 135: 867–884

Rasmussen KE (1970) Bilateral homonymous hemianopsia following ventriculography. Acta Ophthalmol 48: 1174–1184

Redlich E, Bonvicini G (1907) Über mangelnde Wahrnehmung (Autoanaesthesie) der Blindheit bei cerebralen Erkrankungen. Neurol Zbl 26: 945–951

Redlich E, Bonvicini G (1909) Über das Fehlen der Wahrnehmung der eigenen Blindheit bei Hirnerkrankungen. Jahrb Psychiat Neurol 29: 1–133

Reese FM (1954) Bilateral homonymous hemianopsia. Am J Ophthalmol 38: 44–57

Reeves AG, Perret J, Jenkyn LR, Saint-Hilaire JM (1984) Pursuit gaze and the occipitoparietal region. A case report. Arch Neurol 41: 83–84

Remillard GM, Ethier R, Andermann F (1974) Temporal lobe epilepsy and perinatal occlusion of the cerebral artery. Neurology 24: 1001–1009

Reuther R, Alexandridis E, Krastel H (1981) Pupillenreflexstörungen bei Infarkten der Arteria cerebri posterior. Arch Psychiat Nervenkr 228: 249–257, 259–266

Richards W (1970) Stereopsis and stereoblindness. Exp Brain Res 10: 380–388

Richards W (1971) The fortification illusion of migraine. Sci Am 224: 89–96

Riddoch G (1917) Dissoziation of visual perceptions due to occipital injuries, with especial reference to appreciation of movement. Brain 40: 15–57

Riddoch G (1935) Visual disorientation in homonymous half-fields. Brain 58: 367–383

Ritter M (1979) Stereoskopische Raumwahrnehmung des Menschen: Untersuchungsstand und offene Fragen. Psychol Beitr 21: 563–588

Robinson PK, Watt AC (1947) Hallucinations of remembered scenes as an epileptic aura. Brain 70: 440–448

Roger J, Gastaut JL, Dravet C, Tassinari CA, Gastaut H (1977) Epilepsie partielle à sémiologie complexe et lesions atrophiques occipito-parietales intert de l'examen tacoencéphalographique. Rev Neurol 132: 41–53

Rondot P, Tzavaras A, Garcin R (1967) Sur un cas de prosopagnosie persistant depuis quinze ans. Rev Neurol 117: 424–428

Rosenbloom MA, Uphoff DF (1983) The association of progressive multifocal leukoencephalopathy and sarcoidosis. Chest 83: 572–575

Ross E D (1980) Sensory-specific and fractional disorders of recent memory in man. Arch Neurol 37: 193–200

Routsonis OG (1970) Hallucinations hémianopiques chez des vieillard et le syndrome de Charles Bonnet. Ann Med Psychol 127: 309–316

Rowe MJ (1982) The clinical utility of half-field pattern reversal visual evoked potential testing. Electroencephalogr Clin Neurophysiol 53: 73–77

Rubens AB, Benson DF (1971) Associative visual agnosia. Arch Neurol 24: 305–316

Rushton WAH (1965) Visual adaptation. Proc R Soc Lond 162: 20–46

Russel WR, Whitty CWM (1955) Studies in traumatic epilepsy. Part 3. Visual fits. J Neurol Neurosurg Psychiatry 18: 79–96

Sachsenweger R (1963) Die makulare Aussparung bei Hemianopsien als Folge funktioneller Anpassungsvorgänge. Graefes Arch Ophthalmol 165: 423–432

Säring W, Cramon D von, Haller C, Henkes J, Prosiegel M, Roczek B (1986) Diagnostik und Therapie halbseitiger Neglectphänomene. Besch Ther Reh 25: 208–211

Safran AB (1980) Statokinetic dissociation in lesions of the anterior visual pathways. A reappraisal of the Riddoch phenomenon. Arch Ophthalmol 98: 291–295

Safran AB, Kline LB, Glaser JS, Daroff RB (1981) Television-induced formed hallucinations and cerebral diplopia. Br J Ophthalmol 65: 707–711

Salmon JH (1968) Transient postictal hemianopsia. Arch Ophthalmol 29: 523–525

Samelsohn J (1881) Zur Frage des Farbensinnzentrums. Centralbl Med Wiss 19: 850–853

Sandifer PH (1946) Anosognosia and disorders of the body scheme. Brain 69: 122–137

Sanford HS, Bair HL (1939) Visual disturbances associated with tumors of the temporal lobe. Arch Neurol Psychiatr 42: 21–43

Sato Y, Matusda S, Igarashi Y, Takeda M, Nakagawa T (1986) Horizontal homonymous sectoranopia due to a more proximal lesion than the lateral geniculate body. Neuroophthalmology 6: 407–416

Savino PJ, Paris M, Schatz NJ, Corbett JJ (1978) Optic tract syndrome. Arch Ophthalmol 96: 656–663

Schein SJ, Marrocco RT, Monasterio FM de (1982) Is there a high concentration of colour-selective cells in area V4 of monkey visual cortex? J Neurophysiol 47: 193–213

Scheller H (1951) Über das Wesen und die Abgrenzung optisch agnostischer Störungen. Nervenarzt 22: 187–190

Schenkenberg T, Bradford DC, Ajax ET (1980) Line bisection and unilateral visual neglect in patients with neurologic impairment. Neurology 30: 509–517

Schiffter R (1968) Zum Problem der homonymen Hemianopsie und der hemianopischen Aufmerksamkeitsschwäche bei Frontalhirnprozessen. Nervenarzt 39: 84–87

Schilder P (1920) Über monokulare Polyopie bei Hysterie. Z Nervenheilk 66: 250–260

Schneider GE (1969) Two visual systems. Brain mechanisms for localization and discrimination are dissociated by tectal and cortical lesions. Science 163: 895–902

Schober H (1964) Das Sehen. VEB Fachbuchverlag, Leipzig

Schröder P (1925) Über Gesichtsfeldhalluzinationen bei organischem Hirnleiden. Arch Psychiatr Nervenkr 75: 630–655

Schuster P, Taterka H (1928) Zur Klinik der Seelenblindheit. Dtsch Z Nervenheilk 102: 112–117

Scotti G (1968) La perditta della memoria topografica: Descrizione di un caso. Sist Nerv 20: 352–361

Scoville WB, Milner B (1957) Loss of recent memory after bilateral hippocampal lesions. J Neurol Neurosurg Psychiatry 20: 11–21

Seggern H von (1881) Achromatopsie bei homonymer Hemianopsie mit voller Sehschärfe. Klin Monatsbl Augenheilk 71: 101–104

Seidl M (1986) Hemianopsie – Ergotherapeutische Behandlungsmöglichkeiten. Besch Ther Reh 25: 195–229

Seyda M (1982) Das stereoskopische Sehen bei homonymer Hemianopsie. Inaugural-Dissertation, Berlin

Sharpe JA, Lo AW, Rabinovitsch HS (1979) Control of the saccadic and smooth pursuit systems after cerebral hemidecortication. Brain 102: 387–403

Siemerling E (1890) Ein Fall von sogenannter Seelenblindheit nebst anderweitigen cerebralen Symptomen. Arch Psychiat Nervenkrankh 21: 284–299

Silberpfennig J (1941) Contribution to the problem of eye movements. III. Disturbances of ocular movements with pseudohemianopia in frontal lobe tumors. Confin Neurol 4: 1–13

Silverman SM, Bergman PS, Bender MB (1961) The dynamics of transient cerebral blindness. Arch Neurol 4: 333–348

Singer W, Tretter F, Cynader M (1976) The effect of reticular stimulation on spontaneous and evoked activity in the cat visual cortex. Brain Res 102: 71–90

Sloan LL (1939) Instruments and techniques for the clinical testing of light sense. III. An apparatus for studying regional differences in light sense. AMA Arch Opthalmol 22: 233–251

Sloan LL (1971) The Tübinger perimeter of Harms and Aulhorn. Arch Ophthalmol 86: 612–622

Smith CG, Richardson WF (1966) The course and distribution of the arteries supplying the visual (striate) cortex. Am J Ophthalmol 61: 1391–1396

Smith JL (1962) Homonymous hemianopia: A review of one hundred cases. Am J Ophthalmol 54: 616–622

Smith JL, Cross SA (1983) Occipital lobe infarction after open heart surgery. J Clin Neuroophthalmol 3: 23–30

Smith JL, Blaine S, Nashold BS, Kreshon MJ, Durham NC (1961) Ocular signs after stereotactic lesions in the pallidum und thalamus. Arch Ophthalmol 65: 532–535

Spaccavento LJ, Solomon G D (1983) Migraine as an etiology of stroke in young adults. Headache 24: 19–22

Spalding JMK (1952a) Wounds of the visual pathway. Part I: The visual radiation. J Neurol Neurosurg Psychiatry 15: 99–109

Spalding JMK (1952b) Wounds of the visual pathway. Part II: The striate cortex. J Neurol Neurosurg Psychiatry 15: 169–183

Spector RT, Smith JL, Parker JC (1984) Skotomas in gliomatosis cerebri. J Clin Neuroophthalmol 4: 229–238

Spehlmann R, Gross RA, Ho SU, Leestma JE, Norcross KA (1977) Visual evoked responses and postmortem findings in a base of cortical blindness. Trans Am Neurol Assoc 102: 157–159

Spence KW, Fulton JF (1936) The effects of occipital lobectomy on vision in the chimpanzee. Brain 59: 35–46

Sprague JM (1966) Interaction of cortex and superior colliculus in mediation of visually guided behavior in the cat. Science 153: 1544–1547

Stachowiak FJ, Poeck K (1976) Functional disconnection in pure alexia and color naming deficit demonstrated by facilitation methods. Brain Lang 3: 135–143

Stavitsky N, Rangell L (1950) On homonymous hemianopia in multiple sclerosis. J Nerv Ment Dis 3: 225–231

Stengel E (1944) Loss of spatial orientation, constructional apraxia and Gerstmann's syndrome. J Ment Sci 90: 147–159

Stengel E (1948) The syndrome of visual alexia with colour agnosia. J Ment Sci 94: 46–58

Stenvers HW (1925) On the optic (opto-kinetic, opto-motorial) nystagmus. Acta Otolaryngol (Stockh) 8: 545–562

Stone J, Leicester L, Sherman SM 1973) The nasotemporal division of the monkey's retina. J Comp Neurol 150: 333–348

Stollreiter-Butzon L (1950) Zur Frage der Prosop-Agnosie. Psychiat Z Neurol 184: 1–27

Straatsma BR, Landers MB, Krieger AE, Aptl L (1969) Topography of the adult human retina. In: Straatsma BR, Hall MO, Allen RA, Crescifelli F (eds) The retina. Morphology, function and clinical characteristics, Vol 5. University of California Press, Berkeley, pp 379–410

Streletz LJ, Bae SH, Roeshman RM, Schatz NJ, Savino PJ (1981) Visual evoked potentials in occipital lobe lesions. Arch Neurol 38: 80–85

Sur M, Sherman SM (1982) Retinogeniculate terminations in cats: Morhological differences between X and Y cell axons. Science 218: 389–391

Swash M (1979) Visual perseveration in temporal lobe epilepsy. J Neurol Neurosurg Psychiatry 42: 569–571

Symonds C, Mackenzie I (1957) Bilateral loss of vision from cerebral infarction. Brain 80: 415–455

Talairach J, Szikla G (1980) Application of stereotactic concepts to the surgery of epilepsy. Acta Neurochir (Suppl) 30: 35–54

Taylor A, Warrington EK (1971) Visual agnosia: A single case report. Cortex 7: 152–161

Teuber HL (1968) Perception. In: Weiskrantz L (ed) Analysis of behavioral change. Harper & Row, New York, pp 274–328

Teuber HL (1975) Recovery of function after brain damage in man. In: Outcome of severe damage to the central nervous system. Ciba Found Symp 34: 159–186

Teuber HL, Battersby WS, Bender MB (1960) Visual field defects after penetrating missile wounds of the brain. Harvard University Press, Cambridge

Thiel HL (1955) Zur topographischen und histologischen Situation der Ora serrata. Graefes Arch Ophthalmol 156: 560–629

Torjussen T (1978) Visual processing in cortically blind hemifields. Neuropsychology 16: 15–21

Traquair HM (1917) Bitemporal hemianopy, the later stages and the special features of the scotoma. With an examination of current theories of the mechanism of production of field defects. Br J Ophthalmol 1: 216, 281, 337

Traquair HM (1927) An introduction to clinical perimetry. Kimpton, London

Trendelenburg W (1961) Der Gesichtssinn. Springer, Berlin Göttingen Heidelberg

Treitel T (1879) Ueber den Werth der Gesichtsfeldmessung mit Pigmenten für die Auffassung der Krankheiten des nervösen Sehapparates. Graefes Arch Ophthalmol 25: Abteilung II 29–51; Abteilung III 47–110

Trevarthen CB (1968) Two mechanisms of vision in primates. Psychol Forsch 31: 299–337

Trobe JD, Lorber ML, Schletzinger NS (1973) Isolated homonymous hemianopsia. A review of 104 cases. Arch Ophthalmol 89: 377–381

Troost BT, Newton TH (1975) Occipital lobe arteriovenous malformations. Clinical and radiologic features in 26 cases with comments and differentiation from migraine. Arch Opthalmol 93: 250–256

Troost BT, Weber RB, Daroff RB, Dell'osso LF (1972) Hemispheric control of eye movement. I. Quantitative analysis of smooth pursuit in a hemispherectomy patient. Arch Neurol 27: 441–448, 449–452

Troxler (1809) zitiert nach Cibis P (1948) Zur Pathophysiologie der Lokaladaptation

Tschermak A von (1934) Demonstration eines Horopterapparates nach dem Fächerprinzip. Ber Ges Physiol 61: 379–380

Tschermak A von (1939) Über Parallaktoskopie. Pflügers Arch Physiol 241: 455–569

Tusa RJ, Palmer LA (1980) Retinotopic organization of area 20 and 21 in the cat. J Comp Neurol 193: 147–164

Tyler HR (1968) Abnormalities of perception with defective eye movements (Balint's syndrome). Cortex 4: 154–171

Uexküll von J (1909) Umwelt und Innenwelt der Tiere. Springer, Berlin, S 145–147

Uhthoff W (1915) Beiträge zu den hemianopischen Gesichtsfeldstörungen nach Schädelschüssen, besonders solcher im Bereich des Hinterhauptes. Monatsbl Augenheilk 55: 104–125

Ullrich N (1943) Adaptationsstörungen bei Sehhirnverletzten. Dtsch Z Nervenheilk 155: 1–31

Valk J (1980) Computed tomography and cerebral infarctions. Raven Press, New York

Vallar G, Perani D (1987) The anatomy of spatial neglect in humans. In: Jeannerod M (ed) Neurophysiological and neuropsychological aspects of spatial neglect. Elsevier North Holland, Amsterdam, pp 235–258

156   Literatur

Van Buren JM (1963) The retinal ganglion cell layer. Thomas, Springfield, Ill., p 130

Van Buren JM, Baldwin M (1958) The architecture of the optic radiation in the temporal lobe of man. Brain 81: 15–40

Vaughan HG, Katzman R, Taylor J (1963) Alteration of visual evoked response in the presence of homonymous visual defects. Electroencephalogr Clin Neurophysiol 15: 737–746

Verhoeff FH (1943) A new answer to the question of macular sparing. Arch Ophthalmol 30: 421–425

Verrey D (1888) Hémiachromatopsie droite absolute. Arch Ophthalmol 8: 289–300

Vinger PF, Seelenfreund MH (1969) Damage to anterior-loop fibers of optic chiasm. Am J Ophthalmol 68: 630–633

Vliegen J, Koch HR (1974) Die klinische Bedeutung der homonymen Hemianopsie. Nervenarzt 45: 449–457

Walker AE, Walsh FB (1968) Neuro-ophthalmological Symposium. Mosby, St. Louis, pp 249–268

Walker CB (1913) Topical diagnosis value of the hemianopic pupillary reaction and the Wilbrand hemianoptic prisma phenomenon. JAMA 61: 1152–1156

Walsh FB, Hoyt WF (1969) Clinical neuro-ophthalmology, 3rd edn, Vol 1. Williams & Wilkins, Baltimore

Walsh FB, Smith J (1966) Hemianopic spectacles. Am J Ophthalmol 61: 914–915

Walsh TJ (1974) Temporal crescent or half-moon syndrome. Ann Ophthalmol 6: 501–505

Wapner W, Judd T, Gardner H (1978) Visual agnosia in an artist. Cortex 14: 343–364

Warrington EK (1962) The completion of visual forms across hemianopic field defects. J Neurol Neurosurg Psychiatry 25: 208–217

Warrington EK, James (1967) An experimental investigation of facial recognition in patients with unilateral cerebral lesions. Cortex 3: 313–326

Warrington EK, Zangwill OL (1957) A study of dyslexia. J Neurol Neurosurg Psychiatry 20: 208–215

Watson RT, Heilman KM, Miller BD, King FA (1974) Neglect after mesencephalic reticular formation lesions. Neurology 24: 294–298

Watson RT, Valenstein E, Heilman KM (1981) Thalamic neglect: possible role of the medial thalamus and nucleus reticularis thalami in behavior. Arch Neurol 38: 501–506

Weinberg J, Diller L, Wayne A et al. (1977) Visual scanning training effect on reading-related tasks in acquired right brain damage. Arch Phys Med Rehabil 58:479–486

Weinberger LM, Grant FC (1940) Visual hallucinations and their neuro-optical correlates. Ophthalmol Rev 23: 166–199

Weinstein EA, Kahn RL (1950) The syndrome of anosognosia. Arch Neurol Psychiatry 64: 772–791

Weintraub S, Mesulam M-M (1987) Right cerebral dominance in spatial attention. Further evidence based on ipsilateral neglect. Arch Neurol 44: 621–625

Weiskrantz L, Warrington EK, Sanders MD, Marshall J (1974) Visual capacity in the hemianopic field following a restricted occipital ablation. Brain 97: 709–728

Weizsäcker V von (1939) Funktionswandel der Sinne. Ber Phys Med Ges Würzburg NF 62: 204–219

Wernicke C (1883) Ueber hemiopische Pupillenreaction. Fortschr Med 1: 49–53

Wernicke C (1895) Zwei Fälle von Rindenläsion. Arb Psychiat Klin Breslau 2: 33–52

Whalen WR, Spaeth GL (1985) Computerized visual fields. What they are and how to use them. Slack, Thorofare

Whitlock FA (1981) Some observations on the meaning of confabulation. Br J Med Psychol 54: 123–128

Wieser HG (1982) Zur Frage der lokalisatorischen Bedeutung epileptischer Halluzinationen. In: Karbowski K (Hrsg) Halluzinationen bei Epilepsie und ihre Differentialdiagnose. Huber, Bern, S 67–92

Wilbrand H (1887) Die Seelenblindheit als Herderscheinung und ihre Beziehungen zur homonymen Hemianopsie. Bergmann, Wiesbaden

Wilbrand H (1890) Die hemianopischen Gesichtsfeld-Formen und das optische Wahrnehmungszentrum. Bergmann, Wiesbaden

Wilbrand H (1892) Ein Fall von Seelenblindheit und Hemianopsie mit Sections-Befund. Dtsch Z Nervenheilk 2: 361–387

Wilbrand H (1907) Über die makulär-hemianopische Lesestörung und die von Monakow'sche Projektion der Makula auf die Sehsphäre. Klin Monatsbl Augenheilk 45: 1–39

Wilbrand H (1926) Schema des Verlaufes der Sehnervfasern durch das Chiasma. Z Augenheilk 59: 135–144

Wilbrand H, Saenger A (1917) Die Neurologie des Auges, Bd 7. Bergmann, Wiesbaden

Wilder J (1928) Über Schief- und Verkehrtsehen. Dtsch Z Nervenheilk 104: 222–256

Williams D, Gassel MM (1962) Visual function in patients with homonymous hemianopia. Part I: The visual fields. Brain 85: 175–250

Wilson CL, Babb TL, Halgren E, Crandall PH (1983) Visual receptive fields and response properties of neurons in human temporal lobe and visual pathways. Brain 106: 473–502

Wolpert I (1924) Die Simultanagnosie: Störungen der Gesamtauffassung. Z Ges Neurol Psychiatr 93: 397–425

Wybar KE (1945) Branch thrombosis of middle cerebral artery. Br J Ophthalmol 29: 355–360

Wydler A, Perret E (1978) Neuropsychologische Erfassung der Stereopsis bei hirngeschädigten Patienten. Nervenarzt 49: 366–369

Yang CVH et al. (1965) Normal visual fields in chinese. Chin Med J 84: 526–532

Yarbus AL (1967) Eye movements and vision. Plenum Press, New York

Young L, Sheena D (1975) Methods and designs. Survey of eye movement recording methods. Behav Res Meth Instr 7: 397–429

Young T (1800) On the mecanism of the eye. Philosoph Transact 922: 23: zitiert nach Lauber H: Das Gesichtsfeld (1944) Bergmann, München; Springer, Berlin Wien

Zaidel DW (1986) Memory for scenes in stroke patients. Brain 109: 547–560

Zangenmeister WH, Meienberg O, Stark L, Hoyt WF (1982) Eye-head coordination in homonymous hemianopia. J Neurol 226: 243–254

Zappia RJ, Enoch JM, Stamper R, Winkelman Z, Gay AJ (1971) The Riddoch phenomenon revealed in non-occipital lobe lesions. Br J Ophthalmol 55: 416–420

Zeal AA, Rhoton AL (1978) Microsurgical anatomy of the posterior cerebral artery. J Neurosurg 48: 534–559

Zeki SM (1969) Representation of central visual field in prestriate cortex of monkey. Brain Res 14: 271–291

Zeki SM (1973) Colour coding in rhesus monkey prestriate cortex. Brain Res 53: 422–427

Zeki SM (1974) Functional organization of a visual area in the posterior bank of the superior temporal sulcus of the rhesus monkey. J Physiol 236: 549–573

Zeki SM (1978a) Functional specialisation in the visual cortex of the rhesus monkey. Nature 274: 423–428

Zeki SM (1978b) Uniformity and diversity of structure and function in rhesus monkey prestriate visual cortex. J Physiol 277: 273–290

Zihl J, Cramon D von (1978) Perimetrische Funktionsprüfung des Colliculus superior. Nervenarzt 49: 488–491

Zihl J, Cramon D von (1979a) The contribution of the „second" visual system to directed visual attention in man. Brain 102: 835–856

Zihl J, Cramon D von (1979b) Restitution of visual function in patients with cerebral blindness. J Neurol Neurosurg Psychiatry 42: 312–322

Zihl J, Cramon D von (1985) Visual field recovery from scotoma in patients with postgeniculate damage. Brain 108: 335–365

Zihl J, Cramon D von (1986a) Zerebrale Sehstörungen. Kohlhammer, Stuttgart

Zihl J, Cramon D von (1986b) Recovery of visual field in patients with postgeniculate damage. In: Poeck K, Freund H-J, Gänshirt H (eds) Neurology. Proceedings of the XIIIth World Congress of Neurology. Springer, Berlin Heidelberg New York Tokyo, pp 188–194

Zihl J, Mayer J (1981) Farbperimetrie: Methode und diagnostische Bedeutung. Nervenarzt 52: 547–580

Zihl J, Cramon D von, Brinkmann R, Backmund H (1977a) Verlaufskontrolle und Prognose bei Gesichtsfeldausfällen von Patienten mit cerebrovaskulären Störungen. Nervenarzt 48: 219–224

Zihl J, Pöppel E, Cramon D von (1977b) Diurnal variation of visual field size in patients with postretinal lessions. Exp Brain Res 27: 245–249

Zihl J, Cramon D von, Pöppel E (1978) Sensorische Rehabilitation bei Patienten mit postchiasmalen Sehstörungen. Nervenarzt 49: 101–111

Zihl J, Cramon D von, Mai N (1983) Selective disturbance of movement vision after bilateral brain damage. Brain 106: 313–340

Zihl J, Krischer C, Meißen R (1984) Die hemianopische Lesestörung und ihre Behandlung. Nervenarzt 55: 317–323

Zülch KJ (1961) Über die Entstehung und Lokalisation der Hirninfarkte. Zbl Neurochir 21: 158–178

Sachverzeichnis